《化工过程强化关键技术丛书》编委会

编委会主任：

费维扬　清华大学，中国科学院院士

舒兴田　中国石油化工股份有限公司石油化工科学研究院，中国工程院院士

编委会副主任：

陈建峰　北京化工大学，中国工程院院士

张锁江　中国科学院过程工程研究所，中国科学院院士

刘有智　中北大学，教授

杨元一　中国化工学会，教授级高工

周伟斌　化学工业出版社，编审

编委会执行副主任：

刘有智　中北大学，教授

编委会委员（以姓氏拼音为序）：

陈光文　中国科学院大连化学物理研究所，研究员

陈建峰　北京化工大学，中国工程院院士

陈文梅　四川大学，教授

程　易　清华大学，教授

初广文　北京化工大学，教授

褚良银　四川大学，教授

费维扬　清华大学，中国科学院院士

冯连芳　浙江大学，教授

巩金龙　天津大学，教授

“十三五”国家重点出版物
出版规划项目

国家出版基金项目
NATIONAL PUBLICATION FOUNDATION

化工过程强化关键技术丛书

中国化工学会 组织编写

微波化工技术

Chemical Engineering Intensification with Microwave Technology

彭金辉　梅　毅　巨少华　等编著

化学工业出版社

·北京·

《微波化工技术》是《化工过程强化关键技术丛书》分册之一。微波化工技术是以电磁场理论、介质损耗理论、化学及化工原理、材料科学理论等为基础，将微波能应用于化工单元，利用其选择性加热、内部加热和非接触加热等特点，来强化化工反应过程和化工分离过程，并实现工程应用的一种新技术，属于前沿交叉学科范畴。全书共 6 章，包括绪论、物质介电损耗基础与加热理论、微波化工反应系统、微波强化化学反应过程、微波强化化工分离过程和微波诱导等离子体的基本原理和应用等，基本涵盖了微波强化化工过程的技术理论、主要方法和应用现状。

《微波化工技术》可供化学、化工、制药、冶金等生产以及环保部门的科研、设计及工程技术人员和管理人员使用，也可供高等院校化工、冶金、材料及相关专业师生学习参考。

图书在版编目（CIP）数据

微波化工技术 / 中国化工学会组织编写；彭金辉等编著. —北京：化学工业出版社，2019.7
（化工过程强化关键技术丛书）
国家出版基金项目 "十三五"国家重点出版物出版规划项目
ISBN 978-7-122-34113-6

Ⅰ．①微…　Ⅱ．①中…　②彭…　Ⅲ．①化工过程
Ⅳ．①TQ02

中国版本图书馆CIP数据核字（2019）第051098号

责任编辑：杜进祥　　　　　　　文字编辑：马泽林
责任校对：边　涛　　　　　　　装帧设计：关　飞

出版发行：化学工业出版社（北京市东城区青年湖南街13号　邮政编码100011）
印　　装：中煤（北京）印务有限公司
710mm×1000mm　1/16　印张16$\frac{1}{2}$　字数374千字　2020年7月北京第1版第1次印刷

购书咨询：010-64518888　　售后服务：010-64518899
网　　址：http://www.cip.com.cn
凡购买本书，如有缺损质量问题，本社销售中心负责调换。

定　　价：188.00元　　　　　　　　　　　　　版权所有　违者必究

作者简介

彭金辉，中国工程院院士（2017），1964 年 12 月生，云南景东人。有色金属冶金专家。1992 年获得昆明理工大学有色金属冶金专业博士学位。1994—1996 年在德国卡尔斯鲁厄研究中心从事博士后研究工作，1999—2000 年获得英国皇家学会博士后奖学金，在布鲁奈尔大学从事博士后研究工作。现任昆明理工大学教授、博士生导师，中国有色金属学会特种冶金专业委员会主任、微波能工程应用及装备技术国家地方联合工程实验室主任。从事微波冶金基础理论、装备技术及工程应用研究。发明的微波冶金新技术在多种金属提取过程中实现工程应用，并拓展至化工、材料等领域。创新成果在我国及欧美等国内外单位转让，提升了我国在该领域的国际科技竞争力。获得国家技术发明二等奖 2 项，国家教学成果一等奖 1 项、二等奖 1 项，何梁何利基金科学与技术创新奖，全国创新争先奖，全国杰出专业技术人才等。授权发明专利 68 件，发表 SCI 论文 140 余篇，出版专著 6 部。

梅毅，1963 年 1 月生，云南昭通人。1978—1982 年在云南工学院攻读无机化工专业，获学士学位。2000—2002 年在清华大学攻读环境工程专业，获硕士学位。2011—2014 年在昆明理工大学攻读环境工程专业，获博士学位。长期从事磷化工和化工工程技术研究与开发工作，入选国家"新世纪百千万人才工程国家级人选"，享受国务院特殊津贴，被评选为云岭学者，曾获国家技术发明二等奖 1 项（第一完成人），省部级一、二等奖 6 项，主持编制国家、行业标准 3 项，授权发明专利 33 项，出版专著 3 部，以第一作者或通讯作者的身份发表论文 29 篇。现任昆明理工大学化学工程学院教授、博士生导师，云南省磷化工节能与新材料重点实验室主任，云南省高校磷化工重点实验室主任，云南省精细磷化工技术创新团队负责人，云南省化学化工学会副理事长，全国废弃化学品处置标准化技术委员会副主任，中国无机盐工业协会专家委员会副主任委员，中国化工学会化工过程强化专业委员会委员，《中国大百科全书》（第三版）化工学科无机化工分支编委会委员。

巨少华，1974 年 9 月生，甘肃庆阳人。1997 年获东北大学有色冶金专业学士学位，1997—2001 年就职于甘肃白银有色集团股份有限公司西北铅锌冶炼厂，2001—2006 年在中南大学硕博连读，并于 2006 年 12 月获得博士学位，2006—2009 年任金川集团有限公司镍钴研究设计院副院长。2009—2011 年在中国科学院过程工程研究所从事博士后研究工作。主要研究湿法冶金、微波能和微流体技术应用。2011 年至今在昆明理工大学非常规冶金教育部重点实验室工作。授权发明专利 20 余件，发表 SCI 论文 31 篇。在第九届国际发明博览会上获"银奖"1 项。2018 年入选云南省"万人计划"产业技术领军人才，现任昆明理工大学冶金与能源工程学院教授、博士生导师，中国有色金属学会贵金属学术委员会副主任委员，中国有色金属产业技术创新联盟专家。

化学工业是国民经济的支柱产业，与我们的生产和生活密切相关。改革开放40年来，我国化学工业得到了长足的发展，但质量和效益有待提高，资源和环境备受关注。为了实现从化学工业大国向化学工业强国转变的目标，创新驱动推进产业转型升级至关重要。

"工程科学是推动人类进步的发动机，是产业革命、经济发展、社会进步的有力杠杆"。化学工程是一门重要的工程科学，化工过程强化又是其中的一个优先发展的领域，它灵活应用化学工程的理论和技术，创新工艺、设备，提高效率，节能减排、提质增效，推进化工的绿色、低碳、可持续发展。近年来，我国已在此领域取得一系列理论和工程化成果，对节能减排、降低能耗、提升本质安全等产生了巨大的影响，社会效益和经济效益显著，为践行"绿水青山就是金山银山"的理念和推进化工高质量发展做出了重要的贡献。

为推动化学工业和化学工程学科的发展，中国化工学会组织编写了这套《化工过程强化关键技术丛书》，各分册的主编来自清华大学、北京化工大学、中北大学等高校和中国科学院、中国石油化工集团公司等科研院所、企业，都是化工过程强化各领域的领军人才。丛书的编写以党的十九大精神为指引，以创新驱动推进我国化学工业可持续发展为目标，紧密围绕过程安全和环境友好等迫切需求，对化工过程强化的前沿技术以及关键技术进行了阐述，符合"中国制造2025"方针，符合"创新、协调、绿色、开放、共享"五大发展理念。丛书系统阐述了超重力反应、超重力分离、精馏强化、微化工、传热强化、萃取过程强化、膜过程强化、催化过程强化、聚合过程强化、反应器（装备）强化以及等离子体化工、微波化工、超声化工等一系列创新性强、关注度高、应用广泛的科技成果，多项关键技术已达到国际领先水平。丛书各分册从化工过程强化思路出发介绍原理、方法，突出应用，强调工程化，展现过程强化前后的对比效果，系统性强，资料新颖，图文并茂，反映了当前过程强化的最新科研成果和生产技术水平，有助于读者了解最新的过程强化理论和技术，对学术研究和工程化实施均有指导意义。

本套丛书的出版将为化工界提供一套综合性很强的参考书，希望能推进化工过程强化技术的推广和应用，为建设我国高效、绿色和安全的化学工业体系增砖添瓦。

中国科学院院士：

中国工程院院士：

微波化工技术是以电磁场理论、介质损耗理论、化学及化工原理、材料科学理论等为基础，将微波能应用于化工单元，利用其选择性加热、内部加热和非接触加热等特点，来强化化工反应过程和化工分离过程，并实现工程应用的一种新技术，属于前沿交叉学科。微波在化工中的科学合理应用，不仅能够降低处理温度、缩短工序、减少处理时间、提高反应效率，而且处理过程清洁、节能。因此，微波化工技术可望为解决化学工业"高能耗、高污染和高物耗"等问题提供有效途径，并为实现化工过程的高效、安全、环境友好、可持续发展提供有力支撑。

本书由彭金辉制定编写大纲并负责全书统稿。全书基本涵盖了微波强化化工过程的技术理论、主要方法和应用现状。全书介绍了微波强化加热基础理论，反应器设计和微波加热数值仿真方法，微波强化化工反应的研究进展，微波强化化工分离过程的特点、影响因素和应用，微波等离子体强化化工过程。其中，第一章"绪论"由彭金辉、巨少华和刘建华撰写；第二章"物质介电损耗基础与加热理论"由彭金辉、刘晨辉、黄铭和杨晶晶撰写；第三章"微波化工反应系统"由尚小标、巨少华和孙俊撰写；第四章"微波强化化学反应过程"由赵文波、陕绍云、梅毅和周新涛撰写；第五章"微波强化化工分离过程"由刘玉新、张登峰、刘晨辉、顾丽莉、巨少华撰写；第六章"微波诱导等离子体的基本原理和应用"由刘代俊撰写。

在本书的撰写过程中参考了国内外专家学者公开出版或发表的图书和文献，从中吸取了丰富的知识和成果。在此对这些专家学者表示崇高的敬意和衷心的感谢！

本书介绍的多项研究工作获得了国家发展和改革委员会创新能力建设专项"微波能工程应用及装备技术国家地方联合工程实验室创新能力建设项目"（发改办高技 [2012]1979 号）、国家重点基础研究发展计划（973 计划）"战略有色金属非传统资源清洁高效提取的基础研究"（2014CB643404）、国家国际科技合作专项"冶金过程高露点烟气微波处理配套技术联合研发"（2012DFA70570）、国家高技术研究发展计划（863 计划）"微波动态连续煅烧装备与工程示范"（SS2013AA060503）和"微波 / 等离子耦合强化生物质快速气化关键技术"（2015AA02021）、国家自然科学基金优青项目"微波冶金"（51522405）、云南省应用基础研究重点项目"微波闪蒸新技术的基础和应用研究"（2015FA017）等项目的大力资助。云南钛业股份有限公司、云南铜业（集团）有限公司、蒙自矿冶有限责任公司、中核集团二七二铀业有限责任公司等也对书中介绍的研究工作给予了长期的支持，在此一并感谢。

由于微波化工技术具有独特的三传一反、多场非线性耦合和反应器特性，限于编著者的水平、学识，难免在编写中存在疏漏之处，敬请读者提出宝贵意见和建议，联系邮箱为 shj_200801@126.com。

编著者

2019 年 10 月

目 录

第一章

绪　　论

　　第二次世界大战期间磁控管的问世，使工业界的工程师和研究机构的科学家们将微波能应用于和平和对人类有益的工业领域成为可能。然而，由于缺乏适当的设备，更重要的是缺乏材料的介电性能数据，微波能的工业应用进展缓慢。到20世纪50年代初，经美国麻省理工学院 Von Hippel 和他的同事们的共同努力，获得了一些有机和无机材料在 $10^2 \sim 10^{10}$Hz 频率范围下的介电性能数据，这是微波能应用的开创性工作，为微波加热技术应用奠定了基础[1]。后来，随着物理、化学、电气、机械工程、材料科学等多学科交叉研究的日益深入，不仅使磁控管的设计、电源和辅助装备得到快速发展，而且微波设备的放大、连续操作、自动控制等方面的许多工程应用问题也得到了解决，推进了微波能技术的研究和应用。到目前为止，微波能已应用于材料、化工、冶金等工业领域。应用结果显示，合理科学地利用微波能，可以强化反应与分离过程，并具有加热速度快、效率高，可催化和加速反应，易于自动化控制、能耗低，清洁无污染等优势。

第一节　微波及其作用机理

　　微波是波长为 1mm ～ 1m、频率为 300MHz ～ 300GHz 的电磁波。微波早期主要是作为信息载体应用于通信、雷达、导航等方面，这些应用的依据是它的可以在空间以光速实现信息传播的特性。之后，人们发现微波对吸波性物质还具有独特的加热作用，从而推动了微波在食品、医疗和化学等领域的应用。1937 年，Kassner 率先申请了微波加热的相关专利。1947 年，美国雷声公司成功研制了世界上第一台商用微波炉，并在食物加热和医疗上得到应用。1952 年，Broida 等在运用微波等离子体上取得成功。1966 年，国际微波能协会（IMPI）在加拿大阿尔伯塔成立，是微波技术发展中的一件标志性事件。随后，Püschnel 和 Okress 分别出版了微波加热专著。20 世纪 60 年代末，微波能作为一种新的能源被广泛应用于物质加热[2]。如今，微波在食品加工、冶金矿物解离、医疗废物处理、橡胶轮胎脱硫、污水污泥处理、活性炭再生、化学残留物萃取、精油提取等领域都得到了成功应用，并显示出其独特的优势。

为了避免对微波通信应用造成干扰，我国对制造业、科学研究及医学使用的常用的微波频率范围做出了规定，如表 1-1 所示。

表1-1　常用的微波频率范围

频率范围 /MHz	波段	中心波长 /m	常用主频率 /MHz	波长 /m
890～940	L	0.330	915	0.328
2400～2500	S	0.122	2450	0.122
5725～5875	C	0.052	5800	0.052
22000～22250	K	0.014	22125	0.014

当前，由于磁控管经济性的因素限制，可应用于微波加热装备的微波频率主要有 915MHz 和 2450MHz 两个波段附近的区域。

微波穿透深度和吸收功率随着物料介电损耗的变化规律如图 1-1 所示[3]。

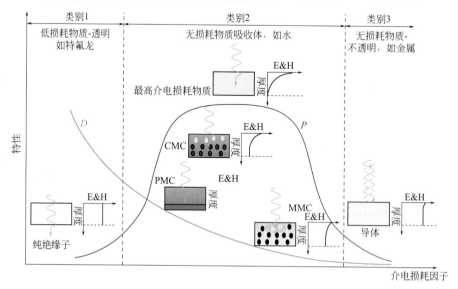

图 1-1　微波穿透深度和吸收功率随着物料介电损耗的变化规律

P—单位体积吸收的能量；D—穿透深度；CMC—羧甲基纤维素；
PMC—高分子材料；MMC—金属基复合材料；E—电场；H—磁场

由图 1-1 可知，对于低介电损耗特性的物料，微波能够轻易穿透物料，而物料吸收的微波所传递的能量也很低；对于具有较好介电损耗特性的物料，随介电损耗值的增加，其穿透深度不断降低，吸收微波的能量先增加后减小；对于块体金属等非介电损耗物料，微波会被反射导致穿透深度极低，物料所吸收的微波能量也极低。因此，通过对物料介电特性的研究，可知低损耗、低传热的物料可用作微波透波保温材料；非损耗物料金属板可用作微波炉腔体外壳材料；损耗较高的物料可以高效被微波加热和处理。

综上所述，物料介电损耗特性决定了物料与微波相互作用的强弱，而介电损耗特性随温度、化学成分、粒度等参数的不同而有所变化。

第二节　微波加热机制

微波与物料之间相互作用并产生热的机理非常复杂。在加热过程中，由电场和磁场组成的微波对偶极子、自由电子和磁畴进行搅动，改变它们的运动方向和位置，以及电子的旋转方向。上述这些现象在微波加热物料过程中会单独出现，也会同时出现。本节介绍四种主要的微波加热机制。

一、偶极损耗

偶极损耗是指某些物料，如水、极性溶液和食品等，被置于微波场中时其中的分子会极化产生偶极子，从而快速吸收微波而被均匀加热的一种损耗形式。微波的偶极损耗加热机制如图 1-2 所示[3]。

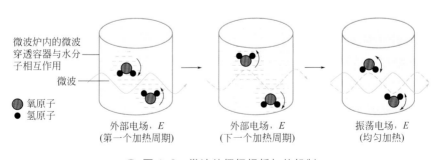

● 图 1-2　微波的偶极损耗加热机制

当微波作用于具有偶极子的物料时，振荡的电场对物质内部的极性分子进行一种类似于高频搅拌的作用。例如：水分子中氢原子显正电性，氧原子显负电性，分子为了适应不断振荡变化的电场，自身频繁变化运动方向，在各个方向上发生弹性碰撞、相互摩擦，从而导致了分子动能的增大并产生体加热效应。可见，微波加热使得物料所有偶极子的动能增加，其温度也会在短时间内迅速上升。

二、传导损耗

传导损耗的微波加热机制如图 1-3 所示[3]。

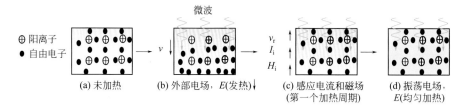

⊕ 阳离子
● 自由电子

(a) 未加热　(b) 外部电场，E(发热)↓　(c) 感应电流和磁场　(d) 振荡电场，
　　　　　　　　　　　　　　　　　（第一个加热周期）　　E(均匀加热)

> **图 1-3** 传导损耗的微波加热机制

传导损耗在微波加热纯金属粉体和半导体时十分重要，比如加热铜、铝、硅、铁、镍粉和 MMC（金属基复合材料）。这些物料的导电性好，其中所含的大量自由电子会沿着外部电场 E 的方向以一定的速度 v 运动，如图 1-3（a）和（b）所示。微波电场在这些材料中会迅速衰减并产生很大的电流 I_i，如图 1-3（c）所示；因此在材料内部会产生一个与外部磁场方向完全相反的感应磁场（H_i），这个感应磁场会产生一种迫使移动的电子以速度 v_r 向着相反的方向移动的作用力，于是电子就获得了动能，而其运动受到惯性、弹性碰撞以及分子之间相互作用产生的摩擦力的影响；振荡的微波电磁场会频繁导致这种现象的发生，因此可实现物料内部的均匀加热，如图 1-3（d）所示。

三、磁滞损耗

磁滞损耗是指在外部磁场快速改变方向而振荡的情况下引起物料内磁畴取向出现谐振而产生热量。不同磁滞损耗类型的微波加热机制如图 1-4 所示[3]。

磁性物料内部存在大量的自旋电子，即存在磁畴。在没有外部磁场时，为了让材料的净磁场效应变为零，这些磁畴会被引导指向磁性材料的内部，如图 1-4（a）所示。当存在有交变的外加磁场时，磁畴的方向也会随着外部磁场的方向变化而趋向于与其一致，如图 1-4（b）和图 1-4（c）所示。

由于磁畴方向的改变，部分的磁能就转化成了热能。因此，交变的磁场导致了磁滞现象的发生，如图1-4（d）所示。所以当磁场沿着磁滞回归线改变时就使得热量均匀地分布在了磁性材料中，如图1-4（e）所示。

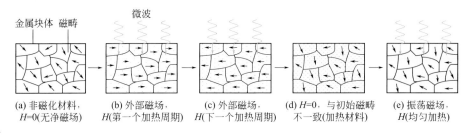

图 1-4 不同磁滞损耗类型的微波加热机制

四、涡流损耗

涡流损耗在不同的电磁场和几乎任何的导体中都可能存在。不同涡流损耗类型的微波加热机制如图1-5所示[3]。

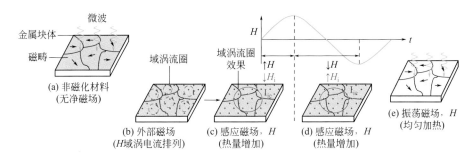

图 1-5 不同涡流损耗类型的微波加热机制

这种损耗在不同的电磁场和几乎任何的导体中都可能存在。如图1-5所示，当有外部磁场 H 存在时，在导体的表面会感应产生闭环的涡流。这些涡流会抵抗外部磁场的变化。对于基体物料上产生的感应涡流可以被认为是所有这些微小的感应涡流的总和。如果外部磁场 H 的强度在循环周期内正处于不断增强的阶段，那么感应涡流会引发一个方向相反的感应磁场来抵抗外部磁场场强的增大；而随着外部磁场场强的降低，感应涡流 I_{ie} 又会引发一个感应磁场来抵消外部磁场强度的减小。正因为感应涡流方向的改变，微波能就会在物料内部耗散并转化为热能。在交变的磁场中，这种现象频繁发生，导致物料被均匀加热。

由以上微波加热机制可知，其具有独特的整体加热特点，从而显示出以下优点[4]：

（1）加热速度快、加热均匀、节能效率高　常规加热属于由表及里的外部加热方式。热量首先被传递给被加热物料表层，再利用热传导、热对流、热辐射等方式依次使表层到内部升温，所消耗的时间较长。微波加热是电磁波直接穿透物料作用于介质内的分子，将能量原位转换成热量，使物质内外部同时加热。同时，由于内部物料缺乏散热条件，这就可以使得内部温度高于外部温度，形成与传统加热相反的温度梯度分布，有利于物料在短时间内迅速均匀地升温。与常规加热相比，只要合理调整微波加热的物料厚度，无论物料其他形状如何变化，微波都能均匀地穿透物体，产生热量，从而大大改善物料的均匀性，避免了外焦内生现象。

（2）选择性加热　对于不同介电特性物质组成的复合材料或矿物，微波加热效率不同。例如对于干燥脱水过程，由于物料中的水分能很好地吸收微波，而其他组分吸波性比水分差，因而水分被优先加热而快速升温，从而可强化干燥过程；再比如矿物中通常含有不同组元，由于各组元介电特性的差别，导致其在微波场中的升温速率不同，产生很大的温度梯度，从而在矿物相界面产生热应力，甚至发生爆裂、解离，从而可高效解决矿物多组元相互包裹、镶嵌而造成的反应不充分、反应速率低等问题。

（3）易于自动化控制　微波能便于自动化调节，加热功率连续可调，即开即用，瞬时控制，无热惯性。

第三节　微波化工技术进展

20世纪90年代中期，国际上出现了以节能、降耗、环保、集约化为口号的化工过程强化技术，是期望成为解决化学工业"三高"问题的有效技术手段之一，被欧美等多数发达国家列为当前化学工程优先快速发展的三大重点领域之一。

微波强化作为外场强化技术的一种，具有加热速度快、整体加热以及选择性加热等优点，而被广泛研究[4,5]。

在微波能工程应用方面，1970年，Harwell利用微波技术成功处理了核污染废料；1974年，Hesek等在微波炉中进行了样品的烘干试验；1975年生物样品微波消解的研究取得了成功；1986年，Gedye等首次将微波引入有机合成方面的研究领域中，发现微波对酯化反应有明显加速作用[6]；同年匈牙利学者Canzler首次将微波引入化工分离过程的研究领域中，用微波萃取法从土壤、种子、食品等物料中分离出了各类化合物；20世纪90年代初，加拿大环境保护部携手CWT-TRAN公司，共同研发了微波萃取成套系统，主要应用领域包括：天然色素、香料、调味品、中草药、化妆品和土壤分析等新兴技术领域。近年来，微波技术开始逐渐在无机反应中崭露头角，并广泛应用于超细纳米粉体材料、沸石分子筛合成等。

随着微波研究的不断深入，国际上涌现了一大批微波设备制造企业，为这种新技术的不断推广提供了强有力的支撑。到目前为止，昆明理工大学彭金辉教授带领课题组导出了非 Debye 型弛豫介质吸波特性的计算公式，揭示了微波与颗粒物质相互作用的复杂性，解释了微波作用下物质发生变化的许多特性；建立了各种物料变温动态介电特性测试系统，可为微波冶金和化工过程新工艺的开发提供重要的基础参数；开发了大型化、连续化、自动化微波能装备，应用于：①包裹型矿物解离[6]。将钛渣置于微波高温动态焙烧炉内，其中的含钛矿物吸波强、快速升温，而氧化硅等脉石成分难以加热，相界面处形成巨大温度梯度，产生热应力，打开包裹体；建立微波焙烧生产线，使操作温度由 1150℃降低至 950℃，降低了能耗，提高了硫、碳的脱除率。②铀化学浓缩物煅烧[7]。常规煅烧铀化学浓缩物重铀酸铵易发生过烧、欠烧，获得的氧化铀产品均一性差、晶粒粗大。采用微波煅烧装备和工艺彻底解决了上述问题，强化了反应过程，产品质量得到了很大提高。③杂质组元高效脱除[8]。针对湿法炼锌产出的脱氯铜渣，开发了微波选择性氧化脱氯技术，实现了铜和氯资源的高效综合回收，使焙烧温度降低了 200℃，氯脱除率提高了 10%。

昆明理工大学研发的其他系列工业级微波装备及主要工程应用包括[9]：①管道式微波溶液反应器应用于钛带卷冷轧酸洗液加热；②微波清洁高温热风炉在艾萨冶炼炉电收尘提效中的应用；③微波推板窑应用于强化高温还原铁鳞制备铁粉；④微波热解炉制备活性炭及生物质热解等。以上工业应用表明，微波提高了过程效率，降低了反应温度、缩短了反应时间。

下面以管道式微波溶液反应器介绍微波特性应用于加热钛带卷冷轧酸洗液的工程实例[10]。酸洗是冷轧钛带生产工艺中的重要环节，其目的是清除钛带卷在冷轧过程中形成的表面氧化层及污垢。该酸洗液是 HF 和 HNO_3 的混合溶液，具有很强的腐蚀性。热的酸洗液与冷轧钛带表面氧化层和污垢发生以下反应

$$TiO_2 + 6HF \rightarrow H_2[TiF_6] + 2H_2O \qquad (1\text{-}1)$$

$$2Ti + 6HF \rightarrow 2TiF_3 + 3H_2 \uparrow \qquad (1\text{-}2)$$

$$3Ti + 4HNO_3 + 12HF \rightarrow 3TiF_4 + 8H_2O + 4NO \uparrow \qquad (1\text{-}3)$$

传统酸洗加热工艺为：锅炉产生高温热蒸汽再通过石墨换热器将热量传递给酸洗液，实现对酸洗液的加热。其主要弊端为石墨换热器换热效率低、操作复杂、燃煤锅炉造成环境污染、碳排放过高等。

昆明理工大学据此研发了一台工业管道式微波溶液反应器，其频率为（2450±50）MHz，每个加热单元输入功率为 150～310kW 可调。该微波腔体设计为六边形，微波馈入腔体后穿透聚丙烯塑料管道容器作用于由循环泵推动的高腐蚀性酸洗液（图 1-6）。其处理能力可达 12.5m³/h。该设备在云南钛业股份有限公司运行的数据表明，对比传统的燃煤锅炉蒸汽加热设备，能耗显著降低；酸洗液预热时间从 10h 减少到 2h；无废气排放，而原锅炉系统每年二氧化碳、二氧化硫、氮氧化物排放量分别为 200t、70t、62t。

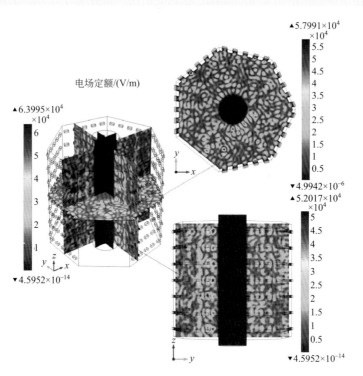

电场定额/(V/m)

▲6.3995×10⁴
×10⁴

▲5.7991×10⁴
×10⁴

▲5.2017×10⁴
×10⁴

(a) 优化模拟的管道式微波溶液反应器内微波功率密度分布(W/m)

(b) 管道式微波溶液反应器在生产现场的照片

▶ 图 1-6   管道式微波溶液反应器

　　该管道式微波溶液反应器有望应用到有机合成、换热、溶液杀菌、无机合成、有机废水微波敏化降解等领域。

微波化工技术具有诸多优点，发展前景非常广阔。

以蒸发过程为例，传统蒸发过程处理高黏性、低导热性或强腐蚀性溶液时，存在设备多、流程长、占地大、能耗高、结垢、腐蚀、产品杂质含量高、燃煤蒸汽加热造成环境污染等问题。而微波闪蒸技术将闪蒸腔进行优化设计为微波谐振腔，使微波能通过馈口进入闪蒸腔内而被目标溶液吸收，实现溶液温度快速原位提升，供给足够能量使得目标溶液持续沸腾，从而达到强化蒸发过程的目的[11]。微波单级闪蒸就可达到蒸发要求，可实现短流程、高效蒸发，如图1-7所示。

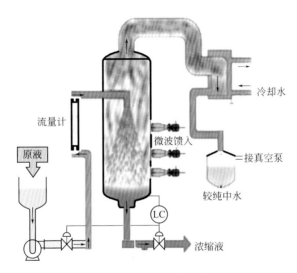

流量计

原液

微波馈入

冷却水

接真空泵

较纯中水

LC

浓缩液

▶ 图1-7 微波闪蒸设备结构原理图

引入微波强化蒸发过程的优势在于[12]：微波可穿透高黏度、低导热性或强腐蚀性物料进行高效体加热；将闪蒸腔体按照微波加热理论设计为多模谐振腔，采用衬四氟金属材料作为主体材质，避免了蒸发过程的腐蚀问题；采用微波单级闪蒸一次获得高纯度的浓缩液，可取消昂贵的强制循环泵等高耗能、易腐蚀部件。微波闪蒸工艺有望应用到废水处理、聚磷酸制备、化工溶液浓缩结晶、杀菌、溶液除油、有机混合溶液精馏分离和有机物脱除等领域。

微波化工技术作为一门新技术，依然有许多问题亟待解决。

（1）缺乏化工处理对象的介电特性数据　化工处理对象复杂多样：有均质材料、异质材料，有单相体系，也有多项复杂体系。因此，研究和测量这些物料的介电特性数据随温度、密度和反应过程等的变化规律，是推进微波强化技术实现工业应用的基础环节。

（2）微波强化化工反应及分离过程的机理还需深入研究　微波可强化反应和分离过程，具有缩短反应时间、降低反应温度、提高反应选择性等优势。然而，从机理上认识微波，除了加热效应，是否具有打断或削弱化学键的非热效应仍需深入研究。研究结果将为更广泛地在工业领域应用微波技术提供依据。

（3）我国微波工业设备的设计优化和稳定性还有待提高　应采用模拟仿真等现代研究手段，结合处理对象在不同处理温度和阶段下的介电特性数据，优化微波设备结构设计，加强工业化装置的开发力度。加强微波元器件及设备的研制，提高微波元器件的使用寿命和效率、适应性和兼容性，开发应用于化工不同过程的稳定、经济、高效的专用微波设备。

可以预测，随着上述问题的研究不断深化，加上高功率微波器件的发展，除了传统的磁控管、调速管、行波管外，如回旋管、相对论微波管、自由电子激光、虚阴极器件等新型微波源也在不断涌现，微波能的应用必将逐渐降低生产成本，实现更广阔的应用。

参考文献

[1] Von H A.Dielectrics and Waves[M]. Massachusetts，MIT Press，1954.

[2] 金钦汉 . 微波化学 [M]. 北京：科学出版社，2001.

[3] Radha R M，Apurbba K S. Microwave-material interaction phenomena：Heating mechanisms，challenges and opportunities in material processing[J]. Composites：Part A.2016，81：78-97.

[4] Stankiewicz A.Energy matters：Alternative sources and forms of energy for intensification of chemical and biochemical processes [J]. Chemical Engineering Research & Design，2006，84（7）：511-521.

[5] 王笃政，孙永杰，孙彬峰，等 . 微波强化化工过程技术进展 [J]. 精细与专用化学品，2012，20（12）：38-41.

[6] Chen G，Chen J，Peng J H.Temperature behavior of titania-rich slag under microwave heating. Metalurgia International，2011，16（10）：59-62.

[7] 刘秉国 . 弱吸波物料的微波煅烧新工艺及理论研究 [D]. 昆明：昆明理工大学，2010.

[8] Guo Z Y，Lei T，Li W，et al.Clean utilization of CuCl residue by microwave roasting under the atmosphere of steam and oxygen[J]. Chemical Engineering and Processing，2015，92：67-73.

[9] Shaohua J，Singh P，Jinhui P，et al.Recent developments in the application of microwave energy in process metallurgy at KUST[J]. Mineral Processing and Extractive Metallurgy

Review，2018，39（3）: 181-190.

[10] 王红坡，彭金辉，郭胜惠，等.微波加热在钛带冷轧酸洗中的应用 [J].现代化工，2011，31（02）: 71-73.

[11] 巨少华，郭战永，刘超，等.一种微波 - 蒸发装置、应用及应用方法.CN104857734A [P].2017-08-25.

[12] 巨少华，郭战永，彭金辉，等.一种微波净化处理含重金属离子废水的设备及应用方法.CN201510210815.7[P].2017-07-07.

第二章

物质介电损耗基础与加热理论

　　微波化工技术作为一种新兴的绿色化工方法，被研究者广泛用于化工过程中的分离、萃取、合成、催化等多个领域。微波作用于物质的主要物理参量包括复介电常数、穿透深度和介电损耗、有效磁损耗因子等。由于化工领域涉及的磁性物质较少，本书主要介绍了前三者。

第一节　微波介电损耗基础

一、复介电常数

　　复介电常数是表征微波与材料相互作用的重要参数之一，反映了微波在材料中传播、损耗或反射的相关信息。绝对复介电常数 ε 的定义如下式所示 [1,2]

$$\varepsilon=\varepsilon_0\varepsilon_r=\varepsilon_0(\varepsilon_r'-j\varepsilon_r'') \tag{2-1}$$

式中，真空介电常数 $\varepsilon_0=8.85\times10^{-12}F/m$；$\varepsilon_r$ 为相对复介电常数，量纲为 1；$j=\sqrt{-1}$。

　　通常情况下，本书中所述的复介电常数指的都是相对复介电常数。它的实部 ε_r' 表示材料储存电场能量的能力，虚部 ε_r'' 表示材料耗散电场能量的能力。

　　损耗角正切定义为 [3]

$$\tan\delta=\frac{\varepsilon_r''}{\varepsilon_r'} \tag{2-2}$$

　　$\tan\delta$ 是表征材料吸波能力的最关键的参数。目前，针对材料吸波能力大小依旧没有严格的判断标准。大量的微波加热实验更支持 Laybourn 等 [4] 的判断标准：弱吸波或不吸波材料为 $\tan\delta<3\times10^{-4}$，中等吸波材料 $3\times10^{-4}\leqslant\tan\delta<3\times10^{-2}$，强吸波材料为 $\tan\delta\geqslant3\times10^{-2}$。

比如，在微波催化、微波合成等单元过程中，可按不同要求选择一些介电常数低、介电损耗小的材料作为罐体材料。几种常用树脂基体的介电常数和介电损耗角正切见表2-1。

表2-1 常用的树脂基体的介电常数和介电损耗角正切（10GHz）[5]

树脂	介电常数	介电损耗角正切
酚醛树脂	4.5～5.0	0.015～0.030
环氧树脂	3.7	0.019
聚酯树脂	2.8～4.0	0.006～0.026
有机硅树脂	3.0～5.0	0.003～0.050
聚四氟乙烯	2.1	0.0003～0.0004

在微波高温加热单元中，其反应温度高、升温速率快等特点对透波材料提出了更高要求，必须满足高温时介电特性性能随温度变化小、耐急冷急热等特殊性能。彭金辉等[6]研制了以氧化铝、氧化镁、氧化硅为主要原料的 xMgO·yAl$_2$O$_3$·zSiO$_2$ 透波陶瓷，该陶瓷在 20～1200℃的热膨胀系数仅为（2～3）×10^{-6}/℃，介电常数为 6～10，相比刚玉等单一组分材料，该陶瓷具有极小的加热膨胀率和优异的抗热震性。其作为承载体用于微波高温反应中，可保证反应过程稳定进行，具有广泛的应用前景。

二、微波对物料的功率穿透深度

功率穿透深度（D_p）也是表征材料一个重要的微波参数。定义为：微波在材料中传播时，功率密度衰减到表面值的 1/e 时对应的材料厚度。公式[7,8]为

$$D_p = \frac{c}{2\pi f \sqrt{2\varepsilon_r' \left[\sqrt{1 + \left(\dfrac{\varepsilon_r''}{\varepsilon_r'}\right)^2} - 1 \right]}} \tag{2-3}$$

式中，c 为光速，c=3×10^{8}m/s；f 为微波频率，Hz。

穿透深度与材料的介电性能和微波频率有关。一般情况下，穿透深度越大代表材料吸波能力越弱。穿透深度和损耗角正切都可以从不同角度表征材料的吸波能力。

三、微波介电损耗

麦克斯韦方程组的复数形式可以表示[9]为

$$\begin{cases} \nabla \times \boldsymbol{H} = \boldsymbol{J} + j\omega \boldsymbol{D} \\ \nabla \times \boldsymbol{E} = -j\omega \boldsymbol{B} \\ \nabla \cdot \boldsymbol{B} = 0 \\ \nabla \cdot \boldsymbol{D} = \rho \end{cases} \quad (2\text{-}4)$$

由此可推导出复数的波印廷矢量定理。假设介质的介电性能和磁导率都是复数，由恒等式

$$\nabla \cdot (\boldsymbol{E} \times \boldsymbol{H}^*) = \boldsymbol{H}^* \cdot \nabla \times \boldsymbol{E} - \boldsymbol{E} \cdot \nabla \times \boldsymbol{H}^* \quad (2\text{-}5)$$

和

$$\nabla \times \boldsymbol{E} = -j\omega \mu_c \boldsymbol{H}, \quad \nabla \times \boldsymbol{H}^* = \sigma \boldsymbol{E}^* - j\omega \varepsilon_c^* \boldsymbol{E}^* \quad (2\text{-}6)$$

得

$$\nabla \cdot (\boldsymbol{E} \times \boldsymbol{H}^*) = -j\omega \mu_c \boldsymbol{H} \cdot \boldsymbol{H}^* + j\omega \varepsilon_c^* \boldsymbol{E} \cdot \boldsymbol{E}^* - \sigma \boldsymbol{E} \cdot \boldsymbol{E}^* \quad (2\text{-}7)$$

将上式对体积 v 积分，并应用散度定理，将左侧的体积积分变为面积分，得复数波印廷定理

$$\begin{aligned} \int_v \nabla \cdot (\boldsymbol{E} \times \boldsymbol{H}^*) \mathrm{d}v &= \int_s (\boldsymbol{E} \times \boldsymbol{H}^*) \mathrm{d}s \\ &= -\sigma \int_v |\boldsymbol{E}|^2 \mathrm{d}v + j\omega \int_v (\varepsilon^* |\boldsymbol{E}|^2 - \mu |\boldsymbol{H}|^2) \mathrm{d}v \end{aligned} \quad (2\text{-}8)$$

代入 $\varepsilon^* = \varepsilon_0(\varepsilon_r' - j\varepsilon_{rd}'')$ 和 $\mu = \mu_0(\mu_r' - j\mu_r'')$

$$\begin{aligned} -\frac{1}{2}\oint_s (\boldsymbol{E} \times \boldsymbol{H}^*) \mathrm{d}s &= \int_v \left(\frac{1}{2}\omega \varepsilon_0 \varepsilon_r'' |\boldsymbol{E}|^2 + \frac{1}{2}\omega \mu_0 \mu_r'' |\boldsymbol{H}|^2 \right) \mathrm{d}v \\ &\quad + j2\omega \int_v \left(\frac{1}{4}\mu_0 \mu_r' |\boldsymbol{H}|^2 - \frac{1}{4}\varepsilon_0 \varepsilon_r' |\boldsymbol{E}|^2 \right) \mathrm{d}v \end{aligned} \quad (2\text{-}9)$$

其中 $-\dfrac{1}{2}\oint_s (\boldsymbol{E} \times \boldsymbol{H}^*) \mathrm{d}s$ 代表复功率，上式右侧的实部和虚部分别代表体积 v 内的有功功率和无功功率。$\dfrac{1}{2}\omega \varepsilon_0 \varepsilon_r'' |\boldsymbol{E}|^2$ 和 $\dfrac{1}{2}\omega \mu_0 \mu_r'' |\boldsymbol{H}|^2$ 分别为单位体积内介电损耗和磁损耗的平均值。

微波加热是微波能量耗散的结果。对于大多数的冶金物料来说，研究认为能量的耗散主要是介电损耗。因此，用含热源的热传导方程来描述微波加热中介电材料内部的升温规律[10,11]，为

$$\rho C \frac{\partial T}{\partial t} = \nabla(k\nabla T) + \frac{1}{2}\omega \varepsilon_0 \varepsilon_r'' |\boldsymbol{E}|^2 \quad (2\text{-}10)$$

式中，ρ 为介电材料的密度，$\mathrm{kg/m^3}$；C 为比热容；k 为热导率，角频率与频率的关系有 $\omega = 2\pi f$。

因此，只要测得介电材料的密度、比热容和热导率，就可以由介电性能来估计材料内部的升温规律。

第二节 物质介电特性的影响因素

影响物质介电特性的因素很多，包括物质组成、温度、密度、固体物料物相组成、颗粒尺寸等。本节主要介绍固体物料的物相成分、温度、物料含水率对介电特性的影响。

一、温度对介电特性的影响

温度对介电特性的影响本质在于温度对介电弛豫过程的影响。随着温度升高，介电弛豫时间就会降低，介电常数就会增大[12]。但是，大部分材料的介电特性随温度变化比较复杂，通常是通过在特定频率和温度下测量得到。

物料内部产生的热量与热传递的方式有关，如内部热传导、表面对流、水分蒸发等，所以也受到物料本身的热参数和传输特性的影响。这些物理参数是温度的函数，在介电加热过程中会随着时间的改变而改变。Thrane[13]通过实验研究得到水的介电常数随着温度的变化呈线性变化的特征。对于其他液体物质，其介电常数和温度的关系可以表示为：$\varepsilon'=Be^{LT}$，B 和 L 都是关于液体性质的常数。必须注意的是，介电常数和介电损耗因子也会随着物质所处的物理状态发生变化，其中温度是引起它们变化的重要因素。例如，碳化硅在室温、2450MHz 微波条件下的介电损耗因子是 1.71，而在 695℃时达到 27.99。

二、物相成分对介电特性的影响

Cumbane 等[14]基于谐振腔微扰法对五种硫化物粉末的介电特性进行了研究，考察条件的频率分别为 625MHz、1410MHz 和 2210MHz，温度为室温至 650℃。研究表明，方铅矿（PbS）和闪锌矿（ZnS）的介电特性随温度变化不明显，而黄铁矿（FeS）、辉铜矿（Cu_2S）和黄铜矿（$CuFS_2$）的介电特性随温度变化较为明显，这些变化多与物相成分变化有关；石英（SiO_2）是一种典型的脉石成分，其介电常数和介电损耗因子都远远低于硫化矿物，且随温度变化很小。

Harrison[15]研究了 25 种矿物在 2450MHz 频率、650W 微波功率下的温升特征，根据温升特征他将矿物分为三类：第一类为高温升速率，在加热 180s 之后最低温度达到 175℃，主要有黄铁矿、方铅矿、磁铁矿、磁黄铁矿、黄铜矿等；第二类为中等温升速率，在加热 180s 之后温度在 69 ～ 110℃之间；第三类为低温升速率，在加热 180s 之后的最大温度不超过 50℃，此类矿物有硅酸盐、碳酸盐和典型的脉石矿物，如石英、长石、方解石等。

三、物料含水率对介电特性的影响

众所周知，水是一种强极性分子，具有偶极矩，分子直径为（1.9～2.3）× 10^{-10}m，其分子间距与直径相当。液态水分子本身除在其平衡位置振动外，又可缓慢移动，是一种形状不定的流体。水分子中的两个氢原子与一个氧原子相互间形成104°的夹角，使其分子的正负性分离，形成了微观上的偶极矩，且其极化弛豫时间正好与微波周期相近，因此对微波具有良好的吸收效应。

当水分子处于静电场中时，其中带正电的氢原子趋向于电场的负方向，带负电的氧原子趋向于电场的正方向，使水分子按电场方向规则排列。但在电场方向改变时，水分子的排列方向也随之转向。因此，由于微波场中电场方向不停地改变，会导致水分子排列不停地变化，水分子随电场变化而摆动的规则受到了阻碍和破坏，产生摩擦效应，使得水的温度急剧升高。物料介电常数越大，极性分子摆动的幅度就越大，外场的电场频率越高，极性分子摆动越快，产生的热量越多。

从介电加热的观点来看，微波干燥产生的热量大部分来源于水分子电偶极矩的转动摩擦机制。这种效应可以近似地用 Debye 弛豫方程来描述[16]

$$\varepsilon' = \frac{(\varepsilon_s - \varepsilon_\infty)}{1 + \omega^2 \tau^2} + \varepsilon_\infty \qquad （2-11）$$

$$\varepsilon'' = \frac{(\varepsilon_s - \varepsilon_\infty)\varepsilon \tau}{1 + \omega^2 \tau^2} \qquad （2-12）$$

式中， $\tau = \dfrac{1}{2\pi f}$ ； ε_s 为静电场介电常数（ ≈ 78.5 ）； ε_∞ 为极高频下的介电常数（约为4.5）。当然，由以上两个方程计算得到的介电常数值只是近似值。

此外，根据物料中水的形态可以将水分为 3 类[17]：（1）自由水，以物理结合的水，结合能为 100J/mol，常存于各种毛细间隙中；（2）束缚水，物理化学结合的水，结合能大于 3000J/mol，常与介质分子化学结合；（3）结合水，与物质相互结合的化学结合水，结合能大于 5000J/mol。束缚水与自由水的介电特性不同，前者的损耗峰在 1000MHz 附近，而自由水的损耗峰在 2450MHz 附近，且与温度有关。

在常温下湿物料的介电特性随着水分的散失而逐渐降低。物料温度升高可提高结合水的移动性，提高脱水效率。

本章第一节、第二节微波与物质作用原理都是针对同质材料介绍的。然而在化工、冶金、材料领域经常会遇到两种或多种物相构成的异质材料，包括悬浮液体系、粉末、颗粒物料等，本章针对这类物料的介电特性进行模拟和分析。

本节首先从有效媒质理论出发，仿真了两相和多相异质材料的等效复介电常数和吸波特性，并采用自制的微波系统测量了典型冶金物料的吸波特性，建立了其介电特性数据库，将理论结果与实验结果进行了关联；其次，通过仿真异质材料内的电场分布，发现了微波作用下异质材料内存在局域场增强现象，成功解释了微波处理过程低温反应机理。

一、二维准静电模型

冶金、化工领域，微波加热处理的对象大部分是异质材料。异质材料的介电特性通常用其等效复介电常数来描述；该常数与各组分的电磁参数、体积分数及混合体的结构形式有关。在 Looyenga、Maxwell-Garnett、Bruggeman 及 Coherent Potential 公式等经典公式之后，研究人员又提出了强扰动理论、湿媒质理论[18,19]、T-矩阵法[20]等新公式，这些公式分别有自己的适用范围。近年来的研究主要集中在具体的材料体系及对这些经典公式的修正方面。由于异质材料中颗粒之间互相影响，经典公式的推导过程都经过了简化和假设处理，如果考虑颗粒之间的互相影响以及颗粒形状、大小等因素，就不能采用传统的理论公式直接进行求解，而只能借助数值算法。准静电模型[21]是一种常用的模拟混合物料等效复介电常数的方法。

图 2-1 为电熔氧化锆的扫描电镜图。由图 2-1 可见，它由两相构成。在电磁波

● 图 2-1 电熔氧化锆的扫描电镜图

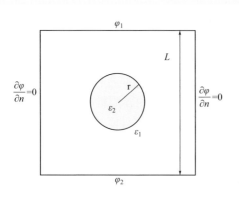

图 2-2 异质材料二维准静电模型

波长远大于其微观不均匀性的条件下，异质材料介电特性可以用等效复介电常数来描述，二维准静电模型如图 2-2 所示。该图中上极板电位为 φ_1，下极板电位为 φ_2，极板面积为 S，两极板间的距离为 L，左右两面的边界条件为 $\partial\varphi/\partial n=0$，两极板间为异质材料，填充相的复介电常数为 ε_2，基底相的复介电常数为 ε_1，填充比表示为 $f=\pi r^2/L^2$。其中，L 为基底相的尺寸长度；r 为填充相的半径。

由于受两极板间填充材料的影响，平板电容器内的电位分布 φ 不均匀，电场分布 $\vec{E}=-\nabla\varphi$ 也不均匀，并且 φ 满足 Laplace 方程

$$\nabla[\varepsilon(r)\nabla\varphi(r)]=0 \tag{2-13}$$

式中，$\varepsilon(r)$ 和 $\varphi(r)$ 分别为介电常数和电位在求解区域中的分布。

通过有限元仿真软件 COMSOL MULTIPHYSICS 建模，求解 Laplace 方程，异质材料的等效复介电常数可通过下式求出

$$\sum_{i=1}^{m}\int_s \varepsilon_i(\partial\varphi/\partial n)_i = \varepsilon[(\varphi_1-\varphi_2)/L]S \tag{2-14}$$

式中，$\varphi_1-\varphi_2$ 为沿 y 方向的电位差；L 为上下极板间的距离；S 为极板面积。仿真时，取金属层的等效复介电常数表达式为 $\varepsilon_2=1-(\sigma/\omega\varepsilon_0)i$，其中，$\sigma$ 为电导率，ω 为角频率，$\varepsilon_0=8.85\times10^{-12}$。

1. 异质材料等效复介电常数仿真

（1）仿真结果验证

材料的复介电常数通常以复数形式（$\varepsilon=\varepsilon'_e+\varepsilon''_e j$）表示，采用图 2-2 所示计算模型，当 $L=1cm$，$S=1cm^2$，$\varphi_1=1V$，$\varphi_2=0V$，ε_1（基底相复介电常数）$=5-8j$，ε_2（填充相复介电常数）$=1-3j$ 时，仿真了异质材料的等效复介电常数，并与 Bergman-Milton 理论[22] 的预测值进行了比较，仿真结果如图 2-3 所示。由图 2-3 可见，采用二维电容器模型得到的异质材料等效复介电常数的仿真结果与 Bergman-Milton 理论一致，证明了所采用的仿真方法的正确性。

（2）填充相复介电常数实部对等效复介电常数的影响

假设基底相复介电常数为 $\varepsilon_1=1$，填充相的复介电常数为 $\varepsilon_2=\varepsilon'_2-0.03j$，当实部 ε'_2 从 0.1 变化到 80 时，异质材料等效复介电常数的实部和虚部的变化情况分别如

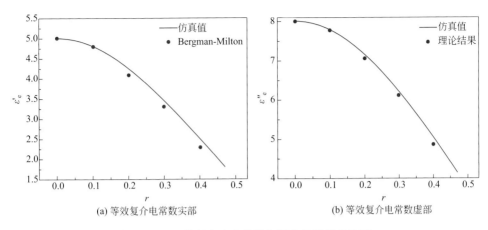

(a) 等效复介电常数实部　　　　　　　　(b) 等效复介电常数虚部

▶ **图 2-3** 等效复介电常数与填充物半径的关系

图 2-4（a）和图 2-4（b）所示。图 2-4（a）表明，等效复介电常数的实部 ε'_e 随填充相复介电常数的实部 ε'_2 增大而增大，并且 ε'_e 在 $\varepsilon'_2=10$ 附近出现拐点：当 $\varepsilon'_2<10$ 时，ε'_e 迅速增加，这与 Bruggeman（BS）、Coherent Potential（CP）和 Maxwell-Garnett（MG）公式一致；当 $\varepsilon'_2>10$ 时，ε'_e 的变化趋于平稳，其趋势与 MG 公式最接近。图 2-4（b）表明，当 ε'_2 改变时，等效复介电常数虚部 ε''_e 在 $\varepsilon'_2=5$ 附近出现拐点，当 $\varepsilon'_2<5$，ε''_e 急剧下降，$\varepsilon'_2>5$ 时 ε''_e 变化缓慢，这与三个经典公式的计算结果都一致。

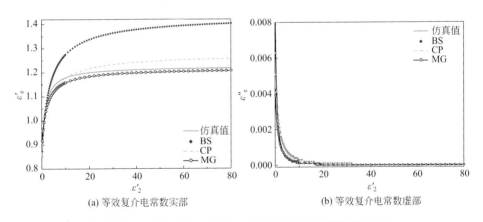

(a) 等效复介电常数实部　　　　　　　　(b) 等效复介电常数虚部

▶ **图 2-4** 等效复介电常数与填充相复介电常数实部的关系

（3）填充相复介电常数虚部对等效复介电常数的影响

设基底相复介电常数 $\varepsilon_1=1$，填充相的复介电常数为 $\varepsilon_2=3-\varepsilon''_2 j$，当虚部 ε''_2 从 0.01 变化到 50 时，等效复介电常数的实部和虚部的变化情况分别如图 2-5（a）和图 2-5（b）

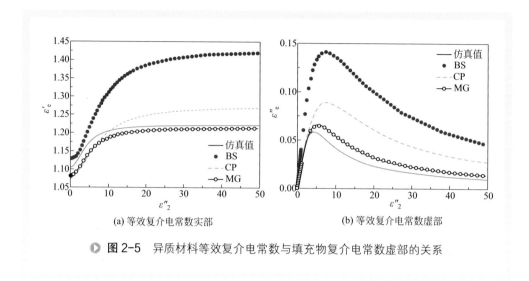

(a) 等效复介电常数实部　　　　　(b) 等效复介电常数虚部

● **图 2-5**　异质材料等效复介电常数与填充物复介电常数虚部的关系

所示。图 2-5（a）表明，ε_e' 随 ε_2'' 的增大而增大，在 ε_2''=10 附近出现拐点，并且当 ε_2''<10 时仿真值较接近 CP 和 MG 公式，当 ε_2''>10 时仿真值与 MG 公式较接近。图 2-5(b)表明，ε_e'' 在 ε_2''=5 附近出现峰值，当 ε_2''<5 时，ε_e'' 增大；当 ε_2''>5 时，ε_e'' 减小，变化趋势与 MG 公式相近。

这说明了异质材料等效复介电常数的虚部变化存在一个最大值，通过调整填充相可以使其吸波特性达到最佳。从上述仿真结果来看，准静电模型仿真结果总体与 MG 公式最接近，而在填充相复介电常数增大时与 CP 公式相差较大。这主要是 BS 公式适合于描述随机模型，而 MG 公式适用于异质材料填充相为球形或圆形时，且填充比较低的情况。

由于等效复介电常数的虚部与材料的微波吸收特性有关，并且虚部越大吸波特性越好。因此，可通过在基底相中适当混入填充相改善其微波吸收特性至最佳。为此，将 100 个圆形填充物按 10×10 周期排列置于平行板电容器内，固定圆形填充物间距离为 100μm，面积比为 74.7%，当填充相复介电常数为 3-25j，基底相复介电常数为 1 时，异质材料内的电场分布如图 2-6 所示。从图 2-6 中可以看出，沿 y 轴方向填充物之间的电场强度最大，其值为 940.8V/m，比无填充物时的电场强度增大了 18.8 倍，局部吸收功率增大 353 倍；沿 x 轴方向填充物之间电场强度小。通过改变填充相复介电常数的虚部 ε_2''，研究了异质材料内最大电场强度的变化，结果如图 2-7 所示。从图 2-7 中可以看出，在 ε_2''=12 的位置附近，等效复介电常数的虚部出现峰值，异质材料内最大电场强度随填充材料的虚部增加而增大，当 ε_2''>12 时，最大电场强度的增加逐渐趋于平稳，当填充相复介电常数的虚部增大到 50 时，最大电场强度达到 1033.27V/m，比无颗粒填充时增大了 20.7 倍，局部吸收功率增加 426.9 倍。

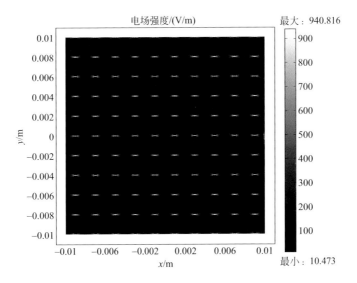

● 图 2-6　异质材料内的电场分布

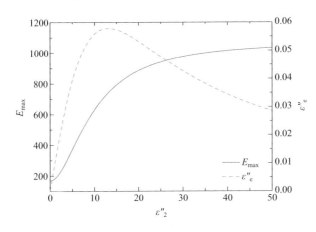

● 图 2-7　异质材料等效复介电常数及最大电场强度与填充相复介电常数虚部的关系

　　研究表明通过配入复介电常数虚部大的填充相，可增大异质材料的内热源强度和电场强度，这为实现微波处理过程节能降耗提供了理论依据。例如牛皓[23] 等对不同配碳量的锌窑渣的微波吸收特性进行了测量，表明通过增加炭质还原剂，可以增大锌窑渣混合料的等效复介电常数，从而增加微波场中内热源强度；黄孟阳[24,25] 等通过在钛精矿中配入椰壳炭、焦炭和无烟煤研究了不同种类的炭质还原剂对钛精矿碳热还原的影响，并通过测量钛精矿混合料的介电特性得到了上述三种炭质还原剂在钛精矿中的最佳配比，改善了其吸波特性，促进了碳热还原反应的进行，降低了微波冶金能耗。

2.导电相-介质相混合体系等效复介电常数

（1）电导率对等效复介电常数的影响

采用图 2-2 所示的仿真模型，假设基底相复介电常数 ε_1 为实数，填充相复介电常数为：$\varepsilon_2=1-(\sigma/\omega\varepsilon_0)i$，其中 σ（S/m）为材料的电导率，$\varepsilon_0=8.85\times10^{-12}$（F/m）为真空中的介电常数。当材料电导率 σ 增大时，等效复介电常数实部和虚部随频率变化的关系如图 2-8 所示。

从图 2-8 中可以看出，异质材料吸收峰的频谱位置由填充相的电导率决定，当电导率增大时，吸收峰向高频移动，而峰值大小不变，这表明了通过改变填充相的

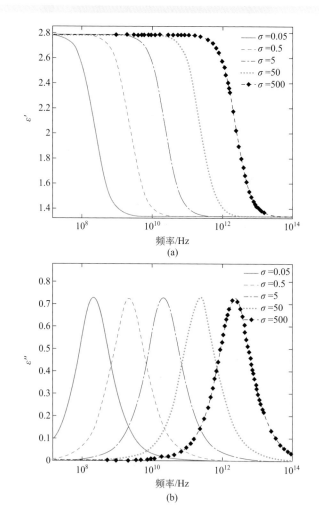

▷ **图 2-8** 电导率变化时，等效复介电常数实部（a）和虚部（b）与频率的关系 [f=0.3，ε_1=1.5]

电导率可以在特定工作频段灵活地设计吸波材料。同时，当电导率增大 10 倍时，吸收峰的谐振频率也同时增大 10 倍，也就是说，谐振峰频率位置的变化和填充材料电导率的变化成正比。另外，当填充材料的电导率在 0.05～5S/m 范围内变化时，在 2.45GHz 附近，该混合体系呈现出最佳的微波吸收特性。

固定基底相介电常数为 2，填充比为 f=70%，填充相电导率分别取 σ=5.8×10^7S/m、σ=5.8×10^2S/m 和 σ=5.8×10^{-3}S/m 时，异质材料内电场（Ez）分布如图 2-9 所示。从图 2-9（a）和图 2-9（b）可以看出，当填充相电导率分别为 5.8×10^7S/m 和 5.8×10^2S/m 时，异质材料内电场强度强，并且其最大场强点出现在两填充颗粒间的介质部分。从图 2-9（c）可知，当电导率为 5.8×10^{-3}S/m 时，导电相导电性能差，异质材料内电场强度减弱，最大值为 1.328V/m，并且出现在填充颗粒内。

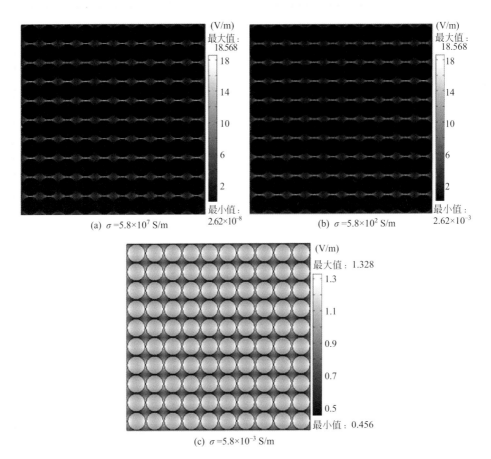

(a) σ=5.8×10^7 S/m   (b) σ=5.8×10^2 S/m

(c) σ=5.8×10^{-3} S/m

▶ 图 2-9 填充比 f=70%，基底相 ε_1=2 时，二维准静电模型内电场分布

当填充相的电导率固定时，随着填充比的增大异质材料内最大电场的变化如

图 2-10 所示，从图 2-10 中可以看出，当填充相电导率大于 5.8S/m 时，最大电场随填充比的增大而单调递增；并且，在此范围内，最大电场几乎完全重合；当填充相的电导率小于 0.58S/m 时，异质材料内最大电场急剧减小，并且其变化受填充比的影响小。这表明异质材料内的填充相电导率越高其局域场增强现象越明显。

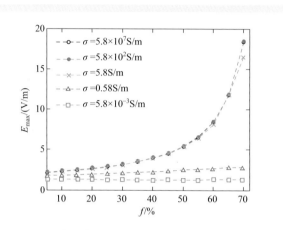

● 图 2-10 电导率固定时，异质材料内最大电场与填充比的关系

（2）填充相形状对场分布的影响

图 2-11 给出了电导率为 5.8×10^2 S/m，填充相的形状分别为椭圆形、正方形和圆形时等效复介电常数与填充比的关系，结果表明，对于相同的填充比，当填充相形状为椭圆形时，等效复介电常数最大，而当填充相为正方形和圆形时，异质材料等效复介电常数接近，这说明了只要填充相基本保持各相同性，等效复介电常数区别不大。

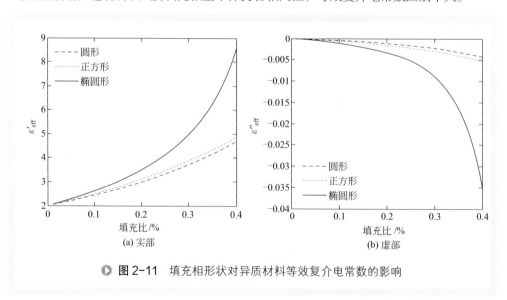

● 图 2-11 填充相形状对异质材料等效复介电常数的影响

为了研究导电相形状对异质材料内电场分布的影响，当填充比为 0.45，电导率为 $5.8 \times 10^2 \text{S/m}$ 时，仿真了导电相为椭圆形、正方形以及圆形时，异质材料内的电场分布，结果如图 2-12 所示。从图 2-12 中可以看出，异质材料内电场分布受导电相形状的影响，在相同填充比的条件下，当导电相为椭圆形时，异质材料内最大和最小电场分别为 8.819V/m，$9.213 \times 10^{-4} \text{V/m}$，其比值为 9.6×10^3；当导电相为正方形时，最大和最小电场分别为 4.461V/m，$1.429 \times 10^{-3} \text{V/m}$，其比值为 3.1×10^3；当导电相为圆形时，最大和最小电场分别为 3.981V/m，$1.329 \times 10^{-3} \text{V/m}$，其比值为 2.995×10^3。导电相的形状影响异质材料内的局域场分布；同时，对于不同形状的导电相，异质材料内都存在电导率越大，局域场增强效应越明显的规律。

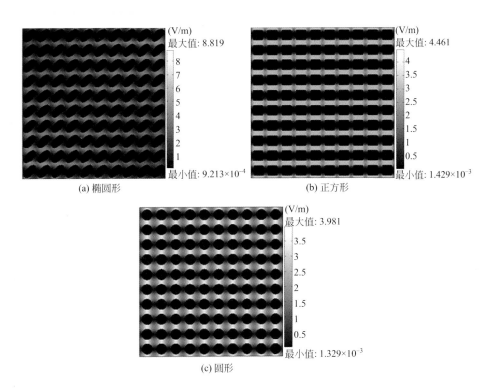

▶ 图 2-12　导电相形状分别为椭圆形（a）、正方形（b）和圆形（c）时，异质材料内电场分布

（3）基底相复介电常数对等效复介电常数的影响

当混合体系的填充相电导率固定时，随着基底相复介电常数的增大，等效复介电常数的实部和虚部与频率的变化关系如图 2-13 所示。从图 2-13 中可以看出，增大基底相的复介电常数时，等效复介电常数的实部和虚部显著增加，同时，频谱向低频端有微小的偏移。

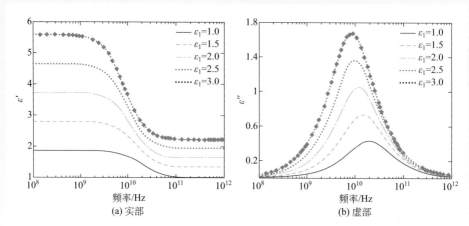

图 2-13 基底相复介电常数变化时，导体 – 介质混合体系等效复介电常数的实部（a）和虚部（b）随频率变化的关系（$\sigma=0.5$，$f=0.3$）

（4）填充相粒度对等效复介电常数的影响

图 2-14 给出了填充相结构和粒度对微波吸收特性的影响，在相同填充比的条件下，仿真模型内填充 1 个、4 个、100 个圆形颗粒所构成的异质材料模型等效复介电常数随频率的变化，当填充比 $f=0.77$，若将不同粒度的颗粒物料填充在相同的基底相中，其混合体系的等效复介电常数基本完全重合，具有相同的吸波特性。但实际上，金属块在微波场中是不能进行加热的，而只有金属微粒和粉末才能被微波加热。因此，等效复介电常数虽然能够反映出混合体系微波吸收特性变化，但并不能反映出物料的显微结构信息对等效复介电常数的影响。填充物料的显微

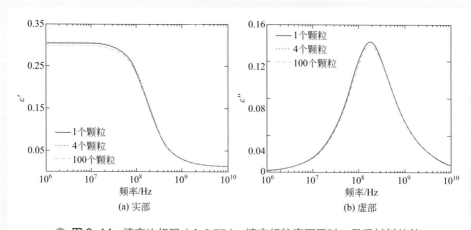

图 2-14 填充比相同（$f=0.77$），填充相粒度不同时，异质材料等效复介电常数的实部（a）和虚部（b）随频率变化的关系

结构对混合体系微波吸收特性的影响，及其在微波场中的热特性，必须通过分析混合体系内的场分布得出。填充比相同，粒度不同时，混合体系内的电场分布如图 2-15 所示，由图 2-15 可见，混合体系内的最大电场出现在两个颗粒之间的狭窄区域，并且对于相同的填充比，填充相的粒度越小，则异质材料内最大场强点分布越密集，由耗散功率的计算公式：$P = \int 0.5\omega\varepsilon_0\varepsilon'' |\vec{E}|^2$ 可得，局域场增强导致局域的耗散功率增强，从而导致局域温度场提升，因此局域场增强现象是导致导体颗粒能够被加热的主要原因。同时，根据 Arrhenius 定律：$k = A_0\exp(-W/RT)$，温度（T）增加则化学反应速率（k）提高。因此，在微波处理过程中，物料内局域温度场增强将导致局域化学反应速率提高。

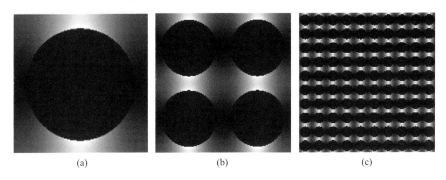

(a)   (b)   (c)

▶ **图 2-15** 填充比相同，填充相粒度不同时，异质材料内部电场分布
（f=0.5，频率为 1.53GHz，ε_1=1.5，σ=0.5）

3.壳核结构异质材料等效复介电常数

填充相的结构是影响异质材料等效复介电常数的因素之一。实践证明，壳核结构的金属 - 介质异质材料具有密度低等特点，适合于轻质吸波材料的制备，弥补了传统吸波材料的不足。例如，Kim 等 [26] 采用 Co-Fe 薄膜包裹空心陶瓷颗粒材料制备得到轻质吸波材料，并且在微波频段具有良好的吸波性能；Cheng 等 [27] 发现，在 9GHz 以上频段，Ag-NiZn 壳核结构吸波材料的反射损耗可以达到 −25dB，并且通过减少 NiZn 所占比例可以使材料等效复介电常数虚部的谐振峰向高频移动；Xiao 等 [28] 制备了壳核结构 $MnFe_2O_4$-TiO_2 纳米复合材料，通过实验证明了在 3 ~ 10GHz 频段，该壳核结构复合材料比 $MnFe_2O_4$ 的吸波性能好。

本部分以金属 - 介质壳核结构异质材料为研究对象，讨论了填充材料结构对微波吸收特性的影响，仿真结果与文献 [29,30] 结果一致，并且证明了壳核结构异质材料等效复介电常数可以用两个 Debye 相的叠加进行拟合，其弛豫特性是非 Debye 型的。仿真模型如图 2-16 所示，图中 ε_1、ε_2、ε_3 分别为基底、金属层及内核材料的复介电常数。壳核结构的内外半径分别为 r_1 和 r_2，填充比为 f，金属层的相对厚度为 $t=(r_2-r_1)/r_2$。仿真时，取金属层的等效复介电常数表达式为 $\varepsilon_2=1-(\sigma/\omega\varepsilon_0)i$。

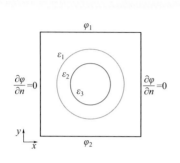

▶ 图 2-16 金属－介质壳核结构异质材料等效复介电常数的仿真模型

（1）金属层电导率对吸收峰的影响

根据图 2-16 所示模型，通过改变金属层 ε_2 的电导率，仿真了其等效复介电常数随频率的变化。图 2-17 为 $f=0.3$，$t=0.05$，$\varepsilon_1=1$，$\varepsilon_3=10$，金属层电导率 σ 变化时，等效复介电常数与频率的关系。结果显示，壳核结构异质材料具有两个吸收峰，并且随电导率增大，吸收峰向高频偏移，当电导率从 0.01 变化到 10^4 时，低频吸收峰的中心频率从 10^5Hz 变化到

10^{12}Hz，同时，低频和高频吸收峰的幅度保持不变，均不受电导率的影响。这表明通过改变金属层的电导率，可以在射频至红外频段范围内灵活地调整吸收峰的位置，这为设计特定频率范围的吸波材料提供了理论依据。

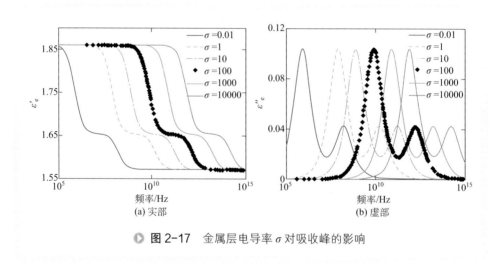

▶ 图 2-17 金属层电导率 σ 对吸收峰的影响

（2）金属层厚度对吸收峰的影响

在填充比为 $f=0.3$，介电常数和电导率分别为 $\varepsilon_1=1$，$\varepsilon_3=10$，$\sigma=100$ 时，通过改变 t，仿真了金属层厚度对等效复介电常数的影响，结果如图 2-18 所示。图 2-18（a）表明，随金属层厚度的增大，异质材料等效复介电常数的实部曲线相交于一固定点，其频率约为 $F_0=6.4\times10^{11}$Hz，在交点前后，等效复介电常数实部的变化趋势相

反。对于图 2-18（b），以 F_0 为分界可以看出，在 F_0 两侧，出现了两个吸收峰，在 $t \leqslant 0.1$ 时，低频吸收峰的幅度大于高频吸收峰，随着 t 增大，高频吸收峰的幅度迅速增加，当 $t=1$ 时，低频吸收峰完全消失。这说明了改变金属层厚度可以在特定频段内选择吸收峰的中心频率，并调整低频和高频吸收峰幅度。

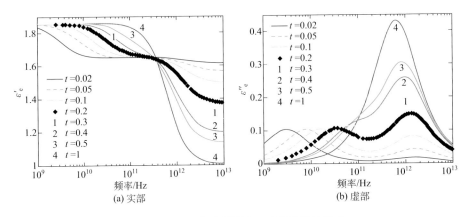

● 图 2-18　金属层厚度 t 对吸收峰的影响

（3）填充比对吸收峰的影响

当 $\varepsilon_1=1$，$\varepsilon_3=10$，$\sigma=100$，$t=0.05$ 时，仿真了填充比 f 对异质材料吸波特性的影响，结果如图 2-19 所示。从图 2-19 中可以看出，填充比增大，等效复介电常数的实部增大。在 $10^8 \sim 10^{13}$Hz 频率范围内，等效复介电常数的虚部出现两个吸收峰，低频和高频吸收峰同时随填充比增大，并且当 $f>0.5$ 时，吸收峰幅度的增大趋势明显。同时，随填充比增加，吸收峰向低频有微小偏移，当 $f=0.1$ 时，低频吸收峰的

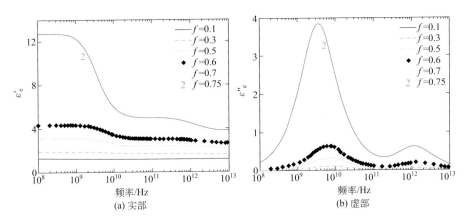

● 图 2-19　填充比 f 对吸收峰的影响

中心频率为 8.1×10^9Hz，当 $f=0.75$ 时，其中心频率为 6.1×10^9Hz。这表明填充比变化主要改变异质材料等效复介电常数的大小，而对其吸收峰中心频率的变化影响很小。

（4）基底相复介电常数对吸收峰的影响

当 $\varepsilon_3=10$，$\sigma=100$，$f=0.3$，$t=0.05$ 时，改变基底相复介电常数 ε_1 仿真得到的等效介电常数随频率的变化关系，如图 2-20 所示。图中，等效复介电常数的实部和虚部同时随 ε_1 增大而增大，并且在整个频段范围内无交点。在 $10^8 \sim 10^{13}$Hz 频率范围内，等效复介电常数的虚部出现两个吸收峰，并且，当 ε_1 增大时，低频吸收峰值持续增大；而当 $\varepsilon_1 \geq 10$ 时，高频吸收峰值的增加趋于饱和。

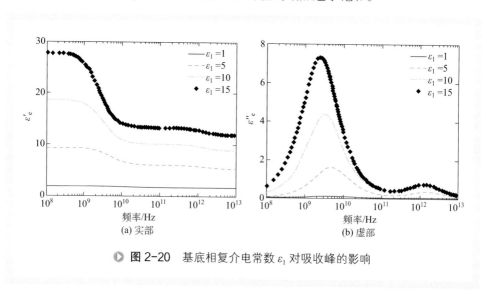

图 2-20　基底相复介电常数 ε_1 对吸收峰的影响

（5）内核材料复介电常数对吸收峰的影响

当 $\varepsilon_1=1$，$\sigma=100$，$f=0.3$，$t=0.05$ 时，仿真了内核材料复介电常数 ε_3 对吸收峰的影响，结果如图 2-21 所示。由图 2-21（a）可知，当 ε_3 变化时，异质材料等效复介电常数的实部在 $10^9 \sim 10^{13}$Hz 频率范围内出现多个交点。从图 2-21（b）可以看出，在 $10^9 \sim 10^{13}$Hz 频率范围内，复介电常数的虚部出现两个吸收峰，高频吸收峰随 ε_3 的增大而增大，并逐渐趋于饱和；低频吸收峰随 ε_3 的减小而增大，并向高频偏移；当 $\varepsilon_3=1$ 时，高频吸收峰消失。

（6）机理分析与讨论

根据 Maxwell-Wagner 损耗机理，两种介质材料分界面的等效复介电常数为

$$\varepsilon'(\omega) = \varepsilon_h + (\varepsilon_s - \varepsilon_h)/(1 + \omega^2 \tau^2) \tag{2-15}$$

$$\varepsilon''(\omega) = \sigma/\omega + (\varepsilon_s - \varepsilon_h)\omega\tau/(1 + \omega^2 \tau^2) \tag{2-16}$$

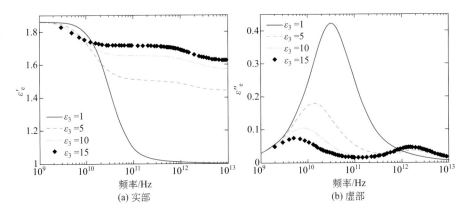

(a) 实部 (b) 虚部

▶ 图 2-21　内核材料复介电常数 ε_3 对吸收峰的影响

式中，$\varepsilon_s = \varepsilon_0 d(\varepsilon_2 \sigma_1^2 d_2 + \varepsilon_1 \sigma_2^2 d_1)/(\sigma_1 d_2 + \sigma_2 d_1)^2$；$\sigma = \sigma_1 \sigma_2 d/(\sigma_1 d_2 + \sigma_2 d_1)$；$d = d_1 + d_2$；$d_1$ 为材料 1 的厚度；σ_1 和 ε_1 分别为其电导率和复介电常数；d_2 为材料 2 的厚度；σ_2 和 ε_2 分别为其电导率和复介电常数；ε_h 为高频下的介电常数；τ 为弛豫时间。由公式（2-16）可见，当材料特性变化时，ε'' 存在单吸收峰，其介质特性为 Debye型。研究发现，得到的金属 - 介质壳核结构的等效复介电常数存在两个吸收峰。为了分析其机理，采用两个 Debye 项的叠加对仿真结果进行了拟合。当 $f=0.3$，$t=0.05$，$\varepsilon_1=1$，$\varepsilon_3=10$，$\sigma=100$ 时，拟合曲线与仿真结果一致，如图 2-22 所示。并且其他条件下也可以得到同样的结果，这表明金属 - 介质壳核结构的吸波特性为非Debye 型。

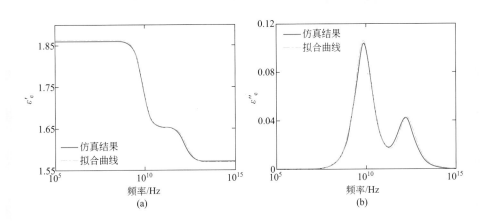

(a) (b)

▶ 图 2-22　等效复介电常数仿真结果及拟合曲线

二、三维准静电模型

二维模型可以理解混合媒质的介电特性，但是二维模型是在假设某一方向其介质特性均匀而得到的。而对于实际的异质材料，其内填充相与基底相材料以颗粒的形式存在，按一定的比例混合，并且填充相随机分布在基底相内。因此，二维模型难以准确地反映实际异质材料的真实结构。于是，Kärkkäinen 等[31]将其研究扩展到三维，并采用有限差分法计算了三维随机混合模型的等效复介电常数。Cheng 等[32]提出了描述三维混合媒质的有限元模型，采用该模型，本节仿真了介质 - 介质型异质材料的等效复介电常数和局域场增强现象，并对网格密度和计算结果的稳定性进行了讨论。

1.物理模型与仿真方法

三维异质材料等效复介电常数仿真模型如图 2-23 所示。假设材料的尺寸远远小于波长，于是，在准静态近似条件下，异质材料可看作是各向同性的。图中，在 x，y，z 三个方向上模型的网格为 $30 \times 30 \times 30$，灰色区域表示填充相，白色区域表示基底相。建模时，通过生成一个伪随机序列将填充材料及基底材料的复介电常数赋值给相应的有限元网格。仿真模型的边界条件如图 2-24 所示，上下两极板的电压分别为 $V_1=1$，$V_2=0$，侧面的边界条件为 $\partial V/\partial n=0$。

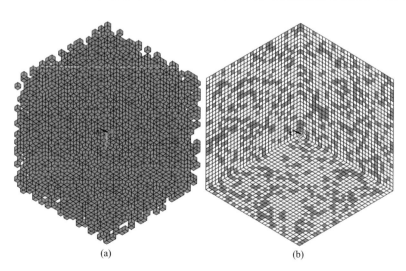

(a)   (b)

▶ **图 2-23**（a）三维异质材料等效复介电常数仿真模型，填充相占 30%，灰色区域表示填充相，白色区域表示基底相；（b）填充相拓扑结构

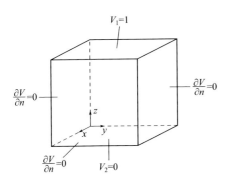

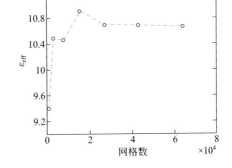

图 2-24 仿真模型边界条件　　　　图 2-25　网格数与等效复介电常数的
关系（f=0.3，ε_1=30，ε_2=1）

从电路理论的观点看，若 d 很小，则模型中平行板电容器内存储的电能为

$$W_c = \frac{1}{2}\varepsilon_0\varepsilon_e\frac{S}{d}(\varphi_1 - \varphi_2)^2 \tag{2-17}$$

式中，ε_0=8.85×10^{-12}F/m；ε_e 为异质材料的等效复介电常数；W_c 为由电路理论计算得到的电能。从电磁场理论的观点看，由于异质材料的影响，平板电容器内的电位分布 φ 不均匀，电场分布 $\bar{E} = -\nabla\varphi$ 亦不均匀，电容器内电位分布 φ 满足 Laplace 方程

$$\nabla(\varepsilon\nabla\varphi) = 0 \tag{2-18}$$

式中，ε 为电容器内材料的复介电常数分布。因此，求解方程（2-18），即可得出电容器内异质材料存储的电能

$$W_F = \frac{1}{2}\int_v(\varepsilon_0\varepsilon_1 E_1^2 + \varepsilon_0\varepsilon_2 E_2^2)\mathrm{d}v \tag{2-19}$$

式中，E_1、E_2 分别为基底（ε_1）和填充材料（ε_2）内的电场分布；v 为平行板电容器的体积；W_F 为由电磁场理论计算得到的电能。令 $W_c=W_F$，即可求得等效复介电常数 ε_e

$$\varepsilon_e = \int_v(\varepsilon_1 E_1^2 + \varepsilon_2 E_2^2)\mathrm{d}v \tag{2-20}$$

模型采用的是具有 20 个节点的二阶六面体网格。模型的网格数与等效复介电常数的关系如图 2-25 所示。

从图中可以看出，当模型的网格数达到 27000（182736 个节点）时，等效复介电常数值的变换逐渐趋于稳定，继续增加网格数对计算结果的影响不大。因此，仿真采用 27000 个网格进行。

2.结果与讨论

在大多数实际情况中基底相的复介电常数要小于填充相复介电常数，通过固定基底材料复介电常数 $\varepsilon_1=1$，并逐渐增大填充相复介电常数 ε_2，仿真了异质材料等效复介电常数随填充比的变化，并与 Bruggeman 公式、Hashin-Shtrikman 边界进行了对比，结果如图 2-26 所示。仿真过程中，对每一个填充比都分别生成了 10 组伪随机码，对应 10 个不同的拓扑结构，并分别对其进行了计算。图 2-26 中圆形标记显示了相同填充比条件下，10 个不同拓扑结构得到的仿真结果的叠加，图 2-26（c）为 $\varepsilon_2=30$，$\varepsilon_1=1$，填充比为 0.35～0.4 时仿真结果的放大。对于不同的填充比，等效复介电常数的相对计算误差如图 2-27 所示。由图 2-27 可见，相对计算误差在 -0.04～0.03 之间，填充比 $f>0.5$ 时，相对误差小于 0.02，这说明了本文采用的仿真方法是有效的。

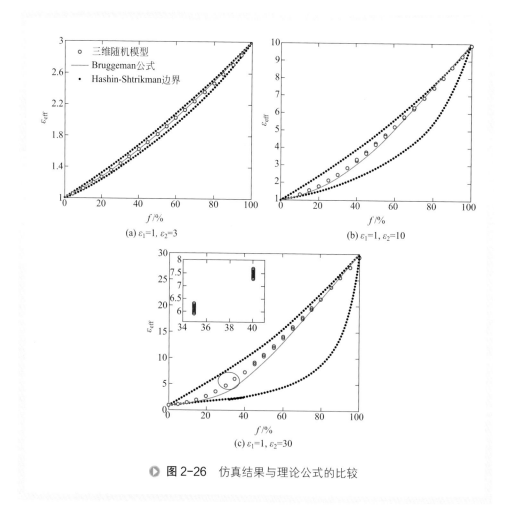

图 2-26　仿真结果与理论公式的比较

从图 2-26 可以看出，三维随机模型的等效复介电常数仿真结果与 Bruggeman 公式一致，并位于 Hashin-Shtrikman 上下界之间，填充比越大，则仿真值越靠近 Hashin-Shtrikman 上界。当填充比 f=0.7，基底相复介电常数 ε_1=2，填充相复介电常数 ε_2 逐渐增大时，在平面 z=0 内，电场分布如图 2-28（a）～图 2-28（c）所示。

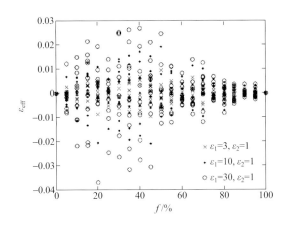

● 图 2-27　三维随机模型等效复介电常数相对误差

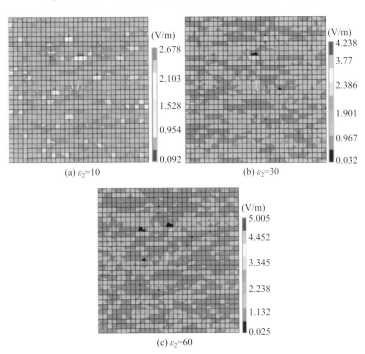

(a) ε_2=10　　　　(b) ε_2=30

(c) ε_2=60

● 图 2-28　填充比 f=0.7，基底相 ε_1=2 时，在 z=0 平面内的电场分布

从图 2-28 中可以看出，当填充相复介电常数 $\varepsilon_2=10$ 时，最大和最小电场分别为 2.678V/m 和 0.092V/m，其比值为 29.1；当 $\varepsilon_2=30$ 时，最大和最小电场分别为 4.238V/m 和 0.032V/m，其比值为 132.4；当 $\varepsilon_2=60$ 时，最大和最小电场分别为 5.005V/m 和 0.025V/m，其比值为 200.2。因此，基底相和填充相复介电常数相差越大，异质材料内的局域场增强现象越明显。

三、RC 网络模型仿真材料介质响应

第二部分研究了准静电模型在仿真异质材料等效复介电常数中的应用，仿真是在准静态近似条件下进行的。具有金属 - 绝缘体两相特性的异质材料广泛地存在于自然界与各个领域，陶瓷、聚合物、合成物都属于异质材料。几乎所有异质材料都有一个显著的特点，即在低频部分大多数的交流电导率是与频率无关的，但随着频率的增加，其满足幂率特性：$\sigma(\omega) \propto \omega^n$，$\omega$ 指角频率 $(2\pi f)$，n 为材料中容性物质的体积分数或质量分数，而复介电常数的实部满足幂率衰减特性：$\varepsilon' \propto \omega^{n-1}$。

在单晶体、多晶体、无定形材料（如水泥、陶瓷、离子导体）中都发现了幂率特性，因此研究一般异质材料微观结构的随机电阻电容网络具有重要的意义。如图 2-29 所示，在 Al_2O_3-TiO_2 陶瓷复合物中，绝缘物质 Al_2O_3 和导电物质 TiO_2 均匀混合，材料内部形成了许多微小的电阻电容网络，可用随机的三维 RC 网络来仿真 Al_2O_3-TiO_2 陶瓷复合物的介电特性。

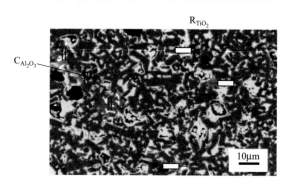

▶ **图 2-29** Al_2O_3-TiO_2 陶瓷复合物与 RC 网络模型

1. 三维 RC 网络模型

在图 2-30（b）中，定义节点 0 为参考节点，则相对于参考节点，节点 1 的电压为 V_1，节点 i 的电压为 $V_i(i=1,2,\cdots,28)$，左右两极板间的电压为 $U(\omega)$。对各个节点，采用基尔霍夫电流定律可得节点电流表达式，如对节点 0 有 $V_1/R+j\omega CV_4+j\omega CV_7+j\omega CV_{10}+V_{13}/R+V_{16}/R+j\omega CV_{19}+V_{22}/R+V_{25}/R+i_0=0$，对节点 1 有 $V_1/R+(V_2-V_1)/$

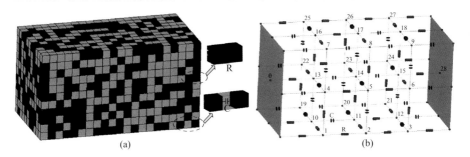

▶ **图2-30** （a）异质材料显微结构，黑色区域表示导电相，浅灰色区域表示介质相；
（b）三维 RC 网络的等效电路，图中电容和电阻分别为 1kΩ 和 1nF

$R+(V_4-V_1)/R+j\omega C(V_{10}-V_1)=0$，对节点 28 有 $(V_{28}-V_3)/R+j\omega C(V_{28}-V_6)+j\omega C(V_{28}-V_9)+$ $(V_{28}-V_{12})/R+(V_{28}-V_{15})/R+j\omega C(V_{28}-V_{18})+j\omega C(V_{28}-V_{21})+j\omega C(V_{28}-V_{24})+(V_{28}-V_{27})/R+$ $i_{28}=0$。

整理各个节点的电流表达式，并定义节点 i 和 j 之间的阻抗为 $r(i,j)$，则描述三维 RC 网络的矩阵方程可以表达为

$$AV = I \qquad\qquad (2\text{-}21)$$

其中，$V=[V_1,V_2,V_3,\cdots,V_{28}]^T$，$I=[i_1,i_2,i_3,\cdots,i_{28}]^T$，$i_{28}=i_0=1$，

$$A = \begin{bmatrix} c_{1,1} & c_{1,2} & \cdots & c_{1,28} \\ c_{2,1} & c_{2,2} & \cdots & c_{2,28} \\ \vdots & \vdots & & \vdots \\ c_{28,1} & c_{28,2} & \cdots & c_{28,28} \end{bmatrix}$$

$$c_{i,j} = \begin{cases} \sum_{j=1}^{28} 1/r(i,j) & i=j \\ -1/r(i,j) & i \neq j \end{cases}$$

求解方程（2-21）就可以得到三维 RC 网络的等效阻抗 $Z_{\text{eq}}(\omega)$

$$Z_{\text{eq}}(\omega) = U(\omega)/i_{28} = U(\omega)/i_0 \qquad\qquad (2\text{-}22)$$

网络的相对复介电常数可由下式得到

$$\varepsilon_r(\omega) = \varepsilon_r'(\omega) + j\varepsilon_r''(\omega) = 1/j\omega Z_{\text{eq}}(\omega) \qquad\qquad (2\text{-}23)$$

其中，$\varepsilon_r'(\omega)$ 和 $\varepsilon_r''(\omega)$ 分别为归一化复介电常数的实部和虚部。

2.仿真结果与讨论

为了研究三维 RC 网络模型对仿真异质材料介质响应的有效性，当模型中电阻和电容元件个数分别为 1568、2048 和 2592，并按照 5%R-95%C，10%R-90%C 和

15%R-85%C随机分布时，比较了二维和三维 RC 网络模型的等效电导率、电容率以及复介电常数，结果如图 2-31、图 2-32 所示。

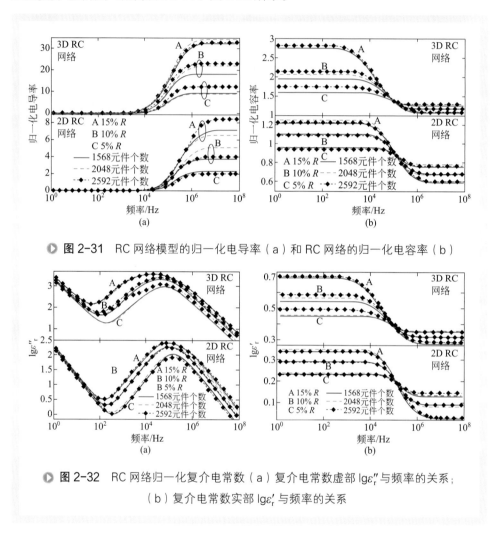

图 2-31 RC 网络模型的归一化电导率（a）和 RC 网络的归一化电容率（b）

图 2-32 RC 网络归一化复介电常数（a）复介电常数虚部 $\lg\varepsilon_r''$ 与频率的关系；（b）复介电常数实部 $\lg\varepsilon_r'$ 与频率的关系

从图 2-31 中可以看出，对于相同的元件个数，以及相同的电阻和电容比，二维和三维 RC 网络等效电导率、电容率随频率的变化趋势相同。从图 2-31（a）可得，三维和二维 RC 网络的归一化电导率随频率的变化可分为三个区，在低频区（$f<10^4$Hz，$\omega c \ll R^{-1}$），RC 网络的归一化电导率与频率无关；在中频区（$\omega c \approx R^{-1}$），RC 网络的归一化电导率随频率的增加而增大；在高频区（$f>10^6$Hz，$\omega c \gg R^{-1}$），RC 网络归一化电导率值达到稳定，不随频率改变。图 2-31（b）给出了 RC 网络归一化电容率与频率的关系，曲线的变化同样可分为三个区。在低频区（$f<10^4$Hz，$\omega c \ll R^{-1}$），归一化电容率最大，其值与频率无关；在中频区（$\omega c \approx R^{-1}$），归一化电容率随频率的增大而减小，并在低频区（$f>10^6$Hz，$\omega c \gg R^{-1}$）达到稳定。

图 2-32 所示为二维和三维 RC 网络等效复介电常数实部和虚部与频率的关系。从图 2-32 中可知，对于二维和三维 RC 网络，电阻的比例增大时，等效复介电常数增大。电阻和电容比相同时，三维 RC 网络等效复介电常数的实部和虚部要大于二维 RC 网络。此外，二维和三维 RC 网络还有一些细微的区别，如图 2-32 所示，当电阻和电容的比例为 5%R-95%C 时，三维 RC 网络模型仿真结果有微小的偏移，这一现象主要是由于元件个数相同时，对于同样的电阻和电容比，三维 RC 网络的随机性降低，增大网络的元件个数可以避免该现象。

当元件个数为 2048 时，图 2-33 比较了电阻和电容比例的微小变化对二维和三维 RC 网络模型等效复介电常数的影响。图中给出了 $10^4 \sim 10^6 \mathrm{Hz}$ 频率范围内等效复介电常数 $\lg\varepsilon_r'$ 随频率的变化情况。

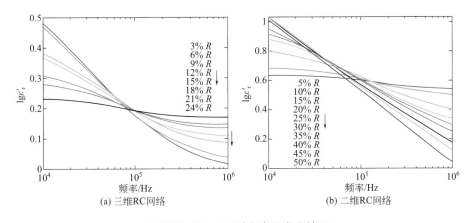

▶ **图 2-33** $\lg\varepsilon_r'$ 随频率的变化情况

从图 2-33 可以看出，当电阻比例增大时曲线的斜率增大，在 $10^5 \mathrm{Hz}$ 附近，$\lg\varepsilon_r'$ 随频率几乎呈线性变化，于是采用直线对图中仿真结果进行拟合，斜率和残差如表 2-2 所示。从表中可以看出，拟合曲线的残差小于 8×10^{-4}，随着电容比例的增大，直线斜率单调递增。因此，二维和三维 RC 网络等效复介电常数的变化反映了异质材料中导电相和介质相比例的变化。

表 2-2　拟合曲线斜率及残差

3D-R %	3%	6%	9%	12%	15%	18%	21%	24%
3D-斜率（k）	0.03	0.061	0.091	0.12	0.15	0.18	0.21	0.24
残差（$\times10^{-4}$）	3	5	3	5	4	6	6	6

2D-R%	5%	10%	15%	20%	25%	30%	35%	40%	45%	50%
2D-斜率（k）	0.049	0.1	0.15	0.20	0.25	0.30	0.35	0.41	0.46	0.49
残差（$\times10^{-4}$）	5	9	8	6	8	5	6	8	2	3

为了研究 RC 网络的渗流门限，当网络元件个数为 2048 时，分别仿真了网络电阻比例对二维和三维 RC 网络的等效复介电常数虚部的影响，$\lg\varepsilon_r''$ 与频率的关系如图 2-34 所示。由图 2-34 可见，RC 网络等效复介电常数的虚部随电容比例的增加而增大，并在一定的比例下出现突变。

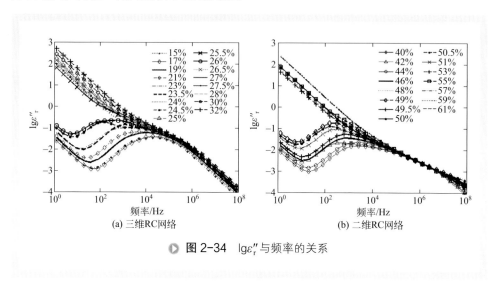

▶ 图 2-34　$\lg\varepsilon_r''$ 与频率的关系

图 2-35 给出了在几个频率点（1Hz、10Hz、158.49Hz、1258.9Hz）复介电常数虚部与电阻比例的关系。由图 2-35 可见，对于三维和二维 RC 网络模型，其渗流门限分别为（25±1）% 和（50±1）%，并且二维 RC 网络模型适合于描述薄膜材料介电特性，而三维 RC 网络模型适合于描述体材料。

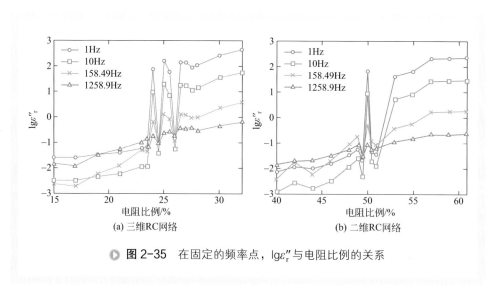

▶ 图 2-35　在固定的频率点，$\lg\varepsilon_r''$ 与电阻比例的关系

第四节 微波场中的介电特性测试系统

物料化学成分复杂，含有多种组元，普通电介质弛豫理论，并不能精确描述多相体系中的每一种组元的介电特性[33]，需要采用测试的方法来确定物料的复介电常数，尤其是变温条件下的复介电常数。

一、介电特性测试方法及其对比

Gabriel 等[34]早期研究了测量低频、中频和高频段的介电参数方法，主要是电桥法和谐振电路法。Yimnirun 等[35]报道了一种采用同轴线作为容器的电桥法，可以精确测量谷物类样品在音频段（25Hz～2kHz）的介电参数。在早期测量阶段，Athey 等[36]用开槽线法测量有无样品时的驻波比，根据测量的驻波节点和节点宽带的变化、样品长度和波导尺寸可以计算得到复介电常数和介电损耗，这些都是低频段的介电参数测量。

在大于 1GHz 的微波频段，已广泛应用的介电参数测量方法主要有传输反射法、传输线法、谐振腔微扰法、同轴探头法和自由空间法[37]。测量精度与待测样品的物理性质、测试条件、温度测试范围等因素有关。表 2-3 显示了各种测试方法之间定性的比较。

表2-3 各种测试方法之间定性的比较[38]

项 目	传输反射法	传输线法	自由空间微扰法	全填充谐振腔微扰法	部分填充谐振腔法	同轴探头法
频率	宽频	带状频率	带状频率	单频点	单频点	宽频
样品大小	适中	适中	大	大	非常小	小
温度显示、控制	难	难	非常简单	非常简单	非常简单	简单
对低损耗物料的精确度	非常低	居中	居中	非常高	高	低
对高损耗物料的精确度	低	居中	居中	不工作	低	高
样品制备难易	易	难	易	非常难	非常难	易
适用的测试物质类型	固体和半固体	固体	大平板状物体	固体，半固体和液体	固体	固体，半固体和液体
对被测物的影响	破坏	破坏	不破坏	破坏	破坏	非破坏
商业化产品	没有	有	有	没有	没有	有

第二章 物质介电损耗基础与加热理论 **41**

二、异质材料常温介电特性测试系统的构建

微波吸收特性（简称吸波特性）是判断异质材料能否用于微波加热的最基本的参数，本部分介绍采用自制的微波系统测量异质材料的微波吸收特性，以催化剂降解乙醛的化学反应过程为例，研究了异质材料介电特性变化的动态检测，并与时间分辨率红外光谱仪检测结果取得了一致，建立了异质材料的微波吸收特性介电特性数据库。

1.测量原理和测量装置

图2-36为检测装置示意图，谐振腔为TM_{010}腔（内直径为80mm，高12mm）；样品内直径大小为5mm，高为9mm，样品位于腔体中心，且在腔体内均匀分布。

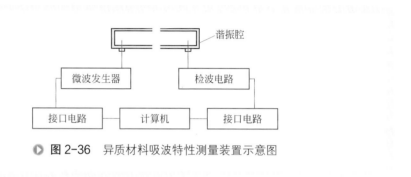

● **图2-36** 异质材料吸波特性测量装置示意图

测量时，微波通过同轴电缆馈入到微波谐振型传感器，在传感器内微波与物质相互作用。若引入谐振腔的样品很小，微扰理论成立，则

$$\frac{\Delta\omega}{\omega} = -\omega_0(\varepsilon'_r - 1)\int_{v_e} E_0^* E dv / 4W \qquad (2-24)$$

$$\frac{1}{Q} - \frac{1}{Q_0} = 2\varepsilon_0\varepsilon''_r \int_{v_e} E_0^* E dv / 4W \qquad (2-25)$$

$$W = \int_v [(E_0^* D_0 + H_0^* B_0) + (E_0^* D_1 + H_0^* B_1)] dv \qquad (2-26)$$

式中，$\Delta\omega$为角频率偏移；ω为微波的角频率；ω_0为未加样品时谐振型微波传感器的谐振角频率；ε'_r为样品相对复介电常数的实部；ε''_r为样品相对复介电常数的虚部；ε_0为真空中的复介电常数；E_0^*和H_0^*分别为微扰前谐振型微波传感器内电场强度和磁场强度的复共轭；E为传感器内样品的场强；D_0和B_0分别为微扰前电位移和磁感应强度的复共轭；Q_0和Q分别为传感器的无载和有载的品质因素值；W为传感器存储的能量；D_1和B_1分别为微扰后样品中电位移和磁感应强度的增加值；v_e为传感器内样品的体积；v为谐振腔的体积。测量的基本原理是根据样品放入前后微波传感器输出信号幅度和谐振频率等参数的变化，来反演出被测物质的吸波特性。

根据有效媒质理论以及准静电模型仿真结果，在基底材料中填充高复介电常数的填充相时，填充比越大，则等效复介电常数越大。水的复介电常数很大，在常温及 3GHz 左右，其相对介电常数大约为 76.5。基于谐振型微波传感器，由硫化矿、煤粉及烟草水分含量[39~43]的测量结果可知，当水与基底相均匀混合后，异质材料微波吸收特性增强、等效复介电常数增大主要体现在微波传感器输出信号电压减小（或衰减增大）、谐振频率减小（或相对频移增大）以及带宽增大三个方面。

2.异质材料介电特性数据库

采用自制的介电特性测量系统，测量了近 50 种典型异质材料的介电特性，包括：钛精矿、锌窑渣、球团铁精矿、铜精矿、氧化铝、氢氧化铝、不同配碳量的钛精矿、越南钛精矿、硫化镍精矿、硫化锌精矿、我国云南铁砂矿等，为异质材料介电特性的研究积累了大量基础数据，数据库可扩展性好，方便新增数据录入。数据库系统基于 VB 和 SQL 实现，前台界面采用 VB 制作完成，后台管理通过 SQL 实现，其功能界面如图 2-37（a）所示，图 2-37（b）为数据查询窗口，可根据样品名称或

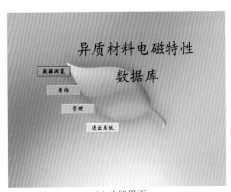

(a) 功能界面   (b) 数据查询窗口

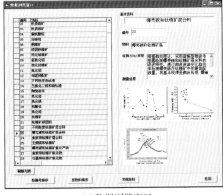 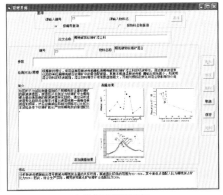

(c) 数据浏览窗口   (d) 数据库管理窗口

● 图 2-37 异质材料介电特性数据库

其编号来查询信息，图 2-37（c）为数据浏览窗口，图 2-37（d）为数据库管理窗口，可实现新样品数据的录入、修改和删除功能。

如图 2-38 所示为不同椰壳炭含量氧化钛精矿混合物的微波波谱图，试验采用的原料钛精矿来自攀枝花地区岩矿类，其主要化学成分为 TFe : 32.18%，TiO_2 : 47.85%，CaO : 1.56%，MgO : 6.56%，SiO_2 : 5.6%，Al_2O_3 : 3.16%。波谱图中从左到右为氧化钛精矿中椰壳炭含量由低到高的微波波谱变化趋势。经过数据处理可以得到微波传感器输出信号电压、相对频移与椰壳炭含量的关系，见图 2-39（a）和图 2-39（b）。通过分析此波谱变化趋势可得，衰减最大的范围为 30% ~ 80%，其中最低点值配入比为椰壳炭占矿比例为 50%，因此，结合生产实际，椰壳炭和氧化钛精矿合适配比为 30%。在 30% 用量时，适合用作氧化钛精矿产业化生产试验的还原剂，为氧化钛精矿产业化生产试验提供理论依据。

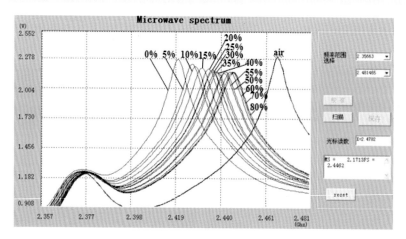

● 图 2-38 不同椰壳炭含量氧化钛精矿的微波波谱图

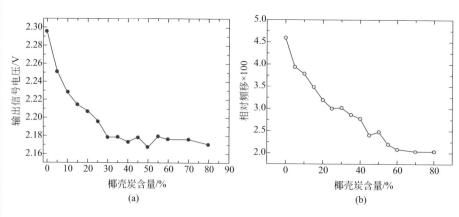

● 图 2-39 微波传感器输出信号电压（a）及相对频移（b）与椰壳炭含量的关系

采用同样的方法可以进行测量并分析得到氧化钛精矿和焦炭混合料的最佳配比。如图 2-40 所示为不同焦炭含量氧化钛精矿的微波波谱图。图中从右到左为氧化钛精矿中含焦炭量由低到高的微波波谱变化趋势。经过数据处理可以得到微波传感器输出信号电压、相对频移与焦炭含量的关系，如图 2-41（a）和图 2-41（b）所示。通过分析此波谱变化趋势并结合生产实际可得焦炭和氧化钛精矿合适配比为 30%。

在上述测量结果中，值得注意的是在氧化钛精矿中配入椰壳炭后，微波传感器输出信号相对频移减小，而氧化钛精矿中配入焦炭后，微波传感器输出信号相对频移增大。根据吸波特性测试原理，被测物料相对复介电常数虚部反比于微波传感器输出信号幅度，实部正比于微波传感器输出信号相对频移。因此这一测量结果表明，椰壳炭相对复介电常数实部小于氧化钛精矿，而焦炭相对复介电常数实部大于

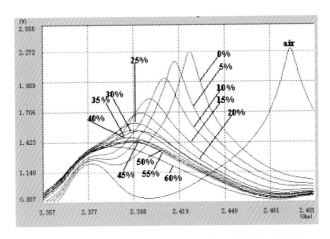

图 2-40 不同焦炭含量氧化钛精矿的微波波谱图

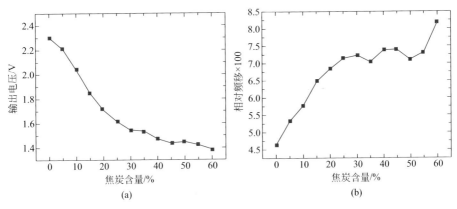

图 2-41 微波传感器输出电压（a）及相对频移（b）与焦炭含量的关系

氧化钛精矿。根据有效媒质理论可得，在氧化钛精矿中配入椰壳炭后，将导致异质材料复介电常数实部减小，而在氧化钛精矿中配入焦炭后，将导致异质材料复介电常数实部增大。同理，由波谱图可得，椰壳炭或焦炭的相对复介电常数虚部均大于氧化钛精矿。因此，根据有效媒质理论，在氧化钛精矿中配入椰壳炭或焦炭后，将导致异质材料等效复介电常数虚部增大，吸波增强。

3.异质材料介电特性变化动态检测

上文通过异质材料吸波特性的测量以及介电特性数据库的建立介绍了自制的微波系统及其应用，同时，该系统也适用于异质材料介电特性变化过程的动态检测，本节分别采用自制的微波系统和时间分辨率红外光谱仪检测乙醛降解过程，并取得了一致的结果，扩展了自制微波系统的应用范围，证实了自制微波系统不仅能够测量异质材料静态吸波特性，也可以检测其动态变化过程，为建立变温条件下物料吸波特性数据库奠定了基础。

（1）实验试剂

实验采用的催化剂为 MCM41 以及过渡金属 Co、Ce、Cd、Cr、Zn、Mn 和 Ni 掺杂的 MCM41（Co-MCM41、Ce-MCM41、Cd-MCM41、Cr-MCM41、Zn-MCM41、Mn-MCM41、Ni-MCM41），催化剂由云南大学化学科学与工程学院应用化学系提供，其制备方法详见文献 [44]，乙醛为分析纯试剂。

（2）检测结果与分析

在乙醛的降解过程中，其主要生成物为水，由于水的介电常数大，所以水的生成将使得反应体系整体介电常数增大、吸波增强。基于此，提出一种采用时间分辨率谐振型微波传感器检测乙醛降解动态过程的方法 [45,46]。该方法具有灵敏度高和响应快等优点，与时间分辨率红外光谱仪结合，可适用于化学反应过程的在线、原位检测。实验采用图 2-36 所示的吸波特性测量装置检测上述催化剂暗态降解乙醛的过程，其中催化剂 Co-MCM41、Ce-MCM41 以及 MCM41 与气态乙醛作用过程中微波传感器输出信号电压与反应时间的关系如图 2-42 所示。从图 2-42（a）、图 2-42（b）中可观察到，Co-MCM41 和 Ce-MCM41 与乙醛相互作用过程中，传感器电压变化快，对于催化剂 Co-MCM41，输出电压在大约 150s 位置出现了第一个拐点，在大约 500s 位置出现第二个拐点；对于催化剂 Ce-MCM41，输出电压在大约 500s 的位置出现拐点，这说明水在此期间生成，水的生成使反应体系介电常数增大、吸波特性增强，从而导致反应开始时，微波传感器输出信号带宽迅速增大、电压急剧下降。对于其他几种催化剂（Cd-MCM41、Cr-MCM41、Zn-MCM41 和 Ni-MCM41），其变化趋势与图 2-42(b)类似。从图 2-42（c）可以看出，MCM41 与乙醛气体相互作用过程中，传感器输出信号带宽和电压呈线性变化，这说明该过程是 MCM41 吸附乙醛的过程，由于没有水生成，反应体系介电常数和吸波特性没有发生突变。

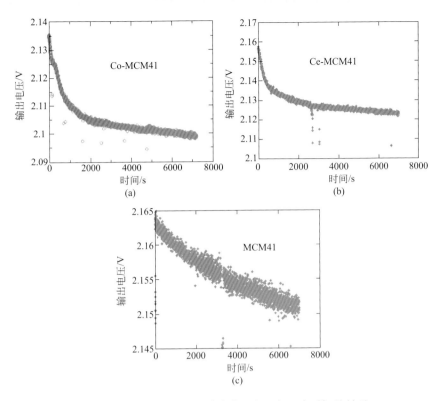

● **图2-42** 微波传感器输出信号电压与反应时间的关系

同时，采用时间分辨率红外光谱仪（Nicolet 8700）检测上述催化剂降解乙醛的过程，图2-43（a）、图2-43（b）和图2-43（c）分别为催化剂 Co-MCM41、Ce-MCM41 和 MCM41 暗态降解乙醛过程的三维光谱图，图中，x 轴、y 轴和 z 轴分别为波数、时间和吸光度。

从图2-43（a）和图2-43（b）可以观察到，催化剂 Co-MCM41 和 Ce-MCM41 降解乙醛过程中，在 3700cm 波数附近，水的吸收峰增强，这说明反应生成了水，而从图2-43（c）可以看出，MCM41 与乙醛作用过程中，没有水的吸收峰出现。

对于上述催化剂，在水的特征峰位置，反应时间与吸收峰强度的变化关系如图2-44 所示。

从图2-44 中可以观察到，催化剂 Co-MCM41 降解乙醛生成水的过程中，吸收峰强度变化分别在 36s 和 660s 出现拐点。

图2-45（a）和图2-45（b）比较了两种检测方法的实验样品和实验装置。其中，图2-45（a）为微波传感器检测乙醛降解的实验装置。图中，催化剂放置在试管中部，乙醛盛放在试管套中；图2-45（b）为时间分辨率红外光谱检测的样品制备装

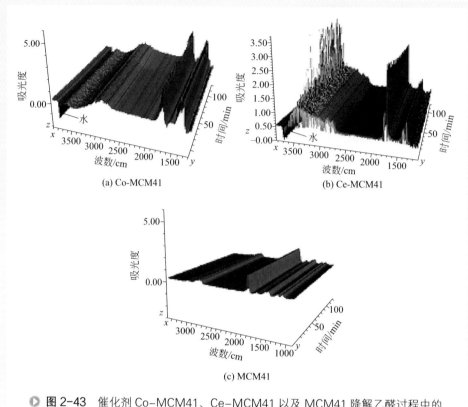

(a) Co-MCM41

(b) Ce-MCM41

(c) MCM41

▶ 图 2-43　催化剂 Co-MCM41、Ce-MCM41 以及 MCM41 降解乙醛过程中的
三维 FTIR 吸收谱

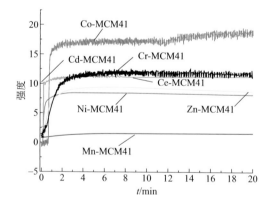

▶ 图 2-44　催化剂与乙醛作用过程中水特征峰吸光度随时间的变化

置。实验时，催化剂样品通过压片后放入原位反应池，抽真空后将乙醛气体通入，
再将原位池放入红外槽检测。由于催化剂用量、乙醛用量以及实验条件的差异导致
了红外分辨率和微波传感器检测到的拐点时间不同，但微波传感器输出电压的突变

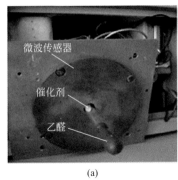
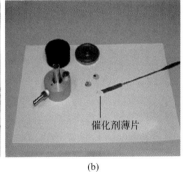

(a)   (b)

▶ 图 2-45 （a）采用微波传感器检测时，催化剂的放置及乙醛通入方式；
　　　　　（b）采用 FTIR 检测时，催化剂压成薄片

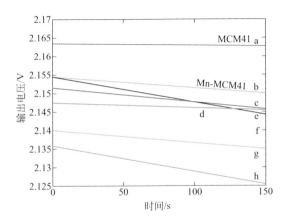

▶ 图 2-46　前 150s 微波传感器输出电压与时间关系的拟合曲线

说明反应过程中水的生成，与时间分辨率红外光谱仪检测结果趋势一致。

　　为了比较不同催化剂降解乙醛的速率，对前 150s 微波传感器采集的数据进行拟合，拟合曲线如图 2-46 所示。拟合方程为 $U=\alpha x+\beta$，图中 a ～ h 分别表示催化剂 MCM41，Mn-MCM41，Ni-MCM41，Zn-MCM41，Ce-MCM41，Cr-MCM41，Cd-MCM41，Co-MCM41。拟合曲线参数见表 2-4。表 2-4 中，斜率 α 越大，表明乙醛降解过程中反应体系微波吸收特性变化快，说明反应速率快。

表2-4　拟合曲线参数表

催化剂（TM-MCM41）	MCM41	Ce	Cd	Cr	Ni	Zn	Mn	Co
α	-0.39	-6.73	-3.05	-5.67	-1.42	-3.73	-3.00	-6.91
β	2.163	2.155	2.140	2.146	2.148	2.152	2.154	2.14

三、变温介电特性测试系统介绍

针对化工等领域测试对象多为液体或颗粒物料，需要在变温条件下进行测量的特点，选择了谐振腔微扰法来构建本变温介电特性测试系统。

1.测试原理

谐振腔微扰法的基本要求是待测样品的体积与测试腔体的体积相比要小得多，这样样品对腔体内的扰动就非常小。其测试步骤为：首先测量空圆柱谐振腔的谐振频率 f_0 和品质因数 Q_0；再测量出加载样品之后腔体的谐振频率 f_{0s} 和品质因数 Q_{0s}；介电常数可由谐振频率改变计算得到，损耗因子可由 Q 值变化得到。

本系统采用的圆柱形谐振腔由两端封闭的金属圆波导构成，也叫高 Q 腔。圆柱形谐振腔微扰法测试原理如图 2-47 所示。圆柱形谐振腔内 TM_{0n0} 模式的电场和磁场分别集中于腔中心轴附近和内壁附近。

由 HFSS 软件仿真得到该谐振腔中的电场分布为 TM_{020}，如图 2-48 所示。

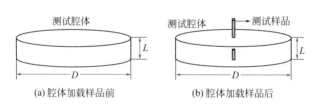

(a) 腔体加载样品前　　　　(b) 腔体加载样品后

▶ **图 2-47**　圆柱形谐振腔微扰法测试原理图

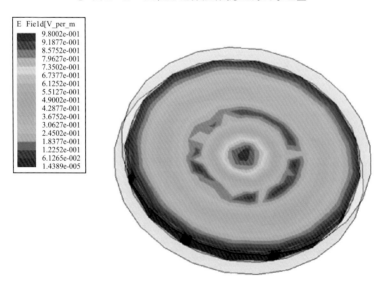

▶ **图 2-48**　圆柱形谐振腔 TM_{020} 电场模分布

该圆柱形谐振腔所用材料为 45 号不锈钢，其外表面采用镀铬处理以避免腐蚀，内表面镀银以降低导电损耗提高腔体 Q 值，其腔体壁厚为 10mm，样品孔直径为 10mm，两个耦合孔直径均为 2mm。所设计的圆柱形谐振腔模型图和实物图如图 2-49 所示。

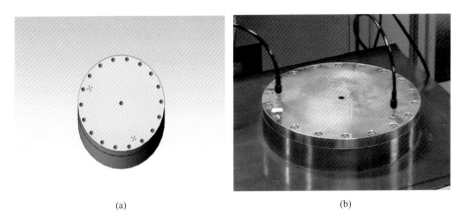

(a)   (b)

▶ 图 2-49　圆柱形谐振腔模型图（a）与实物图（b）

2.测试装置与系统

变温测试系统包括：矢量网络分析仪、波导同轴转换头、耦合装置、电磁感应加热装置、石英套管、样品移动装置、圆柱形测试腔体、程控计算机和循环水冷却装置等。图 2-50 给出了变温介电特性测试系统示意图。

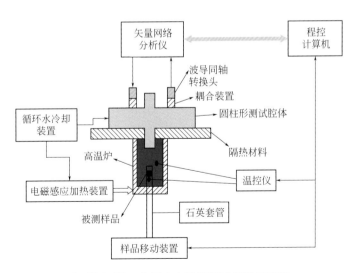

▶ 图 2-50　变温介电特性测试系统示意图

其中，加热装置、测温系统和矢量网络分析仪是该系统的主要部分。

加热装置：线圈产生的交变电磁场在加热工件（45号不锈钢）的表面产生涡流，产生热量，传导给石英管内的粉末样品，实现样品的加热过程。

测温系统：采用热电偶测温仪，测温范围为室温至1200℃，如图2-51（a）所示。该测温系统与感应加热系统相连接，可以实现智能温度调节。

矢量网络分析仪：矢量网络分析仪主要用来记录谐振腔的谐振频率和品质因数的变化。本系统采用安捷伦公司PNA5230的矢量网络分析仪，如图2-51（b）所示。

该变温介电特性测试系统如图2-52所示。

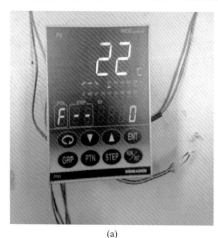 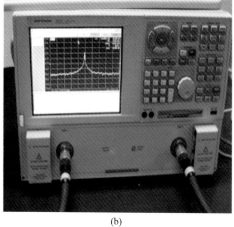

(a)　　　　　　　　　　　　　　　　　(b)

▶ 图2-51　温度测试仪（a）与矢量网络分析仪（b）

▶ 图2-52　变温介电特性测试系统实物图
（包括圆柱形谐振腔、电磁感应加热装置、转换接头、耦合装置、
测温系统、样品移动装置、矢量网络分析仪）

通过与标准样品的测试结果对比发现，该系统测试准确率高，误差较小。其整体技术指标为：

（1）测试温度　常温至 1000℃。

（2）测试频率　（2450±50）MHz（点频）。

（3）测试样品形状　粉状材料。

（4）测试范围

① 介电常数 ε'　1～100；

② 损耗角正切 $\tan\delta$　5×10^{-3}～1。

（5）测试误差

① 室温下　$|\Delta\varepsilon'/\varepsilon'|\leqslant 2.0\%$；$|\Delta\tan\delta|\leqslant 10\%\tan\delta+3\times10^{-3}$；

② 高温下　$|\Delta\varepsilon'/\varepsilon'|\leqslant 4.5\%$；$|\Delta\tan\delta|\leqslant 15\%\tan\delta+5\times10^{-3}$。

3.介电特性测试实例

（1）酸性液体　在常温及 2450MHz 的频率下，测试了盐酸、氢氟酸、硫酸、硝酸等酸性溶液的吸波特性。

① 盐酸溶液的吸波特性　盐酸溶液的介电常数（ε'_r）及介电损耗因子（ε''_r）随浓度的变化规律分别如图 2-53 所示。由图 2-53 可知，当盐酸的浓度介于 0.1%～0.2% 时，其介电常数随浓度增大缓慢上升。当浓度高于 0.2% 的时候，介电损耗因子介电常数随浓度的增大迅速上升，而介电常数则迅速下降。当盐酸的浓度为 0.3% 的时候，其介电常数及介电损耗因子分别可达 74.01 及 19.76。可见，盐酸具有较优良的吸波性能。

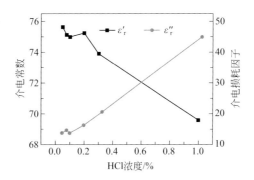

▶ **图 2-53**　不同浓度的盐酸溶液的介电常数和介电损耗因子

② 氢氟酸溶液的吸波特性　取氢氟酸溶液的最高浓度为 0.4%，在常温及 2450MHz 的频率下，其介电常数及损耗因子随浓度的变化如图 2-54 所示。由图 2-54 可知，氢氟酸溶液吸波特性随浓度的增加而提高。即使浓度低至 0.10% 的时候，其介电常数及介电损耗因子仍可达 75.51 及 11.01。比较发现，相同浓度下

氢氟酸溶液的吸波特性略优于盐酸溶液的吸波特性。

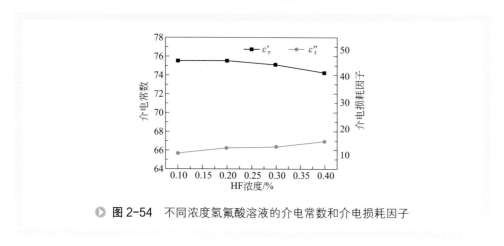

▶ **图 2-54**　不同浓度氢氟酸溶液的介电常数和介电损耗因子

③ 硫酸溶液的吸波特性　硫酸溶液的介电常数及介电损耗因子随硫酸浓度的变化如图 2-55 所示。由图 2-55 可知，当硫酸溶液的浓度较低的时候，其介电损耗因子随浓度的增大呈近似线性增大。当硫酸的浓度为 0.20％时，其介电常数及介电损耗因子可达 73.89 及 25.42。比较发现，相同浓度下硫酸溶液的吸波性能优于盐酸及氢氟酸溶液。

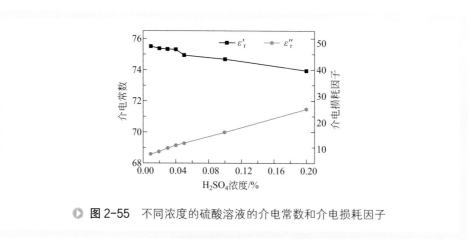

▶ **图 2-55**　不同浓度的硫酸溶液的介电常数和介电损耗因子

④ 硝酸溶液的吸波特性　硝酸溶液的介电常数及介电损耗因子随浓度的变化如图 2-56 所示。由图 2-56 可知，HNO_3 溶液的介电损耗因子随浓度的增大明显增加。当 HNO_3 浓度为 0.5％时，其介电常数及介电损耗因子分别可达 56.77 及 25.49。可见，相同浓度下 HNO_3 溶液的吸波性能优于 HCl、HF 及 H_2SO_4 溶液的吸波性能。

⑤ 氢氟酸和硝酸混合溶液的吸波特性　采用 0.4％的 HF 溶液与 0.4％的 HNO_3 溶液作为原液，按二者体积比配制不同混酸液。然后在常温及 2450MHz 的频率下，测量得到不同配比混酸液的介电常数和介电损耗因子随 HF 与 HNO_3 体积比的变化

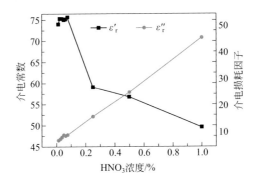

● 图 2-56　不同浓度 HNO₃ 的介电常数和介电损耗因子

规律，结果如图 2-57 所示。由图 2-57 可知，随 HF 与 HNO₃ 体积比的增大，混酸的介电损耗因子相应增大，介电常数相应减小。与盐酸、氢氟酸及硫酸溶液相比，在相同体积分数下，HF 和 HNO₃ 的混酸溶液吸波性能更优。

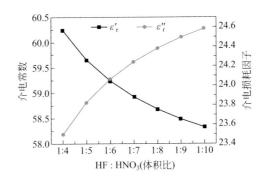

● 图 2-57　不同 HF：HNO₃（体积比）混酸的介电常数和介电损耗因子

（2）无机化工品

图 2-58 显示了硫酸铵 + 氨水溶液的介电常数在总氨浓度为 2.5 ～ 8.5mol/L 之间的变化情况。

如图 2-58 所示，介电常数在总氨浓度为 2.5mol/L 时达到 71.17，4mol/L 时降低至 66.03，在 4 ～ 8.5mol/L 之间时介电常数为 66.65 ～ 66.79，基本趋于平缓。介电常数的变化表明，硫酸铵 + 氨水溶液具有良好的储存微波能的能力。

图 2-59 中，介电损耗因子在总氨浓度为 2.5mol/L 时达到 11.29，随着总氨浓度的增加，介电损耗因子逐渐降低，当总氨浓度为 8.5mol/L 时，其介电损耗因子仍达 3.21，表明硫酸铵 + 氨水溶液在此浓度范围内具有很强的吸波性能。

不同总氨浓度下损耗角正切在 2450MHz 频率下的变化规律如图 2-60 所示。

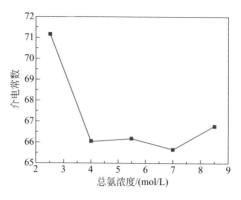

▶ 图 2-58　不同总氨浓度溶液介电常数的变化

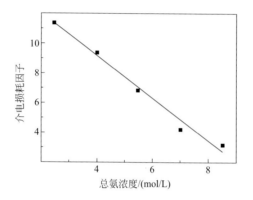

▶ 图 2-59　不同总氨浓度溶液介电损耗因子的变化

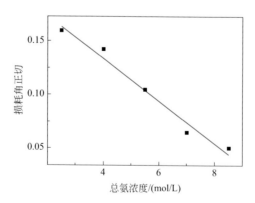

▶ 图 2-60　不同总氨浓度损耗角正切的变化

由图 2-60 可以看出，硫酸铵＋氨水溶液中总氨浓度由 2.5mol/L 增加到 8.5mol/L 时，损耗角正切从 0.1587 降低至 0.0481。

图 2-61 显示了总氨浓度对溶液穿透深度的影响。

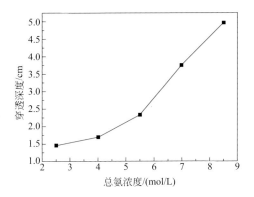

● 图 2-61　总氨浓度对溶液穿透深度的影响

由图 2-61 可知，微波频率在 2.45GHz 下，当硫酸铵＋氨水溶液中总氨浓度为 2.5mol/L 时穿透深度较小，约为 1.45cm；之后，随着总氨浓度的增加，硫酸铵＋氨水溶液的穿透深度逐渐增大；当总氨浓度增加至 8.5mol/L 时，穿透深度明显增加，达到约 5.0cm。

（3）高吸波粉末物料

雷鹰[47] 研究了不同二氧化钛品位的钛精矿在 2450MHz 频率下介电特性与温度的关系，见图 2-62～图 2-64。

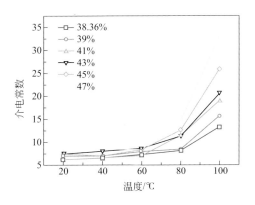

● 图 2-62　不同二氧化钛品位的钛精矿温度对介电常数的影响

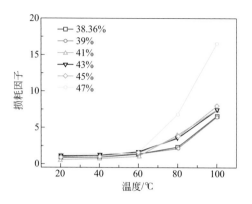

● **图 2-63**　不同二氧化钛品位的钛精矿温度损耗因子的影响

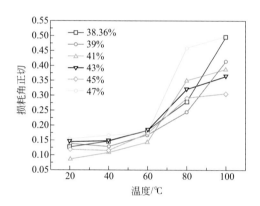

● **图 2-64**　不同二氧化钛品位的钛精矿温度对损耗角正切的影响

从图 2-62 ～图 2-64 可以看出，随着温度的提高，钛精矿的介电常数、损耗因子和损耗角正切等介电特性均呈现增大趋势。在 20 ～ 60℃范围内变化不显著，而在 60 ～ 100℃范围内变化非常显著。不同二氧化钛品位钛精矿的介电特性与其化学组成密切相关，随着精矿中二氧化钛品位的提高，全铁、氧化镁、氧化铝含量逐渐提高；氧化钙和氧化硅含量逐渐减少。除 39% 钛精矿之外，在固定的计算精度下，全铁、氧化镁和氧化铝含量则分别以 1.0%、0.1% 和 0.3% 的幅度提高；氧化钙和氧化硅含量分别以 0.6% 和 0.9% 的幅度减少。钛精矿中铁氧化物（氧化亚铁 14.2，氧化铁 14.2）、二氧化钛为强吸波性物质（金红石 6.7，二氧化钛 100，氧化钛 40 ～ 50）；氧化铝（9.3 ～ 11.5）、氧化钙（11.8）、氧化镁（9.7）为中等吸波性物质；氧化镁（4.2 ～ 4.5）为弱吸波性物质。表 2-5 为 2450MHz 下钛精矿、氧化钛精矿与石墨混合物介电常数估算值。

表2-5　2450MHz下钛精矿、氧化钛精矿与石墨混合物介电常数估算

类别	石墨配比 （质量分数）/%	测定温度/℃	反射系数幅值	反射系数相位	估算介电常数
钛精矿与 石墨混合物	10	20 ~ 100	0.488 ~ 0.538	-19.3 ~ 19.9	14.5 ~ 28.0
氧化钛精矿与 石墨混合物	10	20 ~ 100	0.517 ~ 0.587	-36.6 ~ 12.9	15.0 ~ 45.0

图 2-65 和图 2-66 为钛精矿、氧化钛精矿与石墨混合物反射系数幅值与相位变化曲线。

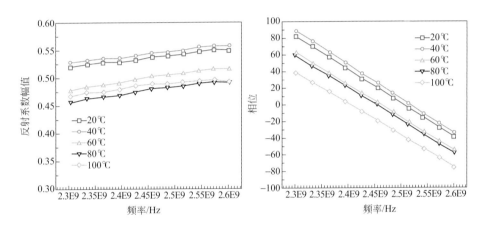

● 图 2-65　钛精矿与石墨混合物的反射系数幅值与相位变化曲线

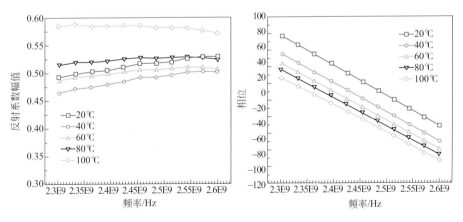

● 图 2-66　氧化钛精矿与石墨混合物的反射系数幅值与相位变化曲线

根据介电常数与反射系数幅值和相位的关系，估算的介电特性参数列于表2-6中。

表2-6 2450MHz下不同二氧化钛品位钛精矿介电特性参数

品位 /%	测定温度 /℃	反射系数幅值	反射系数相位	介电常数	损耗因子
38.36	20～100	0.542～0.857	34.9～79	6.2～13.2	0.79～6.6
39	20～100	0.544～0.837	-4.6～73.1	7.0～15.7	0.97～6.5
41	20～100	0.548～0.878	-8.4～79.5	6.2～19.0	0.53～7.3
43	20～100	0.518～0.822	-10.2～70.1	7.4～20.6	1.1～7.5
45	20～100	0.540～0.840	-17.5～70.1	7.4～25.9	0.88～8.0
47	20～100	0.546～0.807	-27.4～67.2	7.9～33.0	1.2～9.2

第五节　一维微波加热模拟仿真

在微波加热系统的设计中，加热腔体的选择通常取决于加热样品的介电特性。例如，单模系统中只有一种共振模式发生，加热时热量集中在某一特定区域，适用于少量样品的加热；在多模系统中，共振腔内有多种模式同时存在，能量集中在腔体内多个区域，适用于不规则及大量样品的加热。通常，将样品引入加热腔体时，腔体内的模式将发生改变。为了使微波加热均匀，人们提出多种改进微波加热系统的方法，如多模变频加热、多馈口激励、搅拌器等。在本节中，通过仿真微波腔体内场分布、温度分布、反射系数等参数，研究了加热腔体内微波与物质的相互作用，并对微波加热异质材料时，减小馈口反射的方法和机理进行了探索。

微波加热器中常用的托盘或容器为陶瓷（Al_2O_3，SiC），其原因是陶瓷能承受很高的温度，并且具有很高的热导率，在加热过程中其内温度场均匀。在微波加热器内，样品通常盛放在陶瓷容器内进行处理，而加热器内放入物体的形状、体积、介质特性等因素都会影响到加热器内的场分布和温度分布模式。因此，研究反应容器透波性，容器内样品的升温特性非常重要。Basak[48] 分析了金属陶瓷材料容器对被处理材料内部场分布和温度分布的影响。本节采用 Basak 提出的一维模型，用 Galerkin 有限元方法仿真了材料介电损耗、热传导率、绝热和非绝热条件、加热时间以及微波单向和双向入射对被处理材料内部场分布及温度分布的影响。

一、一维微波加热模型

假设样品的厚度远远小于样品在 x，y 方向上的尺寸，则微波加热模型可等效为如图 2-67 所示的一维模型。图中，被加热的介质样品由厚度为 1cm 的陶瓷材料层包裹，在 z 方向上，仿真模型的总厚度为 Z cm，样品厚度为（Z-2）cm。

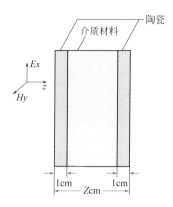

图 2-67   一维微波加热模型示意图 [陶瓷板厚度为 1cm，
                           介质材料厚度为（Z-2）cm]

假设馈入的微波是均匀平面电磁波，沿 z 轴传播，则图 2-67 所示的一维微波加热模型中第 l 层材料内的电场 E_x 满足下面的方程

$$\mathrm{d}^2 E_{x,l}\big/\mathrm{d}z^2 + k_l^2 E_{x,l} = 0 \tag{2-27}$$

其中，$k_l = (\omega/c)\sqrt{\kappa_l' + i\kappa_l''}$ 是第 l 层的传播常数；κ_l' 是介电常数；κ_l'' 是介电损耗；$\omega = 2\pi f'$，f' 是电磁波的频率；c 是光速，$z_{l-1} \leq z \leq z_l$（$l = 1, \cdots, n$）。假设在微波加热过程中，各层材料的介电特性不变，则方程（2-27）的通解为[49]

$$E_{x,l} = E_{t,l}\mathrm{e}^{ik_l z} + E_{r,l}\mathrm{e}^{-ik_l z} \quad (l = 1, \cdots, n-1) \quad （本文中取 n=5） \tag{2-28}$$

上式中，$E_{t,l}$ 和 $E_{r,l}$ 分别代表入射和反射波的场强。介质分界面（$z = z_1, \cdots, z_{n-1}$，$l = 2, \cdots, n$）上的边界条件为

$$E_{x,l-1} = E_{x,l}，\quad \mathrm{d}E_{x,l-1}/\mathrm{d}z = \mathrm{d}E_{x,l}/\mathrm{d}z \tag{2-29}$$

根据 l 层内的通解式（2-28）和边界条件式（2-29）可得各层内入射场和反射场满足如下方程组。

$$\begin{aligned}
E_{t,l}\mathrm{e}^{ik_l z_l} + E_{r,l}\mathrm{e}^{-ik_l z_l} - E_{t,l+1}\mathrm{e}^{ik_{l+1} z_l} - E_{r,l+1}\mathrm{e}^{-ik_{l+1} z_l} &= 0, \\
k_l E_{t,l}\mathrm{e}^{ik_l z_l} - k_l E_{r,l}\mathrm{e}^{-ik_l z_l} - k_{l+1} E_{t,l+1}\mathrm{e}^{ik_{l+1} z_l} + k_{l+1} E_{r,l+1}\mathrm{e}^{-ik_{l+1} z_l} &= 0, \qquad l = 1, \cdots, n-1
\end{aligned} \tag{2-30}$$

在图 2-67 所示的模型中，$E_{t,l} = E_0$，$E_{r,n} = 0$，辐射功率密度 I_0 与 E_0 的关系为 $I_0 = (1/2)c\varepsilon_0 E_0^2$。因此，第 l 层的入射场、反射场以及吸收的微波功率分别为

$$E_{x,l}^t = E_{t,l}e^{ik_l z}, \quad E_{x,l}^r = E_{r,l}e^{-ik_l z}, \quad q_l(z) = \omega\varepsilon_0\varepsilon'' E_{x,l}(z)E_{x,l}^*(z)/2 \qquad (2\text{-}31)$$

假设微波加热过程中材料的热特性和物相不变，且忽略对流，则第 l 层的有源能量平衡方程为

$$(\rho C_p)_l\, \partial T_l/\partial t = k_l\, \partial^2 T_l/\partial z^2 + q_l(z), \quad l=1,\cdots,n \qquad (2\text{-}32)$$

式中，ρ 为材料的密度；C_p 为比热容。为了求解方程（2-32），假设初始条件为 $T_l = T_0$（环境温度），绝热条件下的边界条件为

$$\partial T_1/\partial z = 0, \quad z = z_1 \qquad (2\text{-}33)$$

$$\partial T_{n-1}/\partial z = 0, \quad z = z_{n-1} \qquad (2\text{-}34)$$

导热条件下的边界条件为

$$k_1\, \partial T/\partial z = h(T_1 - T_0), \quad z = z_1 \qquad (2\text{-}35)$$

$$k_{n-1}\, \partial T_{n-1}/\partial z = h(T_0 - T_{n-1}), \quad z = z_{n-1} \qquad (2\text{-}36)$$

h 为热交换系数。其他层的边界条件为

$$T_l = T_{l+1} \qquad (2\text{-}37)$$

$$k_l \partial T_l/\partial z = k_{l+1}\partial T_{l+1}/\partial z \quad (z = z_2,\cdots,z_{n-2}, l=2,\cdots,n-2) \qquad (2\text{-}38)$$

采用 Galerkin 有限元法[50]，以 Matlab 作为工具进行编程计算即可求解方程（2-32）。在仿真中，微波频率为 2450MHz，辐射功率密度为 3W/cm²，环境温度和被处理材料初始温度为 300K，陶瓷厚度为 1cm，被处理材料厚度为 10cm，非绝热边界条件下环境温度保持不变，热交换系数 $h=500\text{W}/(\text{m}^2\cdot\text{K})$。陶瓷和待处理介质材料的其他特性见表 2-7。

表2-7　陶瓷和待处理介质材料的其他特性

材料属性	陶瓷	其他介质材料
比热容 $C_p/[\text{J}/(\text{kg}\cdot\text{K})]$	1046	2510
热导率 $k/[\text{W}/(\text{m}\cdot\text{K})]$	26	$0.12\sim2.0$
密度 $\rho/(\text{kg}/\text{m}^3)$	3750	1070
相对介电常数（2450MHz）ε'	10.8	43

二、一维微波加热模型仿真结果与讨论

当微波从左边单向入射，并且材料的介电损耗 $\varepsilon''=1.5$ 时，绝热边界条件下材料内部的电场分布和温度分布分别如图 2-68（a）和图 2-68（b）所示。

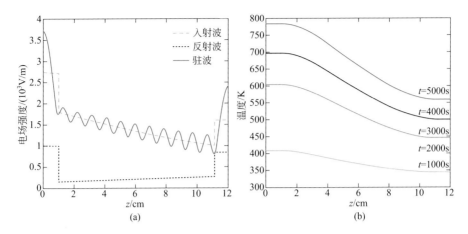

● **图 2-68** 微波从左边单向入射时（a）材料内部入射场 $E_{x,I}^t$、反射场 $E_{x,I}^r$ 和
驻波场 $E_{x,I}$ 的分布；（b）材料内部温度（T）分布

从图 2-68 中可以看出，材料内部电场分布和温度分布不均匀，尤其是高温条件下，材料左右两端的温度分布极不均匀。例如，加热时间为 5000s 时，加热模型左右两端的温度相差大约为 200K。

当微波从左右两端同时入射时，绝热边界条件下材料内部的电场分布和温度分别如图 2-69（a）和图 2-69（b）所示。

从图 2-69 中可以看出，当微波从左右两端同时入射时，材料内部的电场分布和温度分布比单向入射时要均匀。例如，加热时间 5000s 时，材料内部最大温差小

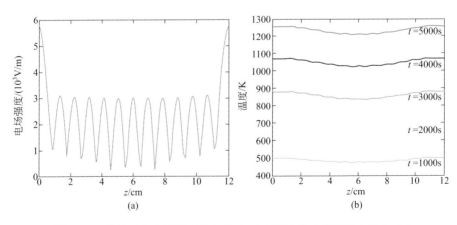

● **图 2-69** 微波从左右两端同时入射（a）材料中的电场强度（$E_{x,I}$）分布；
（b）材料中的温度（T）分布

于50.1K。

当微波从左右两端同时入射时，非绝热边界条件下材料内部的温度分布如图2-70所示。从图2-70中可以看出，加热时间为5000s时，在非绝热边界条件下，材料的最高温度仅为950K，而在绝热边界条件下，材料的最高温度为1250K；在非绝热边界条件下，材料内部温度分布极不均匀。例如，加热时间为5000s时，材料内部最大温差超过250K。因此，在研制微波高温加热设备时，保温材料的选择及保温措施尤其重要。

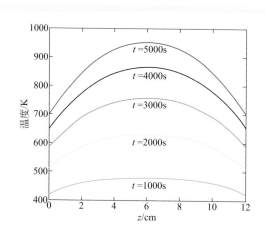

图2-70 微波从左右两端同时入射时，在非绝热边界条件下材料内部的温度（T）分布

为了研究材料介电损耗和热导率对微波加热均匀性的影响，在高温条件下，分别计算了加热5000s时材料介电损耗（κ''）和热导率与微波加热均匀性的关系，结果见表2-8和表2-9。

表2-8　材料介电损耗与微波加热均匀性的关系

κ''	0.3	0.5	1	1.5	3	4.5	7.5	12.5
T_{max}/K	654.2	823.3	1102.9	1259.4	1445.2	1515.5	1623.9	1780.3
T_{min}/K	645.4	810.4	1075.3	1209.3	1289.0	1226.5	1085.0	964.4
ΔT/K	8.8	12.9	27.6	50.1	156.2	289.0	538.9	815.9

从表2-8可以看出，材料介电损耗越高，被加热材料内部的温度分布越不均匀。例如，对介电损耗为0.3的材料，其最大温差仅为8.8K，而对介电损耗为12.5的材料，其最大温差高达815.9K，这是由于材料介电损耗高，微波场强衰减大造成的。因此，在设计高温微波加热设备时，必须针对被处理材料的介电损耗来设计微波加热腔体。

表2-9　材料热导率与微波加热均匀性的关系

k	0.12	0.24	0.36	0.49	1.0	1.5	2.0
T_{max}/K	1316.8	1286.0	1270.1	1259.5	1240.2	1231.3	1225.1
T_{min}/K	1176.7	1193.4	1203.0	1209.3	1217.4	1217.8	1216.1
ΔT/K	140.1	92.6	67.1	50.2	22.8	13.5	9.0

从表 2-9 可以看出，材料热导率越高，其内温度分布越均匀。例如，对热导率为 2.0 的材料，其最大温差仅为 9K，而对热导率为 0.12 的材料，其最大温差为 140.1K。这是由于热导率大，材料内部传热快引起的。

第六节　微波加热均匀性改善方案模拟

微波加热具有许多传统加热无法比拟的优点，如升温快、热效率高、节能环保等，当然，微波加热也存在一些缺陷。例如，微波在加热非均匀样品时，由于其具有选择性加热的特点，会使得样品内各部分吸收微波能量不同，从而导致加热不均匀[51]；在处理不规则样品时，由于微波场的尖角效应使得处于有棱角地方的物料承受更大的场强，产生过热现象等[52]。研究表明，样品内的场分布与样品的复介电常数、样品位置及馈口位置、腔体尺寸等因素有关，理论分析、数值模拟和实验研究极其复杂[53]。由于样品内的场分布决定其内温度分布，因此微波加热器的模拟，以及微波加热均匀性的改善一直是备受关注的问题，为此人们提出了许多改善微波加热均匀性的方案[54~57]。本节模拟并仿真了搅拌器、多馈口激励，以及在样品表面覆盖介质层的方法对改善微波加热均匀性的作用。

一、搅拌器对微波加热均匀性的改善

1.仿真模型方法

搅拌器对微波加热均匀性的改善仿真模型如图 2-71 所示。图中，多模加热腔体采用 TE_{10} 模激励，计算模型等效为二维。我们假设加热速度远小于搅拌运动的速度，这样就可认为搅拌在某一时刻是静止的。腔内和波导的电磁场由波动方程决定

$$\nabla \times \left(\mu_r^{-1} \times \nabla \times \boldsymbol{E} \right) - k_0^2 \left(\varepsilon_r - j\sigma/\omega\varepsilon_0 \right) \boldsymbol{E} = 0 \qquad （2-39）$$

式中，$\boldsymbol{E}$ 为电场向量；μ_r 为相对磁导率；ω 为角频率；k_0 为波数；ε_r 为相对常数；ε_0 为真空中的介电常数；σ 为电导率。$\sigma/\omega\varepsilon_0$ 表示介质损耗因子。为了方便，用复介电

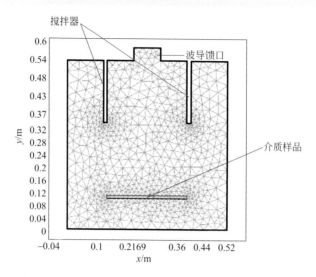

● 图2-71 带有搅拌器的多模微波加热腔体二维模型

常数 ε' 表示 $\varepsilon_r - j\sigma/\omega\varepsilon_0$。采用有限元软件 COMSOL 求解方程（2-39）得到加热腔体内的场分布。仿真时，离散角度由 −22°～22° 均匀划分为 32 部分，其值为 1.38°；样品长度 0.26m，位于 $x \in [0.13，0.39]$m；腔体尺寸 x=0.52m，y=0.45m，其他参数见表2-10。

表2-10　仿真时采用的参数

参数	微波频率 /GHz	输入功率 /W	离散角度 /（°）	样品长度 /m	样品厚度 /m	搅拌长度 /m	搅拌宽度 /m	腔体尺寸 /（m×m）
数值	2.45	1000	1.38	0.26	0.01	0.2	0.01	0.52×0.45

2.仿真结果与讨论

（1）搅拌器角度的影响

当样品与加热器底部距离为 0.1m，复介电常数为 ε_2=15-2j 时，搅拌器的旋转角度 θ 对微波加热器内场分布的影响如图2-72所示。

从图2-72中可以看出，四种角度下微波炉内电场强度在腔内和介质样品内的强弱不同；在搅拌器向左、右分别旋转 10°、16° 时，微波炉内电场强度分布对称。

（2）介质特性及位置的影响

当样品复介电常数不同，并处于 5 个不同位置时，样品中心场强的变换如图2-73所示。样品复介电常数取值为 ε_1=35-10j（高）、ε_2=15-2j（中）和 ε_3=2.94-0.2j（低），样品距离微波炉腔体底部的五个位置分别为 0.03m、0.1m、0.17m、0.24m 和 0.31m，记为位置 PⅠ、PⅡ、PⅢ、PⅣ、PⅤ。

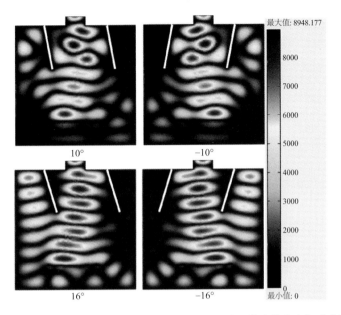

最大值: 8948.177

图 2-72　搅拌器分别位于 ±10° 和 ±16° 时，微波炉内电场分布图

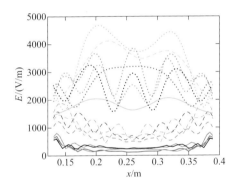

图 2-73　样品介质特性及位置变化对中心平均场强的影响
（其中点线、虚线和直线分别表示样品的复介电常数为2.94−0.2j、15−2j和35−10j；红色、
绿色、蓝色、紫色和黑色分别对应五个位置PⅠ、PⅡ、PⅢ、PⅣ、PⅤ）

　　从图 2-73 中可以看出，在靠近搅拌器的位置 0.17m、0.24m 和 0.31m，复介电常数越小，最大场强与最小场强之比越小，这说明样品内场强越均匀，因此对于低复介电常数的介质应尽可能放置在接近于搅拌的位置；而对中、高复介电常数的样品，其放置位置对样品内场强的均匀性影响不大。此外，在样品距离腔体底部 0.1m 的位置（PⅡ），三种介电常数样品的中心场强都比较均匀，且场强值相对较大，这说明在腔体中存在一个最佳位置，对各种介质特性的样品加热都比较均匀。

（3）介质复介电常数的影响

为了研究介质复介电常数实部和虚部对微波炉内场分布的影响，在最佳位置
PⅡ上进行了仿真，结果如图 2-74 所示。

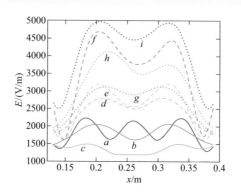

● **图 2-74** 样品中心平均场强随其复介电常数的变化

（其中，虚线、短划线和直线分别对应复介电常数为2.94–2j、15–2j和35–2j的样品；红色、
绿色和蓝色分别对应复介电常数为35–0.2j、35–2j和35–10j的样品）

从图 2-74 中可以看出，介质样品复介电常数虚部相同时，实部越大，样品中
心场强越弱，见图中曲线簇（h、e、c）、（g、d、b）和（i、f、a）；实部相同时，
虚部越大，样品中心场强越弱，见图中曲线簇（i、h、g）和（f、e、d），当复介
电常数实部增大时，样品中心场强增大现象不明显，见图中曲线簇（c、a、b）。

（4）样品厚度的影响

针对厚度为 0.01m、0.11m 和 0.21m，宽 0.26m，复介电常数为 15–2j 的介质样
品，仿真了介质样品的中心场强分布，结果如图 2-75 所示。

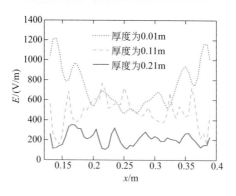

● **图 2-75** 微波炉内不同厚度介质样品中心的场强分布

从图 2-75 中可以看出，样品越薄，其内中心场强越强；随着样品厚度的增加，样品内场强减小，并且其中心场强的波动也小。

（5）馈口位置的影响

为了仿真馈口位置对微波炉内场分布波动的影响，我们去掉搅拌器，对馈口中心在 0.16m 和 0.36m 之间的 21 个等间隔位置，仿真了样品表面场强的最大值和最小值之比，结果见图 2-76。

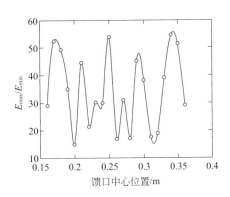

▶ **图 2-76**　不同馈口位置样品表面场强的波动分布

从图 2-76 中可以看出，当馈口处于腔体中心位置 0.26m 附近时，腔体内场强波动小，分布较均匀；当馈口中心位于腔体中心对称的位置 0.2m 和 0.31m 附近时，场强波动也较小；当馈口中心位于 0.17m、0.25m 和 0.34m 附近时，场强波动大；当馈口中心位于 0.21m 和 0.3m 附近时，场强波动较大。以上结果表明，一定尺寸的腔体有其最佳的馈口位置和最佳样品位置。

二、多馈口对微波加热均匀性的改善

1.仿真模型方法

多模微波加热器模型如图 2-77 所示。图中腔体尺寸为 290mm×285mm×200mm，馈口在模型的右侧，位于 $x=290$mm 的平面上，其尺寸和中心坐标分别为 109.2mm×54.6mm 和（290mm，107.34mm，41.84mm）；样品形状为正立方体，其尺寸为 25mm×25mm×25mm，位于 $z=30$mm 的平面上，其中心坐标为（145mm，142.5mm，42.5mm），样品的相对复介电常数为 50-15j，热导率为 0.4W/（m·K），密度为 1000kg/m³，初始温度为 20℃；馈口的激励频率为 2450MHz，功率为 500W。联合求解有源边界条件下的 Maxwell 方程组和热传导方程，即可计算上述模型的电磁场分布、温度分布、微波加热效率和微波加热均匀性。本节采用有限元

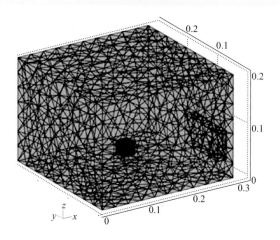

软件 COMSOL 模拟了多馈口激励对改善微波加热均匀性的作用，并分析了馈口位置、样品大小和样品位置对微波加热效率的影响。

2.仿真结果与讨论

（1）馈口位置对微波加热效率的影响

为了研究馈口位置对微波加热效率的影响，仿真了馈口位于 $x=290mm$ 的平面上 121 个不同位置时样品吸收功率的百分比。仿真时，首先建立模型，并设置馈口中心位置（290mm，54.6mm，27.3mm）、激励频率（2450MHz）和功率（500W）等参数，然后进行网格划分和求解，最后在后处理中得到馈口的电压反射系数，并由此计算出微波加热效率。类似的，沿 y 轴以 17.58mm 为步长平行移动 10 次；沿 z 轴以 14.54mm 为步长平行移动 10 次，在整个平面上即可计算得到 121 个馈口位置的微波加热效率。计算结果表明，馈口位置不同时，微波加热效率以 $y=142.5mm$ 平面为对称面，并且最大微波加热效率约为 70%，其位置为（290mm，107.34mm，41.84mm）和（290mm，177.66mm，41.84mm）。馈口宽边平行于 z 轴移动也可得到类似的结果。

（2）样品大小对微波加热效率的影响

当样品体积增大时，微波加热效率的变化见表 2-11。从表 2-11 中可以看出，样品体积越大，微波加热效率越高。由于受计算机内存和处理速度的限制，尚未涉及更大样品的微波加热效率计算问题。

表2-11　样品体积与微波加热效率的关系

体积 $/cm^3$	1	8	15.6	27.0	42.9	64.1	91.1	125.0	166.4
微波加热效率	0.49	0.65	0.71	0.81	0.87	0.88	0.91	0.94	0.99

（3）样品位置对微波加热效率的影响

为计算样品处于不同位置时的微波加热效率，设置样品初始位置的中心坐标为（22.5mm，22.5mm，42.5mm），在 z=42.5mm 的平面上样品沿 x 轴和 y 轴以 30mm 为步长，分别移动 8 次，在整个平面上即可计算得到 81 个不同位置的微波加热效率。计算结果表明，当样品中心坐标为（142.5mm，82.5mm，42.5mm）时，最大微波加热效率为 99％。

（4）多馈口激励对微波加热均匀性的影响

比较了单馈口、双馈口和三馈口激励时，多模腔内电场分布及样品内的温度分布，其结果分别见图 2-78 和图 2-79。从图中可以看出，多馈口激励时，多模腔内的电场分布和样品内温度分布的均匀性都得到改善。为了定量研究样品内温度分布的均匀性，计算了多馈口激励条件下样品内最高温度（T_{max}）、最低温度（T_{min}）和

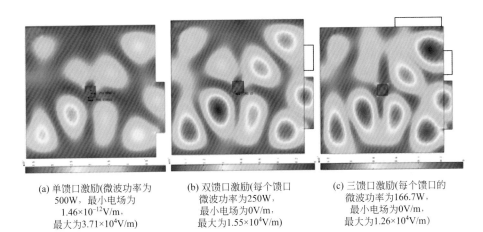

(a) 单馈口激励(微波功率为
500W，最小电场为
1.46×10⁻¹²V/m，
最大为3.71×10⁴V/m)

(b) 双馈口激励(每个馈口
微波功率为250W，
最小电场为0V/m，
最大为1.55×10⁴V/m)

(c) 三馈口激励(每个馈口的
微波功率为166.7W，
最小电场为0V/m，
最大为1.26×10⁴V/m)

▶ 图 2-78　微波炉内 z=42.5mm 平面上的电场分布

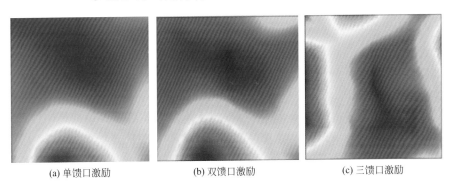

(a) 单馈口激励　　　　　　(b) 双馈口激励　　　　　　(c) 三馈口激励

▶ 图 2-79　微波炉内样品上表面的温度分布

平均温度（T_{av}），并根据公式 $Uni=(T_{max}-T_{min})/T_{av}$ 计算了样品内温度分布的均匀性。结果表明，单馈口、双馈口和三馈口激励时，Uni 分别等于 67%、18.9%、11%，由此可见，多馈口激励条件下样品内的温度分布均匀性得到了极大改善。

3.仿真结果的验证

为了验证以上仿真结果的有效性，仿真了文献 [58] 中报道的实验结果 [文献中图 5（a）]，仿真条件如下：馈口中心坐标（600mm，300mm，300mm）；馈口尺寸 86.36mm×43.18mm；样品中心坐标（x mm，300mm，300mm），计算时样品平行于 x 轴移动。仿真值与实验结果的比较如图 2-80 所示。由图可见，仿真值与文献实验结果的变化趋势基本一致，证实了上述仿真方法的有效性。

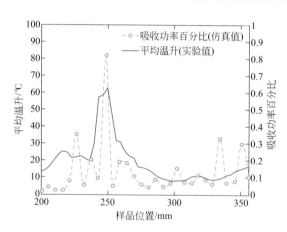

▶ 图 2-80　实验结果与仿真结果的比较

三、介质覆盖层对微波加热均匀性的改善

1.仿真模型方法

提高微波加热的均匀性和减小反射，不仅可以提高加热效率，而且可以延长磁控管的使用寿命。Monzó-Cabrera 等 [59] 提出了采用介质层包裹被加热的样品，使加热腔体内达到负载匹配，以此提高加热效率。本节中仿真模型如图 2-81 所示，多模微波加热腔体与 WR340 波导连接，激励模式为 TE_{10} 模。图 2-81 中，ε_1 为加热样品的复介电常数，ε_2 和 ε_3 为包裹层介质的复介电常数，腔体及波导边界施加 PEC 边界条件。仿真参数见表 2-12。

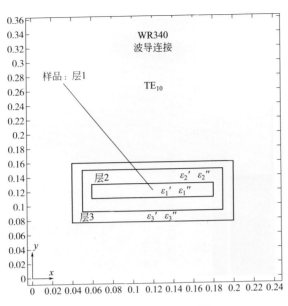

● **图 2-81** 仿真模型[59]

表2-12 仿真参数

参数 A	$\varepsilon_1 = 16 + 2j$, $\varepsilon_2 = \varepsilon_3 = 1$
参数 B	$\varepsilon_1 = 16 + 2j$, $\varepsilon_2 = 8.9 + 0.01j$, $\varepsilon_3 = 1$
参数 C	$\varepsilon_1 = 16 + 2j$, $\varepsilon_2 = 8.9 + 0.01j$, $\varepsilon_3 = 8.4 + 0.01j$
参数 D	$\varepsilon_1 = 16 + 2j$, $\varepsilon_2 = 8.9 + 0.01j$, $\varepsilon_3' \in [2,20]$, $\varepsilon_3'' = 0.01$
参数 E	$\varepsilon_1' \in [8,24]$, $\varepsilon_2'' = 2$, $\varepsilon_2 = 8.9 + 0.01j$, $\varepsilon_3 = 8.4 + 0.01j$

　　腔体内电场分布通过求解方程（2-39）得出，波导的反射系数、反射功率由下式定义。

$$\Gamma = E_r / E_i \qquad (2\text{-}40)$$

$$P_r = P_i \left| \Gamma \right|^2 \qquad (2\text{-}41)$$

　　其中，Γ、E_i、E_r、P_i 和 P_r 分别为馈口处的波导反射系数，入射电场、反射电场，以及入射功率和反射功率。反射系数定义了样品吸收微波的多少，通常，当 $\Gamma = 0$ 时，反射功率为 0，入射的功率将全部被样品吸收。相反，当 Γ 趋近 1 时，几乎所有的入射功率将被反射。因此微波的加热功率效率 η 定义为反射系数的函数

$$\eta = 1 - \left| \Gamma \right|^2 \qquad (2\text{-}42)$$

2.仿真结果与讨论

（1）A 仿真条件

当仿真参数定义为表 2-12 中参数 A，即无包裹层时，腔体内的电场分布如图 2-82（a）所示。

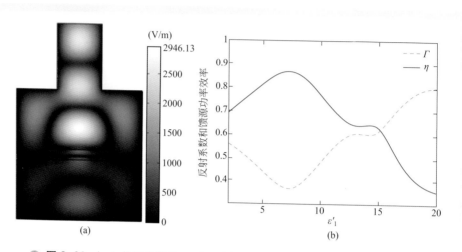

（a）   （b）

▶ 图 2-82　（a）仿真参数为 A 时，腔体内的电场分布；（b）波导反射系数和馈源功率效率随样品复介电常数实部的变化

从图 2-82 可以看出，当被加热样品四周无包裹层时，在微波源辐射下样品表面发生了很大的反射。无包裹层时，固定样品复介电常数虚部为 $\varepsilon_1''=2$，样品实部复介电常数变化范围为 $\varepsilon_1' \in [2,20]$ 时，波导的反射系数及馈源功率效率的变化如图 2-82（b）所示。可见，波导的反射系数及馈源功率效率随样品复介电常数实部变化，并且，在所述仿真条件下，当 $\varepsilon_1'=7$，$\varepsilon_1''=2$ 时，反射系数和功率效率达到最佳值。当 $\varepsilon_1'>7$ 时，反射系数随样品复介电常数实部的增大而增大，同时功率效率降低。这一现象是由于增加样品复介电常数时，空气和样品间阻抗不匹配引起的。

（2）B 仿真条件

当被加热样品表面覆盖一层介质层时（仿真参数 B），腔体内电场分布如图 2-83（a）所示，在此情况下，当包裹层复介电常数虚部固定为 $\varepsilon_2''=0.01$，实部变化范围为 $\varepsilon_2' \in [2,30]$ 时，波导反射系数和功率效率的变化如图 2-83（b）所示。

从图 2-83（a）可知，当样品周围覆盖一层复介电常数为 $\varepsilon_2=8.9-0.01j$ 的介质层时，样品内部电场分布均匀，并且与不加覆盖介质的情况比较［图 2-82（a）］，样品内部电场强度大。从图 2-83（b）可以看出，当包裹层复介电常数的实部为 8.9、16 和 23.8 时，反射系数趋近于 0，功率效率趋于 1。因此，在样品表面覆盖介质层可以使加热效率得到很大的提高。

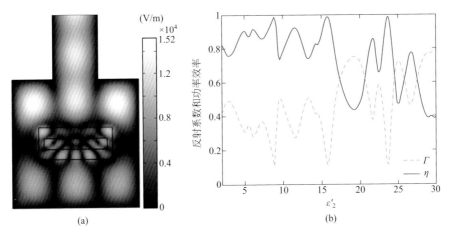

(a)   (b)

▶ **图2-83** （a）仿真参数为 *B* 时，腔体内的电场分布；
（b）波导反射系数和功率效率随第一层包裹介质层复介电常数实部的变化

（3）C 与 D 仿真条件

当样品表面覆盖两层介质层，仿真参数为 *C* 时，腔体内电场强度分布如图2-84（a）所示。

从图2-84中可以看出，几乎所有的入射能量都被耦合到加热样品区，并且样品区电场分布均匀，场强大。与覆盖一层介质层的情况［图2-83（a）］相比，最大电场强度增加了3倍。在此条件下，固定样品及第一层覆盖介质层的复介电常数

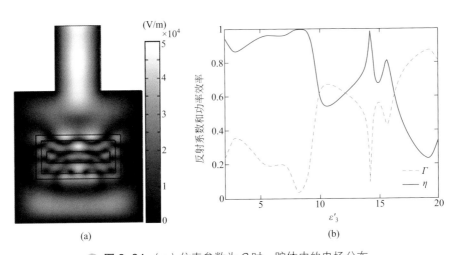

(a)   (b)

▶ **图2-84** （a）仿真参数为 *C* 时，腔体内的电场分布；
（b）仿真参数为表2-12中 *D* 时，波导反射系数和功率效率的变化

$\varepsilon_1=16+2j$，$\varepsilon_2=8.9+0.01j$，第二层覆盖介质复介电常数虚部为 $\varepsilon_3''=0.01$，实部变化范围为 $\varepsilon_3' \in [2,20]$（仿真参数 D）时，波导反射系数和功率效率的变化见图 2-84（b）。从图 2-84（b）中可以看出，当 $\varepsilon_3'=8.4$ 时，反射系数最小，其值为 $\Gamma=0.034$，此时，功率效率达到最大值 $\eta=0.999$。

（4）E 仿真条件

在微波加热的过程中，加热样品的复介电常数通常随温度变化，这是因为温度改变时，样品的结构、物相和成分等因素将发生改变。为了研究加热过程中功率效率的稳定性，仿真了两层介质覆盖层复介电常数固定为 $\varepsilon_2=8.9+0.01j$，$\varepsilon_3=8.4+0.01j$，样品复介电常数实部变化（仿真参数 E）时，波导反射系数和功率效率的变化趋势如图 2-85 所示。

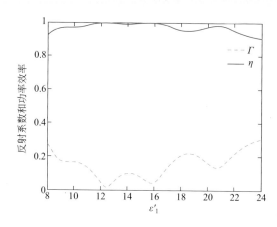

● 图 2-85　仿真参数为 E 时波导反射系数和功率效率的变化

从图 2-85 中可以看出，当样品复介电常数实部变化范围为 $\varepsilon_1' \in [8,24]$ 时，反射系数和功率效率的变化稳定，反射系数小于 0.3，功率效率大于 0.9。这表明了在微波加热的过程中，尽管样品的复介电常数发生变化，这种通过覆盖介质层来提高加热效率的方法也是同样适用的。

四、微波加热器中异质材料与微波场的相互作用

通过搅拌器、覆盖介质层、多馈口激励的方法可以使微波加热过程中样品内电场分布达到均匀。此外通过旋转转盘以及传统加热与微波加热相结合的方式也能实现物料的均匀加热。目前，人们在讨论微波加热均匀性时，大多以单一物质如水或土豆作为加热对象来进行研究，而在复杂过程中，被加热物料通常是两相或多相构成的异质材料。为此，基于有限元法模拟了微波加热腔体中异质材料与微波场的相互作用，进一步证实了异质材料内的局域场增强现象，并对减小馈口反射的方法和

机理进行了探索。

1.仿真模型方法

仿真模型见图 2-86（a），图中，样品放置在厚度为 10mm 的托盘上，腔体尺寸为 $a \times b \times c = 265\text{mm} \times 275\text{mm} \times 190\text{mm}$。微波加热器通过矩形波导激励，波导尺寸为 $d \times e \times f = 78\text{mm} \times 18\text{mm} \times 55\text{mm}$，波导主模为 TE_{10} 模，微波源频率为 2450MHz。由于模型关于 x 轴对称，可等效为图 2-86（b）所示模型进行计算。样品半径为 r，样品表面介质覆盖层厚度为 t。

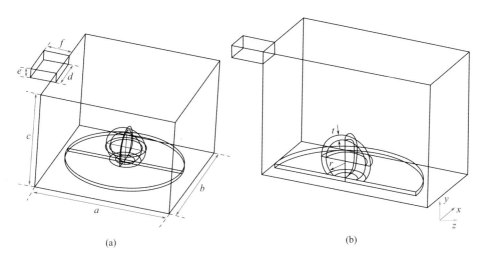

(a)   (b)

▶ 图 2-86　微波加热器仿真模型

样品为氧化物 Fe_2O_3 和还原剂 C 均匀混合而成的异质材料，Fe_2O_3 复介电常数和磁导率分别为 $\varepsilon_1 = 10 + 0.1j$，$\mu_1 = 2 + 0.6j$，参数从文献 [60] 中获得；还原剂 C 的复介电常数取 $\varepsilon_2 = 145 + 80j$，参数从文献 [61] 中获得；样品表面覆盖层复介电常数和磁导率分别为 ε_3，μ_3。仿真时通过生成伪随机序列，将 Fe_2O_3 和还原剂 C 复介电常数直接赋值给每一个网格实现对异质材料样品的建模。样品内网格分布见图 2-87，图中白色区域为还原剂 C，深灰色区域为 Fe_2O_3，外围浅灰色区域为覆盖层。

▶ 图 2-87　样品中有限元网格

2.仿真结果与讨论

（1）碳含量对耗散功率分布的影响

当样品内碳的含量逐渐增大时，样品内耗散功率分布见图 2-88，图 2-88（a）～图 2-88（d）分别对应样品内碳含量为 10%、20%、30% 和 40% 的情况。

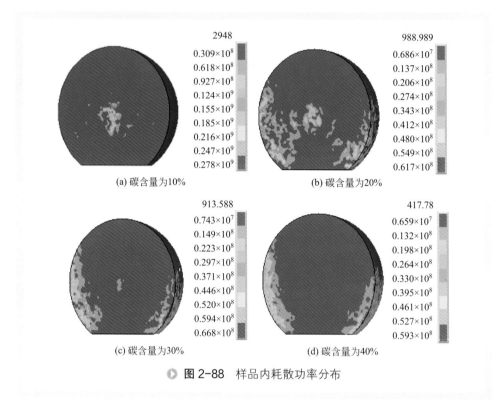

(a) 碳含量为10%　　　　　　　　(b) 碳含量为20%

(c) 碳含量为30%　　　　　　　　(d) 碳含量为40%

图 2-88　样品内耗散功率分布

从图 2-88 中可以看出，当碳含量增大时，耗散功率密度分布逐渐集中于样品外表面，内部耗散功率密度减弱。这是由于碳的损耗角正切大于 Fe_2O_3，根据有效媒质理论碳含量的增加将导致异质材料损耗增加，同时，根据穿透深度定义式，损耗角正切增加，导致穿透深度降低，因此碳含量增加导致了异质材料穿透深度降低，从而使耗散功率逐渐集中于样品表面。比较图 2-88（a）～图 2-88（d）可得，当碳含量为 20% 时，样品内热点最密集。

当样品表面无介质覆盖层时，随碳含量增加，加热器馈口反射系数与频率的关系如图 2-89 所示。从图中可以看到，当碳含量增加时，馈口反射增大，在 2.45GHz 附近，当碳含量为 10% 时，反射系数 S_{11} 约为 -12dB；当碳含量为 20% 时，反射系数约为 -10.5dB；当碳含量为 30% 时，反射系数约为 -7.8dB。由于碳的介电常数大于 Fe_2O_3，根据有效媒质理论，C 和 Fe_2O_3 混合后，异质材料等效复介电常数增大，根据前文分析，微波加热器腔体内样品介电常数增大时，腔体负载匹配减弱，从而导致了馈口反射增大。

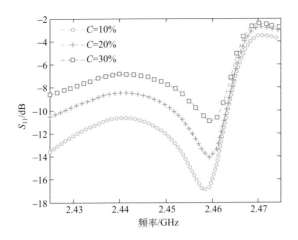

● 图 2-89　样品内碳含量增加时，加热器馈口反射系数与频率的关系

（2）介质匹配层对降低馈口反射系数的作用

为了降低馈口反射系数，采用了在样品表面覆盖介质层的方法，仿真了覆盖层复介电常数、损耗以及厚度等因素对反射系数的影响。当覆盖层复介电常数和磁导率分别为 $\varepsilon_c=4$，$\mu_c=2$ 时，覆盖层厚度 t 对反射系数 S_{11} 的影响如图 2-90 所示。

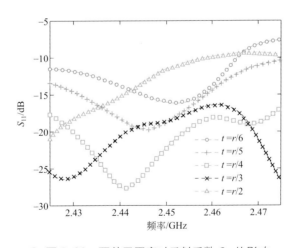

● 图 2-90　覆盖层厚度对反射系数 S_{11} 的影响

从图 2-90 中可以看出，当覆盖层厚度增大时，S_{11} 先减小后增加，存在一个最佳值；当厚度 $t=r/4$ 时，在频率 2.45GHz 附近，反射小于 -20dB。因此以下采用 $t=r/4$ 做进一步仿真和讨论分析。

图 2-91 为覆盖层复介电常数和磁导率实部分别为 10 和 2，虚部逐渐增大时，

反射系数 S_{11} 的变化。

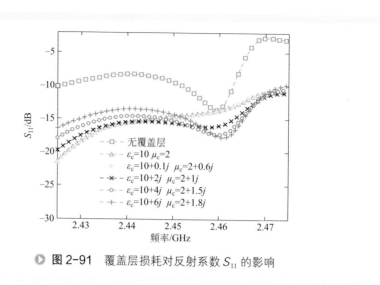

● **图 2-91** 覆盖层损耗对反射系数 S_{11} 的影响

从图 2-91 中可以看出，当样品表面无覆盖层时，在 2.45GHz 附近，馈口反射大于 -10dB；当覆盖一层无耗材料（$\varepsilon_c=10$，$\mu_c=2$），或损耗较小的材料（$\varepsilon_c=10+0.1j$，$\mu_c=2+0.6j$）时，对反射系数的改善小；损耗增大时，S_{11} 谐振峰下降，并逐渐趋于饱和。因此，覆盖层损耗主要影响 S_{11} 谐振峰幅度，对其位置影响较小。

当覆盖层磁导率为 $\mu_c=1$，复介电常数 ε_c 逐渐减小时，馈口反射系数的变化见图 2-92。

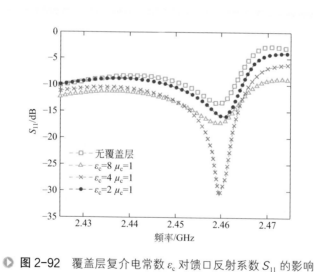

● **图 2-92** 覆盖层复介电常数 ε_c 对馈口反射系数 S_{11} 的影响

由图 2-92 可知，减小 ε_c 可以灵活调整 S_{11} 谐振峰幅值的变化，而对其位置变化影响很小；并且 ε_c 存在最佳值，使反射最小。例如，在图 2-92 所取的仿真参数中，

当 $\varepsilon_c=4$ 时，S_{11} 谐振峰幅值小于 -30dB。

当覆盖层复介电常数 $\varepsilon_c=4$，磁导率 μ_c 变化时，馈口反射系数 S_{11} 与频率的关系见图 2-93。

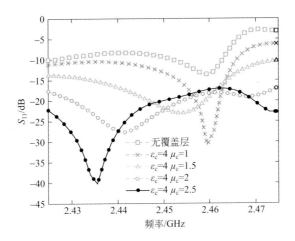

● **图 2-93** 覆盖层磁导率 μ_c 对反射系数 S_{11} 的影响

从图 2-93 中可以看出，当复介电常数固定时，磁导率变化主要影响 S_{11} 谐振峰的位置；并且，磁导率增大，谐振峰红移。

根据上述仿真和讨论分析结果，对于如图 2-88 所示的 Fe_2O_3（80%）和 C（20%）均匀混合构成的异质材料，为了使其在微波加热器中与微波场作用时，馈口反射系数降低，在其表面覆盖厚度为 $r/4$，复介电常数和磁导率分别为 $\varepsilon_c=4+2j$，$\mu_c=2+1.5j$ 的覆盖层。在 2.45GHz 附近，馈口反射系数可以减小到 -30dB 以下，仿真结果如图 2-94 所示。

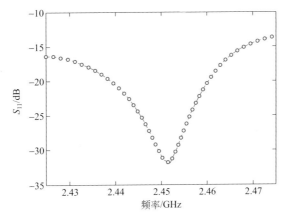

● **图 2-94** 覆盖层 $\varepsilon_c=4+2j$，$\mu_c=2+1.5j$ 时，S_{11} 与频率的关系

参考文献

[1] Thostenson E T，Chou T W. Microwave processing: Fundamentals and applications[J]. Composites Part A Applied Science & Manufacturing，1999，30（9）:1055-1071.

[2] Peng Z，Hwang J Y，Yang J. Microwave-assisted metallurgy[J]. International Materials Reviews，2015，60（1）:30-63.

[3] Al-Harahsheh M，Kingman S W. Microwave-assisted leaching-a review [J]. Hydrometallurgy，2004，73（3）:189-203.

[4] Laybourn A，Katrib J，Palade P A，et al. Understanding the electromagnetic interaction of metal organic framework reactants in aqueous solution at microwave frequencies[J]. Physical Chemistry Chemical Physics Pccp，2016，18（7）:5419.

[5] Monti T，Tselev A，Udoudo O，et al.High-resolution dielectric characterization of minerals：A step towards understanding the basic interactions between microwaves and rocks [J]. International Journal of Mineral Processing，2016，151：8-21.

[6] 刘永鹤，彭金辉，孟彬，等．莫来石晶须长径比影响因素的响应曲面法优化 [J]. 硅酸盐学报，2011，39（3）：403-408.

[7] Tripathi M，Sahu，J.N，Ganesan，P，et al. Effect of temperature on dielectric properties and penetration depth of oil palm shell（OPS）and OPS char synthesized by microwave pyrolysis of OPS[J]. Fuel，2015，153:257-266.

[8] Antunes E，Jacob M V，Brodie G，et al. Microwave pyrolysis of sewage biosolids: Dielectric properties，microwave susceptor role and its impact on biochar properties [J]. Journal of Analytical and Applied Pyrolysis，2018，129:93-100.

[9] Ayappa K G，Davis H T，Davis E A，et al. Analysis of microwave heating of materials with temperature-dependent properties [J]. Aiche Journal，2010，37（3）:313-322.

[10] Martínez-Hernández G B，Castillejo N，María del M Carrión-Monteagudo，et al. Nutritional and bioactive compounds of commercialized algae powders used as food supplements[J]. Food Science & Technology International，2018，24（1）:172-182.

[11] Tang Z，Hong T，Liao Y，et al. Frequency-selected method to improve microwave heating performance [J]. Applied Thermal Engineering，2018，131:642-650.

[12] 赵孔双，魏素香.介电弛豫谱方法对分子有序聚集体系研究的新进展 [J]. 自然科学进展，2005，15（3）：257-264.

[13] Ro/Nne C，Thrane L，Åstrand PO，et al.Investigation of the temperature dependence of dielectric relaxation in liquid water by THz reflection spectroscopy and molecular dynamics simulation [J]. Journal of Chemical Physics，1997，107（14）：5319-5331.

[14] Cumbane A.Microwave treatment of Minerals and Ores [M]. LAP LAMBERT Academic

Publishing，2003.

[15] Harrison，Charles P.A fundamental study of the heating effect of 2450MHz microwave radiation on minerals [J].1997.

[16] Kauzmann W.Dielectric relaxation as a chemical rate process [J]. Review of Modern Physics，1942，14（1）：12-44.

[17] 彭金辉，杨显万.微波能技术新应用 [M].昆明：云南科技出版社，1997.

[18] Stogryn A.Strong fluctuation theory for moist granular media[J]. IEEE Transactions on Geoscience and Remote Sensing，1985（2）：78-83.

[19] Lakhtakia A.Application of strong permittivity fluctuation theory for isotropic，cubically nonlinear，composite mediums[J]. Optics Communications，2001，192（7）：145-151.

[20] Doicu A，Wriedt T.T-matrix method for electromagnetic scattering from scatters with complex structure[J]. Journal of Quantitative Spectroscopy & Radiative Transfer，2001，70：663-673.

[21] Sihvola A H，Kong J A.Effective permittivity of dielectric mixtures[J]. IEEE Transactions on Geoscience and Remote Sensing，1988，26（4）：420-429.

[22] Sareni B，Krahenbuhl L，Beroual A.Complex effective permittivity of a lossy composite material[J]. Journal of Applied Physics，1996，80：4560.

[23] 牛皓，彭金辉，魏昶，等.微波场中不同配碳量锌窑渣吸波特性的研究 [J].四川大学学报（工程科学版），2007，39（6）：96-101.

[24] 黄孟阳，彭金辉，雷鹰，等.微波场中钛精矿的升温行为及吸波特性 [J].四川大学学报（工程科学版），2007，39（2）：111-115.

[25] 黄孟阳，彭金辉，黄铭，等.微波场中不同配碳量钛精矿的吸波特性 [J].有色金属学报，2007，17（3）：476-480.

[26] Kim S S，Kim S T，Ahn J M，et al.Magnetic and microwave absorbing properties of Co-Fe thin films plated on hollow ceramic microspheres of low density[J]. Journal of Magnetism and Magnetic Materials，2004，271：39.

[27] Cheng H P，Wang H W，Kan S W，et al.Microwave absorbing materials using Ag-NiZn ferrite core-shell nanopowders are fillers[J]. Journal of Magnetism and Magnetic，2004，84：113.

[28] Xiao H M，Liu X M，Fu S Y.Synthesis，magnetic and microwave absorbing properties of core-shell structured $MnFe_2O_4/TiO_2$ nanocomposites[J]. Composites Science and Technology，2006，66：2003-2008.

[29] Fourn C，Lasquellec S，Brosseau C.Finite-element modeling method for the study of dielectric relaxation at high frequencies of heterostructures made of multilayered particle[J]. Journal of Applied Physics，2007，102：124107.

[30] Bowler N.Designing dielectric loss at microwave frequencies using multi-layered filler particles in a composite[J]. IEEE Transactions on Geoscience and Remote Sensing，2006，13（4）: 703-711.

[31] Kärkkäinen K K.Analysis of a three-dimensional dielectric mixture with finite difference method[J]. IEEE Transactions on Geoscience and Remote Sensing，2001，39（5）1013-1018.

[32] Cheng Y H，Chen X L，Wu K，et al.Modelling and simulation for effective permittivity of two-phase disordered composites[J]. Journal of Applied Physics，2008，103（3）: 034111.

[33] Sun E，Datta A，Lobo S.Composition-based prediction of dielectric properties of foods [J]. Journal of Microwave Power & Electromagnetic Energy，1995，30（4）: 205-212.

[34] Gabriel S，Lau R W，Gabriel C.The dielectric properties of biological tissues. II.Measurements in the frequency range 10Hz to 20 GHz[J]. Physics in Medicine & Biology，1996，41（11）: 2251-2269.

[35] Yimnirun R，Eury S M L，Sundar V，et al.Electrostriction measurements on low permittivity dielectric materials [J]. Journal of the European Ceramic Society，1999，19（6）: 1269-1273.

[36] Athey T W，Stuchly M A，Stuchly S S.Measurement of radio frequency permittivity of biological tissues with an open-ended coaxial line : Part I [J]. IEEE Transactions on Microwave Theory & Techniques，1982，30（1）: 82-86.

[37] Courtney W E.Analysis and evaluation of a method of measuring the complex permittivity and permeability microwave insulators [J]. IEEE Transactions on Microwave Theory and Techniques，1970，18（8）: 476-485.

[38] Venkatesh M，Raghavan G.An overview of dielectric properties measuring techniques [J]. Canadian Biosystems Engineering，2005，47（7）: 15-30.

[39] Huang M，Peng J H，Yang J J，et al.Microwave cavity perturbation technique for measuring the moisture content of sulphide minerals concentrates[J]. Minerals Engineering，2007，20: 92-94.

[40] Huang M Y，Peng J H，Huang M，et al.A novel method for measuring the moisture content of coal powder by microwave resonator[J]. Journal of Coal Science & Engineering，2007，13（2）: 190-193.

[41] 黄铭，杨晶晶，赵家松，等 . 微波快速测量奶粉水分方法的研究 [J]. 现代食品科技，2007，23（4）: 68-70.

[42] 邱晔，黄铭，彭金辉，等 . 微波谐振腔微扰技术检测造纸法再造烟叶水分 [J]. 理化检验：化学分册，2008，44: 38-40.

[43] 邱晔，彭金辉，黄铭，等.微波谐振腔微扰技术快速检测烟丝含水率[J].烟草科技，2008，6（251）：38-40.

[44] Chang F，Li W Y，Xia F.Highly selective oxidation of diphenylmethane to benzophenone over Co/MCM241[J]. Chemistry Letters，2005，34：1540.

[45] Yang J，Huang M，Li J，et al.Study of the degradation of acetaldehyde by time-resolved microwave sensor（TRMS）[C]//Information and Automation，2008. ICIA 2008. International Conference on. IEEE，2008：1787-1791.

[46] 闵良，李俊杰，王家强，等.时间分辨率微波传感器检测催化剂暗态降解乙醛的实验研究[J].云南大学学报：自然科学版，2007，29（4）：401-403.

[47] 雷鹰.微波强化还原低品位钛精矿新工艺及理论研究[D].昆明：昆明理工大学，2011.

[48] Basak T.Role of metallic，ceramic and composite plates on microwave processing of composite dielectric materials [J]. Materials Science and Engineering A，2007，457：261.

[49] 吴中元，杨晶晶，黄铭，等.一维微波高温加热模型及其仿真[J].材料导报，2007，21（11A）：272-274.

[50] 金建铭.电磁场有限元方法[M].王建国译.西安：西安电子科技大学出版社，1998.

[51] Thostenson E T，Chou T W.Microwave proceeding of fundamental and application composites，part A[J]. Applied Science and Manufacturing，1999，30：1055-1071.

[52] 陈新谋，刘悟日.高频介质加热技术[M].北京：科学出版社，1979.

[53] Chow T，Chan T V，Reader H C.Understanding microwave heating cavities[M]. Boston London：Artech House，2000.

[54] Geedipallia S S R，Rakesha V，Datta A K. Modeling the heating uniformity contributed by a rotating turntable in microwave ovens[J]. Journal of Food Engineering，2007，82（3）：359-368.

[55] Geedipalli S，Datta A K，Rakesh V. Heat transfer in a combination microwave-jet impingement oven[J]. Food and Bioproducts Processing，2008，86（1）：53-63.

[56] Plaza-Gonzalez P，Monzó-Cabrera J，Catala-Civera J M，et al.New approach for the prediction of the electric field distribution in multimode microwave-heating applicators with mode stirrers[J]. IEEE Transactions on Magnetics，2004，40（3）：1672-1678.

[57] Plaza-Gonzalez P，Monzó-Cabrera J，Catala-Civera J M，et al.Effect of mode-stirrers configurations on dieletric heating performance in multimode microwave applicators[J]. IEEE Transactions on Microwave Theory and Techniques，2005，53（5）：1699-1706.

[58] Pedreño-Molina J L，Monzó-Cabrera J，Pinzolas M.A new procedure for power efficiency optimization in microwave oven based on thermographic measurements and load location search[J]. International Communications in Heat and Mass Transfer，2007，34（5）：564-569.

[59] Monzó-Cabrera J，Diaz-Morcillo A，Pedreño-Molina J L.A new method for load matching in multimode microwave heating applicators based on the use of dielectric-layer superposition[J]. Microwave and Optical Technology Letters，2004，40（4）：318-322.

[60] Buchelnikov V D，Louzguine-Luzgin D V，Anzulevich A P，et al.Modeling of microwave heating of metallic powders[J]. Physica B：Condensed Matter，2008，403：4053-4058.

[61] 陈晓东，王桂芹，段玉平，等.钛酸钡化学原位改性炭黑粒子的电磁性能 [J].2006，9（37）：1404-1407.

第三章

微波化工反应系统

　　微波化工反应系统是发生微波化工反应的场所，是利用微波方法生产化工产品的核心设备。本章主要围绕微波化工设备，从微波技术基础出发，分别对微波功率源及电路控制系统、微波传输系统、微波化工反应器、多参数测控系统和整套设备提出一些普适性的设计原理，并阐述了微波加热常用耐火透波材料的透波性能，数值仿真技术在微波反应器设计中的应用，最后对微波的生物效应和安全防护进行了介绍。

第一节　微波化工反应系统概述

　　一般来说，微波化工反应系统是由微波功率源及附属系统、微波传输系统、微波反应器、测量控制系统等组成。在系统工作时，微波功率源经微波传输系统将微波能以最佳的匹配或最小的反射耦合至微波反应器，在微波反应器中形成特定的电磁场，微波反应器中通常安装有参数检测装置（温度检测、压力检测等），根据检测获得的数据反馈控制微波功率或者进料量等参数，使电磁场能与内置介质在最佳的效率和均匀性下相互作用。与一般的工业微波应用本质一样，微波化工反应系统的主要作用是利用有限的微波功率，实现多种物质间理想的反应或加工效果。一般微波化工反应系统框图可由图 3-1 表示。

　　由图 3-1 可知，微波化工反应系统主要包括以下几部分 [1,2]。

　　（1）微波功率源及附属系统　在一定的电路系统和直流电源供电下，由微波发生器为系统提供稳定的具有特定功率的微波输出，且该输出功率的高低可以根据实

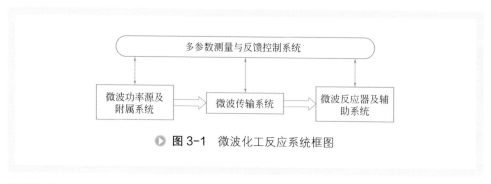

际需要或对应的反馈参数进行手动或者自动调节。通常还附设有电路保护系统和冷却系统等。

（2）微波传输系统 主要包括波导、环形器、耦合器、功率检测器和调配器等。其作为微波在微波功率源和微波反应器之间的传输通道，将微波功率以最低的损耗和最小的反射路径输送至微波反应器，并确保在微波反应器中被处理负载特性在较大范围变化时，仍能良好传输，且不影响微波功率源的正常工作。

（3）微波反应器及附属系统 是根据被处理负载的特性、处理量和其他要求而定制设计的反应器。它确保微波能与反应物产生最有效的相互作用，达到期望的实验或加工效果。有时反应器还附设有旋转、加压、真空、气氛保护、传送带、通风系统、模式搅拌器等附属系统。

（4）多参数测量与反馈控制系统 包括根据反应过程控制要求而设置的如温度、压力等参数测量系统及其反馈控制系统。比如，通过对温度和压力的检测数据实时调整微波功率和相位等，以保证反应所需的工艺条件。

一、微波反应器的分类

微波反应器是整个系统中最重要的组成部分，根据电磁场的模式分布，可以划分为行波反应器、近场反应器、驻波反应器（单模腔反应器、多模腔反应器）[3～5]、慢波加热器。

1.行波反应器

行波反应器又可称为行波场波导加热器，波导本身就作为微波加热用的反应器，微波在波导与被加热材料的缝隙中传输。通常在波导的一端会有吸收剩余能量的附加载荷（通常为水），这样就使得电磁波在波导内无反射地传输，构成行波场。

2.近场反应器

近场反应器将源自狭缝排列或者角状天线的电磁波直接"撞击"到需加热的介质上。在近场反应器中，电磁波能量应该设置为合适的大小，使其绝大部分能够被加热介质所吸收，而只有一小部分能量透过介质而被介质阻挡负载吸收。近场反应器是行波装置，不存在驻波。这种反应器可以在波的传播方向上获得相对均匀的电场分布，但是其能量损耗高。

3.驻波反应器

（1）单模腔反应器　单模腔反应器是一种驻波设备，一般由入射波导、调谐缝隙和相对较小的微波谐振腔组成，其尺寸小于微波波长。在单模腔反应器中，由驻波形成一种特定的电场模式。

（2）多模腔反应器　多模腔反应器是一种尺寸较大的驻波设备。在多模腔反应器中，驻波可形成多种电场模式。多模腔反应器是目前应用最广、理论和实践最为成熟的微波反应器，家用微波炉就属于多模腔反应器。

4.慢波加热器

慢波加热器是一种电磁波沿着导体表面传输的微波加热器。因为导体所传送电磁波的速度比空间传送慢，所以叫作慢波加热器。

二、典型微波反应器

1.单模腔反应器

在相同的电磁场功率下，微波单模腔相对多模腔可以产生单一的和高度均匀的高功率密度能量场。图3-2所示为一种单模腔，图中金属腔内可形成一个高场强的柱形 TM_{010} 模式。单模腔对低介电损耗材料进行加热特别有效，因此可以将被加热的材料放置于电场强度大的位置，如图3-2中的透波管内；另外，单模腔高度均匀的高功率密度能量场通常能够保证较好的重复性。单模腔反应器的缺点是产品被设置在有限尺寸的接地式波导中，小的波导尺寸限制了其对大尺寸产品的适应性。

2.多模腔反应器

目前工业微波设备大都采用多模腔。多模腔不仅解决了单模腔结构尺寸限制的问题，而且提高了谐振腔内电磁场分布的均匀性。家用微波炉就是一种典型的多模腔反应器，另外还有微波消解炉、高温陶瓷微波烧结炉和微波冶金炉等。多模腔反应器适合多种块状材料或溶液作批次间隔处理的实验室或中试规模的应用。图3-3所示为工业化多模腔微波加热设备。

目前常见的多模腔微波冶金炉腔体是由不锈钢封闭而成的，其三维尺寸大小主要与被处理材料的体积、所需电磁波功率密度大小和腔体内模式数的多少有关。当微波谐振腔是一个矩形腔体时，计算谐振腔尺寸大都基于式（3-1）[6]

$$f_0 = \frac{c}{2}\sqrt{\left(\frac{m}{a}\right)^2 + \left(\frac{n}{b}\right)^2 + \left(\frac{p}{d}\right)^2}$$ （3-1）

式中，f_0 为电磁波频率，Hz；c 为光速，m/s；a、b、d 分别是矩形腔体在 x、y、z 轴上的尺寸，m；m、n、p 为模式指数。

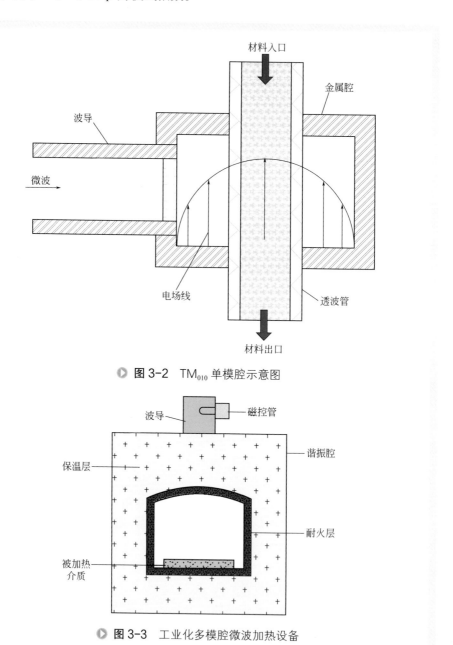

图 3-2 TM$_{010}$ 单模腔示意图

图 3-3 工业化多模腔微波加热设备

工业微波能设备的选型

为了合理选择工业微波能设备，需要考虑的因素有很多。本节主要介绍以下几方面，即工作频率、反应器类型、微波功率源、耐火透波材料的选定。

一、工作频率的选定

工作频率的选定主要考虑以下因素[7]。

（1）物料的吸波性能及尺寸　微波在物料中的穿透深度与微波频率和物料的吸波性能参数有关。微波在吸波性能好的物料（例如高含水率的物料）中传输时，微波能衰减快，在物料中的穿透深度小。同等条件下，频率为915MHz的微波比2450MHz的微波在物料中的穿透深度大。为了保证加热的均匀性，对于吸波性能好且尺寸较大的物料，应优先选择915MHz的微波。

（2）总生产量及成本　磁控管可获得的功率与频率相关。例如，频率为2450MHz的磁控管单管只能获得10kW左右的功率，而915MHz的磁控管单管可获得75kW或100kW的功率，而且915MHz的磁控管将电能转化为微波能的效率一般比2450MHz磁控管的转化效率高10%～20%。如果在2450MHz频率上获得30kW以上的功率，就必须采用多个磁控管并联，或者采用价格较高的速调管。因此，在加工大批物料或者需要脱除大量水分时，往往优先选用915MHz。此时，由于频率为915MHz的磁控管转换效率高，可以降低总的生产成本。

（3）设备体积　同等条件下，频率为2450MHz的微波波长比915MHz频率的微波波长小，其传输波导尺寸通常也较小。另外，2450MHz的磁控管体积通常也小于915MHz的磁控管。因此，2450MHz的微波设备尺寸通常比915MHz的更加小巧紧凑。

二、反应器类型的选定

近年来，微波反应器有了很大的发展，设计制造了多种新型结构的微波反应器。微波反应器的类型主要取决于被加热介质的形状、数量和要求。下面通过各微波反应器的结构示意图对其进行简单介绍。

1.箱式微波加热反应器

箱式微波加热反应器是一种非常成熟和常见的多模腔反应器，如图3-4所示。该类型反应器的主体是金属壁封闭的矩形腔，为了提高微波加热的均匀性，反应器内通常设有电磁波模式搅拌器或旋转台。该类型反应器主要用于块状材料、粉状材料或液体的批次间歇处理。

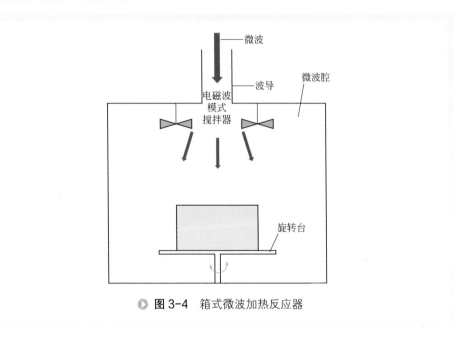

▶ 图 3-4　箱式微波加热反应器

2.传送带式连续微波反应器

　　箱式微波加热反应器是封闭的矩形腔体，介质的处理是间歇式的，适用于实验室研究或中试批量的小规模生产。如果需要连续大规模生产，一般采用传送带式连续微波反应器，其结构如图 3-5 所示。

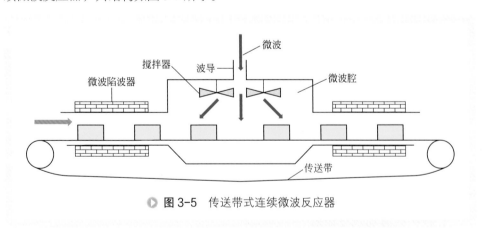

▶ 图 3-5　传送带式连续微波反应器

3.微波罐式加热器

　　悬浊液、料浆、粉末或颗粒状的材料需要混合加热时，可以采用如图 3-6 所示的微波罐式加热器。该类型反应器内置物料搅拌器，可保证物料混合的均匀性。密封的罐体还可以防止粉末或颗粒的飞扬。

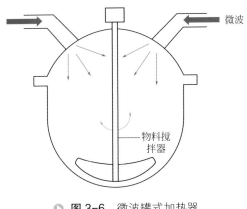

图 3-6　微波罐式加热器

4.微波加压反应器

有的产品需要在加压条件下进行微波烧结，针对这种过程，就需要微波加压反应器，如图 3-7 所示。该反应器内置加压设备，可以对被加热物料进行加压，且可根据需要调节压力的大小。

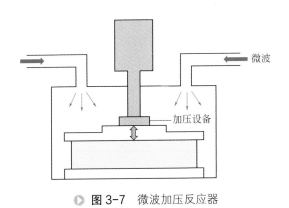

图 3-7　微波加压反应器

5.微波真空加热设备

真空加热设备相对一般加热设备通常具有很多优势，研究人员也将真空设备和微波技术相结合，设计了可以连续生产的微波真空加热设备，如图 3-8 所示。

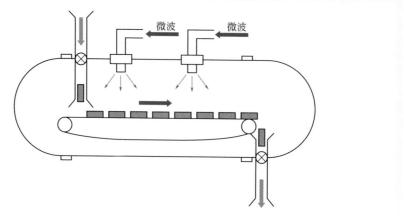

图 3-8 微波真空加热设备

6.微波流体加热器

有些液相体系具有很好的吸波特性，可以采用微波对其进行连续加热，一般微波加热流体的设备结构如图 3-9 所示。该设备就是将流体管道置于微波反应器内，反应器壁面有液体的进口和出口，当液体流经微波反应器时，其会吸收微波能而升温。

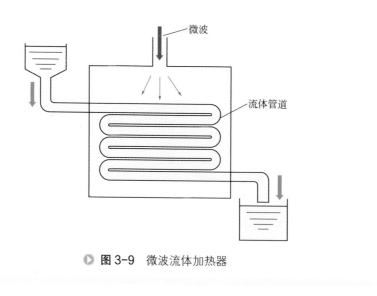

图 3-9 微波流体加热器

三、微波功率源的选定

微波功率源应能为系统提供稳定度较高、具有特定功率并连续可调的微波功率输出。一般要求选用稳定性好的磁控管作为微波发生源。微波电源主要根据功率、磁控管和配置系统进行选定。微波电路通常应配置数字电路、模拟电路和可与编程控制相结合的电气控制系统。

四、耐火透波材料的选定

微波高温反应器通常内置耐火保温炉衬，待加热物料通常置于炉衬或者承载体内，进入反应腔内的微波需要穿透炉衬射入待加热物料，如图3-10所示。因微波加热设备的结构和微波加热原理的特点所致，微波加热用耐火材料不仅要具有传统耐火材料的基本性质，还应具有良好的透波性能（应为透波材料）。而且因为微波加热过程中温度区间跨度大，如几十摄氏度到上千摄氏度，所以耐火材料应该在不同的工艺温度下都具有优良的透波性能。随着微波加热技术的进一步推广和应用，微波透波材料将成为微波应用的研究热点。航空航天领域应用的透波材料因其成本较高和适用的电磁波频段不一样，所以不能直接应用于微波加热领域中。本书仅介绍几种常用微波加热用耐火保温透波材料[6]。

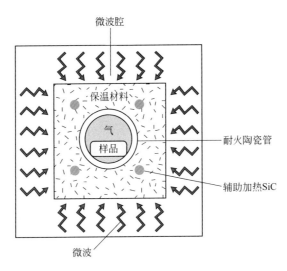

图 3-10　微波加热示意图

聚四氟乙烯、聚乙烯、聚苯乙烯、聚丙烯等都是已知具有良好透波性能的材料，但是在耐热和阻燃等方面都不尽如人意，只能用作低温透波材料。

无机透波材料不仅具有良好的力学性能和耐热性能，还具有相当不错的透波性能。目前这类材料主要有陶瓷材料、玻璃和各类纤维增强的复合材料。目前应用于微波高温加热的陶瓷材料，主要有莫来石陶瓷、氧化铝陶瓷、二氧化硅陶瓷、硅酸铝纤维板、氧化锆纤维板等。

（1）莫来石陶瓷　莫来石具有热导率低、膨胀系数小、耐高温、抗氧化、化学稳定性好和热震性好等特性，且价格便宜、来源广泛，已广泛应用于耐火领域[8]。

莫来石低温下具有良好的介电性能，可以用作微波高温反应耐火材料。但是随着温度的升高，其复介电常数的实部和虚部均明显增大，因此莫来石陶瓷在高温下的透波性能必然会下降。而且随着烧结密度的提高，其复介电常数的实部和虚部也均有明显变化[9]。

（2）氧化铝陶瓷　氧化铝陶瓷是目前常用微波高温耐火材料中最成熟的，但是其热震性差。纯氧化铝的介电常数一般在 8～10 之间[10,11]，低温下，氧化铝对微波的吸收能力弱，热损耗小，透波性能好。但是氧化铝的复介电常数实部和虚部随着温度的升高而增加[12]，导致其在微波中的热损耗增加。在 1000℃以上，氧化铝的介电常数属于微波吸波材料范围[13]。

（3）二氧化硅陶瓷　二氧化硅陶瓷又称石英陶瓷，其具有很小的介电常数，1000℃以下，介电常数小于 4，介电损耗低于 0.001，透波性能好。由于其热膨胀系数小、密度小、耐热性好、耐腐蚀、热震性好，在微波高温处理领域中得到广泛的应用。随着温度的升高，石英的介电常数增加缓慢。其缺点是弯曲强度低，最高使用温度为 1110℃，使得其在更高温度条件下的使用受到限制。

（4）硅酸铝纤维板　硅酸铝纤维板是采用湿法真空成型工艺加工而成，该类产品的强度高于纤维毯和真空成型毡，适用于对产品有刚性强度要求的高温领域。硅酸铝纤维板具有热容量低、热导率低、耐压强度高和韧性好等优点[14～16]，而且同样具有不错的透波性能，所以也被用作微波加热用耐火保温透波材料。

（5）氧化锆纤维板　氧化锆纤维板的热导率低，比热容小，具有良好的抗火焰和气流冲刷性能，而且具有超高温的耐火性能[17～20]，有时也被用作微波高温加热耐火材料。

昆明理工大学采用 Al_2O_3、SiO_2 陶瓷原料为基体，对物料粒度、配比和烧结工艺进行了优化，制备出了微波高温处理专用承载体，该承载体具有微波介电损耗低、热震性好和使用温度高等优点。该承载体已被广泛应用于各种微波冶金反应器中[21]。

第三节　数值仿真在微波反应器设计中的应用

鉴于许多化工过程都是在溶液体系和固体颗粒体系中进行的，本小节分别模拟了水溶液的微波加热行为和异质固体颗粒的吸波温升行为。

一、单模腔微波加热流体仿真

本例采用 COMSOL 多物理场仿真软件，建立了微波加热流体的模型，对一种流体进行微波场、温度场和速度场的耦合迭代求解，成功模拟了微波连续加热流体的动态过程。结果表明：当流体流速 $v=0.01$m/s 时，加热 20s 后管道内流体的平衡温度大约在 54℃；当 $v=0.02$m/s 时，加热 10s 后管道内流体的平衡温度为 37℃；当 $v=0.04$m/s 时，加热 5s 后管道内流体的平衡温度为 28℃。随着流体介电损耗的增大，流体吸收的微波能量也随之增加，管道内升温速率也随之提高，且介电损耗大的流体达到的平衡温度高。数值模型有助于进一步理解微波连续加热流体的过程，进一步完善后将对微波化工的模拟和设备开发起到指导作用。

1.建模与模拟

用 COMSOL 多物理场仿真软件建立的微波加热流体模型如图 3-11 所示。该模型由 BJ-26 波导、圆柱形谐振腔和一根穿过腔体中心的介质管道组成。波导端口的波激励为 2450MHz 的 TE_{10} 模，输入功率为 500W；腔体的半径为 0.044m，高为 0.0648m，工作在 TM_{010} 模；流体管道的半径为 0.005m，长为 0.1m，假定管道内壁无滑移且是绝热的，流体从管道下方流入，经过腔体内的微波加热后由管道的上方流出。

在模拟过程中假设流体的相关物理参数为：传热系数 $k=0.6037$W/（m·K），$\rho=995.7$kg/m³，$C_p=4176.6$J/（kg·K），$\mu=0.001$Pa·s，$\varepsilon'=5$，$\varepsilon''=0.5$，流体初始温度为 20℃。并且假设流体的物理属性是恒定的，不随温度的变化而改变，同时在加热过程中不发生相变。

整个求解过程是一个反复迭代，直到计算收敛的过程，为了达到解的精度要求和良好收敛，折中考虑计算机的内存消耗，波导和腔体的最大网格尺寸为

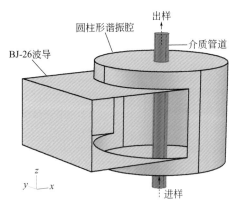

出样

圆柱形谐振腔

介质管道

BJ-26波导

进样

● 图 3-11　微波加热流体模型

0.0045m，管道的最大网格尺寸为0.0012m。在求解过程中，射频模块的波动方程求解使用GMRES求解器来计算微波场分布；热传导模块求解有源能量平衡方程，热源由微波产生，使用PARDISO求解器求解计算温度分布。流体动力学模块求解有Navier-Stokes方程，通过速度场实现热传导模块和流体动力学模块之间的耦合，使用PARDISO求解器求解计算流体速度分布。模型模拟了介质管道内温度随时间变化的动态过程，以及不同流速（0.01m/s、0.02m/s和0.04m/s）和不同流体介电损耗（0.5、1和1.5）对管道内流体平均温度的影响。

2.模拟结果与讨论

为了验证模型的合理性，计算了空腔和加载流体后的腔内电场分布，如图3-12所示。从图3-12（a）中可看出，腔体内的最大场强位于腔体中心，为33kV/m，直观来看把待加热物放在腔体的中心能得到较好的加热效果。但在空腔中加入物体后将会影响腔体内的电场分布，会改变腔体的工作模式。为了不改变腔体的工作模式以及在加载了流体后腔内的最大场强仍位于腔体中心，我们选取了较细的介质管，并假设流体的介电常数 $\varepsilon'=5$。从图3-12（b）中可看出在加载流体后，腔体内的电场分布较空腔有所改变，但并未改变谐振腔的工作模式，且最大场强仍位于中心，为32kV/m，接近空腔的最大场强。因此，此腔体模型对于微波加热流体的动态过程模拟研究是合理的。

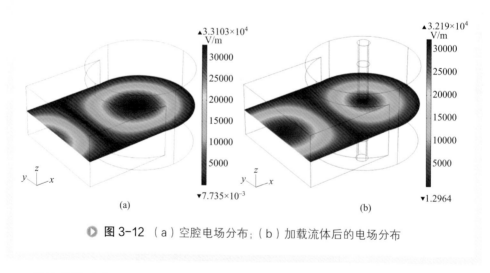

▶ **图 3-12** （a）空腔电场分布；（b）加载流体后的电场分布

当流体流速为0.02m/s时，管道内温度分布随加热时间 t 的变化过程如图3-13所示。图3-13（a）显示了在 t=0s时，管道内流体纵向中心切面的温度分布以及 z=0.02m、0.04m和0.055m时横切面上的温度分布。因为0s时刻并未进行微波加热，所以管道内流体的温度分布均为初始温度20℃。图3-13（b）显示了 t=0.5s时

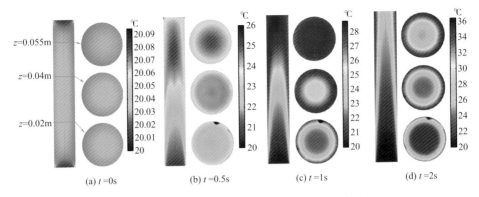

(a) $t=0s$ (b) $t=0.5s$ (c) $t=1s$ (d) $t=2s$

▶ 图3-13　管道内温度分布随加热时间的变化

管道内流体的温度分布，由图3-13（b）可见，管道出口的流体温度高于入口的流体温度。图3-13（c）和图3-13（d）分别显示了 $t=1s$ 和 $t=2s$ 时管道内流体在不同横切面上的温度分布，由图3-13（c）可见，管道出口的流体温度最高，并且分布均匀，由图3-13（d）可见，管道出口的流体温度最高，然而温度分布极不均匀，这是由于靠近管道壁的流体流速小于管道中心的流体流速，造成靠近管道壁附近的流体加热时间较长。

流速对管道内流体平衡温度的影响如图3-14(a)所示。从图3-14(a)中可看出，流体流速越快，管道内温度达到平衡所需的时间也就越短，但其平衡温度也越低，因此可通过调节流速来控制流体的加热温度。在流速 $v=0.02m/s$ 时，流体平衡温度与其介电损耗的关系如图3-14（b）所示，由图可见，随着流体介电损耗 ε'' 的增大，

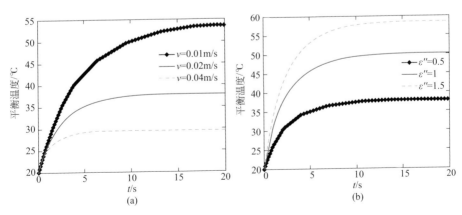

▶ 图3-14　（a）流体流速和（b）介电损耗对管道内流体平衡温度的影响

流体吸收的微波能量也随之增加，管道内升温速率也随之提高，且介电损耗大的流体达到的平衡温度高。因此可通过改变待加热流体的介电损耗来调节加热速度。

二、异质材料吸波及加热特性仿真

化工颗粒物料的电磁特性会随其结构和形状的改变而发生变化，而颗粒物料本身也是一种与空气混合存在的异质材料。下面对具有相同体积填充比，不同颗粒尺寸的异质材料吸波及加热特性进行了仿真。

1.仿真模型

被加热材料为体积填充比均为30%、基体材料的半径为30mm、填充颗粒半径分别为3mm和1mm的异质材料。基于异质材料内部结构的复杂性，难以进行手动建模，因此结合MATLAB和COMSOL脚本编程对材料的仿真模型进行几何建模，材料模型如图3-15所示。其中基体材料为尖晶石（$MgAl_2O_4$），复介电常数为$8-0.0008j$，颗粒填充物为钙钛矿（$CaTiO_3$），复介电常数为$130-1.36j$，异质材料其他的物理参数使用COMSOL材料库中的内建值。

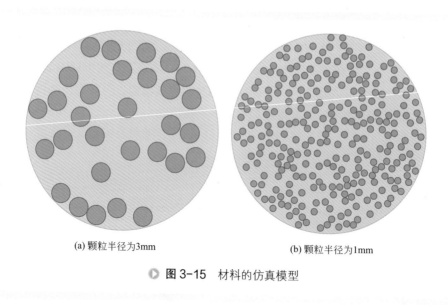

(a) 颗粒半径为3mm　　　　(b) 颗粒半径为1mm

▶ **图3-15　材料的仿真模型**

2.结果与讨论

微波加热不同颗粒尺寸异质材料的电场分布如图3-16所示。比较图3-16（a）和图3-16（b），研究人员发现颗粒半径为1mm的异质材料内部具有更多的微波能量穿透和更强的电场强度，并且小颗粒之间会产生局部电场增强效应。微波反应腔的加热速度与物体的介电损耗和物体内部的场强有关，相同条件下电场越强，被转化为热量的微波能量也就越多。因此，颗粒半径为 1mm 的异质材料较 3mm 的异质材料更加容易吸波。

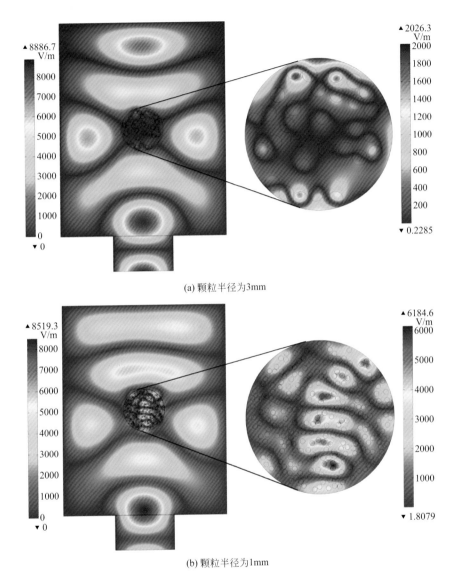

(a) 颗粒半径为3mm

(b) 颗粒半径为1mm

▶ 图 3-16　微波加热不同颗粒尺寸异质材料的电场分布

　　不同颗粒尺寸异质材料的升温特性如图 3-17 所示。在 t=7000s 下，当填充颗粒半径为 3mm 时，异质材料的最高温度和平均温度分别为 31.4℃和 31.2℃；当填充颗粒半径为 1mm 时，异质材料的最高温度和平均温度分别为 216.7℃和 214.2℃。进一步证明了小颗粒异质材料具有更强的吸波性能和升温速率。同时，观察两组升温曲线，发现平均温度和最高温度始终保持较小的差别，说明加热均匀。这可能是由于加热缓慢，热量能够通过热传导和热辐射充分传递开来，使得温度分布均匀。

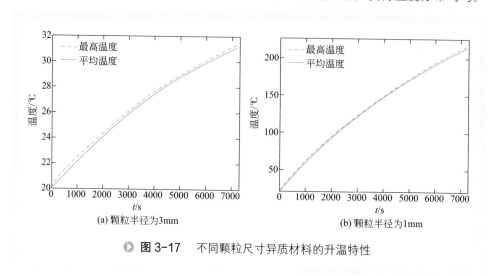

(a) 颗粒半径为3mm　　　　　　　　(b) 颗粒半径为1mm

▶ 图 3-17　　不同颗粒尺寸异质材料的升温特性

第四节　微波的泄漏与安全防护

微波泄漏是指微波从微波系统中漏到空间，这种泄漏会造成两种危害：一是对通信的干扰，这种干扰包括微波源产生的高次谐波干扰；二是微波辐照到人体上，可能由热效应或非热效应对人体造成伤害。微波泄漏的来源主要有雷达、广播电台、无线电通信设备、微波加热设备和理疗用的电子设备等。本章仅讨论微波加热设备的泄漏。

一、微波泄漏的安全标准

国家标准 GB 5959.6—2008 中对微波泄漏限值规定为：处于"正常运行"状态下的微波加热设备，在距离其任何部位的距离等于或者大于 0.05m 处的任何易接近处，其微波泄漏功率密度应不得大于 $50W/m^2$。

二、微波安全防护

1.抑制微波泄漏的几种措施[4]

微波泄漏主要出现于微波能应用设备的微波源和反应器两个主要部件。箱式微波加热器一般用磁控管就近向腔内馈能，泄漏主要发生于炉门。炉门抗流与打开炉门联锁切断高压电源装置，可以使箱式微波加热器的泄漏符合安全标准。而另一类微波连续式加热器，可用于单模腔、多模腔或行波式加热器，它们没有密封门，出入口的微波密封是防止微波泄漏的关键，其主要措施有：截止波导式装置、四分之一波长式短路线、周期结构短路线。

上述防泄漏装置都属于电抗式扼流结构，它们是把微波反射回去重复利用，常作为抑制微波泄漏的第一道屏障。为了安全起见，还应用吸波介质吸收可能剩余的微波能量，使之达到安全标准。

在强吸波材料中，固态的有石墨，液态的有水。它们属于耗散衰减介质，对各种频率的微波均能吸收。在工业微波加热装置中，这些强吸波材料常与电抗式扼流结构装置联合使用，加强对微波泄漏的抑制作用。

2.职业辐射防护[1]

基于微波的热效应和非热效应，对微波设备的从业人员需采取有效的安全防护措施，降低或者消除微波辐射对人体健康的影响。

微波安全防护的基本原则有：减弱辐射源的直接辐射，可对辐射源和泄漏采取防护措施；屏蔽辐射源及辐射源附近的位置；加大工作位置与辐射源之间的距离；采用个人防护用具（防护服）。可以根据辐射源的形式、辐射功率、微波设备的技术特性以及微波作业环境，有针对性地采用上述方法之一或综合性措施。

3.安全防护的具体措施[1]

合理设计和使用高功率微波设备，严格控制设备本身的泄漏和辐射水平，对产生辐射的振荡管采取屏蔽和隔离措施。

建立妥善的安全操作规程，严禁违章操作，实现对微波辐射造成危险的自动报警。

尽量远离辐射源进行遥控操作，并可在振荡管与被防护对象之间设置活动的吸收辐射屏风，以形成局部防护。

在调整、试验无线电探测设备时，应采用功率吸收器，防止敞开的波导管漏波或不必要的无线辐射。

采用个人防护用具。主要是穿戴用化学镀金属导电布做成的防护服和头盔、围裙、罩衫以及用真空镀金属膜技术制造的护目镜和保护整个头部的防护面罩。

积极开展医学预防与治疗。对高功率微波设备的操作人员施行定期体检和测定劳动作业场所辐射水平。

切实加强对高功率微波辐射设备的生产、管理、使用的卫生监督。

参考文献

[1] 金钦汉 . 微波化学 [M]. 北京：科学出版社，1999.

[2] 刘韩星，欧阳世翕 . 无机材料微波固相合成方法与原理 [M]. 北京：科学出版社，2006.

[3] 应四新 . 微波加热与微波干燥 [M]. 北京：国防工业出版社，1976.

[4] 钱鸿森 . 微波加热技术及应用 [M]. 哈尔滨：黑龙江科学技术出版社，1985.

[5] 张兆堂，钟若青 . 微波加热技术基础 [M]. 北京：电子工业出版社，1988.

[6] 王鹏 . 环境微波化学技术 [M]. 北京：科学出版社，2014.

[7] Uchiyama K，Ujihira M，Mabuchi K，et al.Development of heating method by microwave for sterilization of bone allografts[J]. Journal of Orthopaedic Science，2005，10（1）：77-83.

[8] 魏坤，贺伦燕，石燕 . 莫来石材料的研究现状及其应用 [J]. 功能材料，1993，24（1）：85-91.

[9] 罗发，周万城，焦桓，等 . 莫来石陶瓷的制备及其微波介电性能研究 [J]. 西北工业大学学报，2004，22（1）：116-119.

[10] 董显林 . 功能陶瓷研究进展与发展趋势 [J]. 中国科学院院刊，2003，18（6）：407-412.

[11] 尹衍升，张景德 . 氧化铝陶瓷及其复合材料 [M]. 北京：化学工业出版社，2001.

[12] 周健，刘桂珍，潘劲，等 .Al_2O_3 陶瓷的微波介电特性研究 [J]. 武汉交通科技大学学报，1999，23（4）：355-357.

[13] 曲世鸣，张明 . 微波混合加热技术及应用前景 [J]. 物理，1999，28（2）：117-119.

[14] 陈立骏 . 纤维耐火保温材料节能效果分析及选材原则 [J]. 硅酸盐通报，1991（6）：4.

[15] 宋杰光，刘勇华、陈林燕，等 . 国内外绝热保温材料的研究现状分析及发展趋势 [J]. 材料导报，2010（001）：378-380.

[16] 刘继璞 . 硅酸铝纤维板的应用与节能 [J]. 节能技术，1984，3：16.

[17] 夏启富 . 硅酸铝纤维制品在铸造中的应用 [J]. 机械工人（热加工），1994，10：7.

[18] 刘贵双 . 氧化锆纤维及纤维板的制备与性能研究 [D]. 南京：南京理工大学，2012.

[19] 葛海桥 . 耐火陶瓷纤维发展综述 [J]. 冶金管理，2002（s1）：7-9.

[20] 王伟 . 一种氧化锆陶瓷纤维板的制备方法 [P]. 中国专利：201410027177.0.2014.04.30.

[21] 刘永鹤，彭金辉，孟彬，等 . 莫来石晶须长径比影响因素的响应曲面法优化 [J]. 硅酸盐学报，2011，39（3）：403-408.

第四章

微波强化化学反应过程

近几十年来，微波辅助有机合成、多相催化和无机合成等化学反应过程的研究已有大量文献报道，对化学反应强化效果明显，如反应时间由传统加热的数小时缩短到几分钟，得率及产品纯度更高等。微波能强化反应过程的原理在于：第一，微波穿透极性溶剂在高电场强度区域快速完成原位的能量耗散，传热距离短，同时液体的导热能力强，即可快速实现整体加热，使反应体系的温度场更加均匀、反应更均匀；第二，在有机合成和无机合成等方面，由于很多参与反应的离子基团属于极性物质，在微波条件下更容易提高温度获得能量，从而提高其反应活性，加速反应的进行。

第一节　微波辅助有机合成

人们很早就了解和认识到了微波能的特殊作用，但是利用微波能来加速有机化学反应却是在 1986 年才被报道，分别由 Richard Gedye 和 Raymond J.Giguere 的研究组提出 [1,2]。

一、微波辅助有机合成技术

1.微波常压合成技术

为了使微波技术能够用于常压有机合成，人们将整个反应体系置于微波炉内，再采用高沸点的溶剂，使其比反应所需温度高 20 ~ 30℃。这样溶剂就不会因为温

图 4-1 常压微波反应器

度过高而挥发，用这种方法实现了阿司匹林中间体的合成。但是这种敞开体系溶剂和反应物的挥发难以避免，容易导致着火与爆炸。

后来帝国理工学院的 Mingos 对家用微波炉进行改造[3]，在侧面开口，引入回流装置，并通入氮气进行保护，有效地避免了溶剂在微波炉内的累积，因此有效避免了着火与爆炸。吉林大学的刘福安等在此基础上采用在微波炉顶开口，并引入了搅拌和加料装置，使得反应效率进一步提高[4]。其反应装置见图 4-1。

在敞开体系中进行反式丁烯二酸与甲醇的酯化反应，在微波作用下，回流 50min，产率为 82%，而传统方法所需反应时间达 8h。李军等研究了微波法合成异邻丁烯氧基苯酚，常规加热回流 3h，产率为 35%，而用微波法加热回流 90s，产率为 68%[5]。

Strohmeier 等采用常压容器进行微波合成，以 1,2- 二氯苯为溶剂在受控微波加热的条件下用负载的醇（王树脂）对 β 酮酯进行酯交换反应。温度在 70℃恒定，低于溶剂沸点 10℃。为了完全转化为预期的树脂固定的 β 酮酯，必须要把形成的副产物甲醇从体系中移除[6]。

2.微波加压合成技术

在常压容器中采用微波加热，溶剂的沸点通常限制了反应的温度。如果采用密闭体系，微波处理的温度就可以大大提高，从而使得反应速率明显提升。其典型设备就是已广泛应用在分析化学中的微波消散仪。为了避免过热，体系的温度控制十分重要。目前，能用于微波系统的温度计可分为三类[7]。

第一类是保护型的热电偶，也就是铠装热电偶。用这类温度计测温最为经济，通常使用温度可达数千摄氏度。但主要存在两个问题：一是不能用于非极性溶剂如二氯甲烷等的测温过程。因为在这些溶剂中，即便是保护得很好的热电偶也会像天线一样被加热；二是由于其体积较大，一般只能适用于体积较大的反应体系。

第二类是红外传感器，其使用范围为 -40 ～ 1000℃。用这类温度计进行测温的方法是利用反应器壁上的红外传感器进行非接触式测温。因为这种方法把传感器整合进微波反应器壁，并且是远距离测温，所以该方法应用非常广泛。但是这种方法只能测定反应器外壁的温度。所以存在难以避免的测量误差。

第三类是光纤。光纤传感器也是一种广泛使用的温度计。这类温度计体积较小，使用时可以插到反应混合物中，其测量偏差一般仅有 2℃。但这种测量方法的使用范围仅为 0 ～ 330℃，价格也较为昂贵，而且超过 250h 就会出现明显的老化现象。

3.微波干法合成

微波辅助有机合成的另一种操作技术是无溶剂过程，也被称为干法合成[8,9]。该方法能够安全地使用家用的微波炉和标准的敞口容器。最简单的干法合成方法是将反应物混合后直接进行微波作用。一般而言，干燥纯净的固体有机物不吸收微波，因此也不能被加热，从而造成加热不均匀、混合困难、温度无法准确测量等缺点，导致其难以大规模应用。为了通过微波处理产生介电加热，有时需要向反应混合物中添加少量的极性溶剂。例如在利用安息香和尿素的反应制备 4,5- 二苯基 -4- 咪唑啉 -2- 酮时，就需要在反应体系中加入少量水[10]。

具有透波性或弱吸波性的二氧化硅、氧化铝或黏土材料通常被用作干法合成的无机载体[11]。反应受到在多孔载体上的试剂或底物的影响，活性试剂位点具有良好的分散性，易于后处理，比传统的液相反应更有优势。而且，有些固相载体可以循环利用，避免了使用溶剂的废物处理问题。除了用无机材料作为载体外，也可以将金属催化剂和载体掺杂在一起。

此外，可使用强吸波材料来增强微波合成效率[12]。对于大多不吸收微波的有机化合物，可以利用具有强吸波和强吸附性能的其他有机分子作为反应载体，通过强吸波载体吸收和转化微波能量，再将其转移给发生化学反应的试剂。例如，大多数形式的碳都能与微波强烈作用，如无定形碳和粉状石墨在与微波作用时，1min 内温度就可以迅速达到 1000℃[13]，而且，还可以在石墨中掺杂金属氧化物催化剂来增强与微波的作用。但必须注意石墨吸波能力很强，必须小心控制温度以避免反应试剂被破坏或反应器熔化。

4.平行合成

大量研究表明，微波辅助有机合成可以将反应时间从数小时或者数天减少到几分钟甚至几秒。但因为在制药工业中合成更大的化合物库的要求不断提高，高通量合成医药化学品仍然需要采用平行合成策略[14]。

微波辅助平行合成反应的优点在于：一方面，能够在统一的条件下高产率地合成产物。在微波作用下进行平行合成反应的首例是碘代烷与 60 种不同哌啶和哌嗪衍生物之间的亲核反应。反应使用乙腈为溶剂，在独立的密闭的聚丙烯小瓶中进行，使用的是多模微波反应器[15]。另一方面，微波技术放大的限制因素之一是微波的穿透深度。在 2450MHz 频率下，微波穿透水的深度往往只有几厘米。这表明，在一个大的釜式反应器中，只是反应物表面的少部分能被微波直接加热，溶剂或试剂的中间部分是被传导加热而不是微波直接加热。因此通过小的平行反应来进行反应规模的放大也是十分有必要的。

尽管平行装置能够使微波辅助化学反应在相对短的时间内达到相当高的通量，但是无法对每一个反应容器的反应温度和压力进行单独控制。在平行模式下，所有的反应容器均置于相同的作用条件下。此外，为了确保每一个容器内的温度相近，需要在每个容器中使用相同体积的同种溶剂，这样可使反应体系的介电特性基本相近。

如果要制备小型的化合物库，可采用自动化的连续合成来代替上述平行装置。该方案将一个机器人体系整合进反应平台。机器人可以把单个反应容器移进和移出微波反应器，即把试剂分发到密闭的反应小瓶，再用夹子把小瓶移入微波反应腔，处理完后再将其移出。这种仪器可以在无人看管的情况下，连续进行多达上百次实验。与平行合成只能设定一种共同的反应条件相反，这种方法允许使用者分别对每一个反应进行编程处理[16]。

5.微波合成反应技术

到目前为止，大多数微波辅助合成的例子都是在样品少于1g的规模下进行的。除可控制学术研究的成本，1g已经能够用于分析。另外，小批量实验有利于反应过程的安全，尽管在小批量的微波辅助合成方面已经取得比较大的成功，发表了很多论文，但要使微波辅助合成技术从实验室走向工业生产，就需要开发更大规模的微波辅助合成设备和技术。

考虑到反应过程的安全、微波在溶剂中的穿透深度以及微波作用下的反应速率等问题，可采用连续流反应技术加以解决。连续流微波辅助合成举例如下：在CEM CF Voyager系统中进行1，3偶极环加成反应[17,18]；丁炔二酸二甲酯与叠氮苄化合物在甲苯中发生环加成反应[19]；利用Biotage Emrys Synthesizer进行芳香亲核取代、酯化反应。众多例子表明，连续流反应的产率要高于传统加热方法的产率，且反应规模可以大大提高。但要解决提高管线压力、温度测定、有效处理非均相混合物等主要问题。目前，已经有了大规模连续流微波反应器的报道，但是可达到吨级生产规模的微波辅助连续合成的例子还未见报道[20]。

6.微波相转移催化反应

相转移催化反应特别适合于微波辅助合成体系。液固相转移催化和微波的组合往往会得到最佳的反应效果。这是因为与催化剂离子交换后的阴阳离子都具有较大极性，对微波有比较强的响应。另外，传统液固相转移催化由于属于非均相反应体系，采用外部传热方式会存在温度梯度，使得反应体系温度不均匀；而微波加热是一种体相加热方法，加热均匀，从而有助于加速反应和减少产物降解[21]。

二、微波辅助有机合成的反应类型

1.取代反应

取代反应是指有机物分子中一个原子或原子团被试剂中同类型的其他原子或原子团所替代的反应。根据促使反应的反应物是亲电试剂（对电子有显著亲和力而起反应的试剂）还是亲核试剂（对原子核有显著亲和力而起反应的试剂）可以分为亲电取代和亲核取代反应。文献中报道了微波辅助加热可实现范围很广的亲电取代和亲核取代反应。

（1）芳香亲电取代反应　Bose 等采用微波处理方法研究了富电子的芳香体系进行亲电取代反应（图 4-2）[22]。研究中，他们用大约过量 15% 的硝酸作为硝化试剂处理 4-羟基肉桂酸，实验规模为 5g，采用微波在 80℃下处理，5min 内就实现了将 4-羟基肉桂酸完全硝化，生成相应的二硝基苯乙烯衍生物。所得硝基化合物是一种具有抗真菌活性的天然产物。

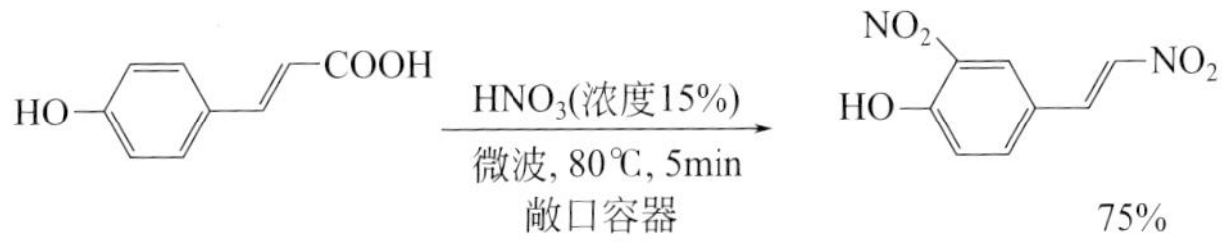

▶ 图 4-2　芳香亲电取代反应 1

Shackelford 等[23] 在惰性气体保护的密闭容器中，先将四甲基硝酸铵和三氟甲磺酸酐（Tf$_2$O）在室温反应 1.5h 以上，形成硝化试剂三氟甲磺酸硝酸盐，如图 4-3 所示。经优化，使用相当 1.5mol 的硝化试剂和二氯甲烷（DCM）为溶剂，在 80℃下硝化难反应的芳杂环 2,6-二氟吡啶，微波处理时间为 15min，得到了分析纯的产物，分离后产率达到 94%。而在常规回流加热的情况下，实现等量的反应需要 16h，产率仅为 90% 左右。随后，他们又进行了放大研究，由原来单模微波反应器 3.44mmol 的规模放大到多模微波反应器的 54.47mmol，得到了 8.89g 产品，反应扩大了近16 倍，得到产品的产率和纯度仍与使用微波单模反应器的产率和纯度相差无几。

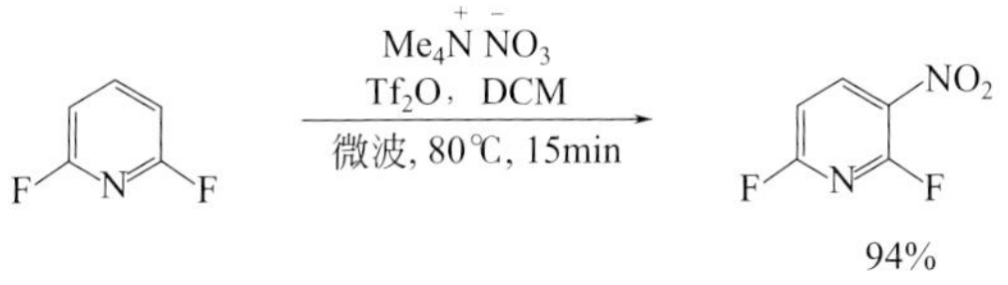

▶ 图 4-3　芳香亲电取代反应 2

其他类似的芳香亲电取代反应还包括：在没有路易斯酸催化剂的情况下，在微波加热条件下实现了二氯方酸对 *N*，*N*-二甲基苯胺的 Friedel-Crafts 烷基化反应（图 4-4）[24]；用六亚甲基四胺和三氟乙酸（TFA）在 115℃ 对 4-氯-3-硝基酚进行甲酰化，5h 后得到相应的苯甲醛，产率为 43%（图 4-5）[25]；在乙腈中 170℃ 下用 1.5 倍量的二溴三苯基膦烷对 4-喹啉酮进行溴化反应得到了 4-溴-6-甲氧基喹啉，产率为 86%（图 4-6）[26]；用四丁基氟化铵（TBAF）作为氟源，把苯基茋䓫烷衍生的甲苯磺酸酯转化为相应的氟化物[27]；在自由基引发剂的存在下，用 *N*-溴代琥珀酰亚胺进行苄溴化反应[28]；以卤化镍（Ⅱ）为试剂进行芳基卤的快速卤素交换反应[29]。

▶ 图 4-4 其他芳香亲电取代反应 1

▶ 图 4-5 其他芳香亲电取代反应 2

▶ 图 4-6 溴化反应

（2）芳香亲核取代反应 通常情况下形成 C（芳香）-N，C（芳香）-O，C（芳香）-S 键的芳香亲核取代反应极难进行，需要高温和冗长的反应时间。但随着对微波在化学合成中的应用的研究不断深入，许多学者发现采用微波加热可以实现对包括卤素取代的芳香或杂芳香体系进行有效芳香亲核取代反应。图 4-7 介绍了一些微波辅助的亲核取代反应中的杂芳香体系、亲核试剂和反应条件。从图 4-7 中可以看出，微波加热不仅能大大缩短反应时间，更能显著增加产率，并且有些取代反应还可在不加溶剂的条件下进行。这与常规方法相比，不仅节省了大量溶剂，节约了经济成本，而且也更符合绿色环保理念[30]。

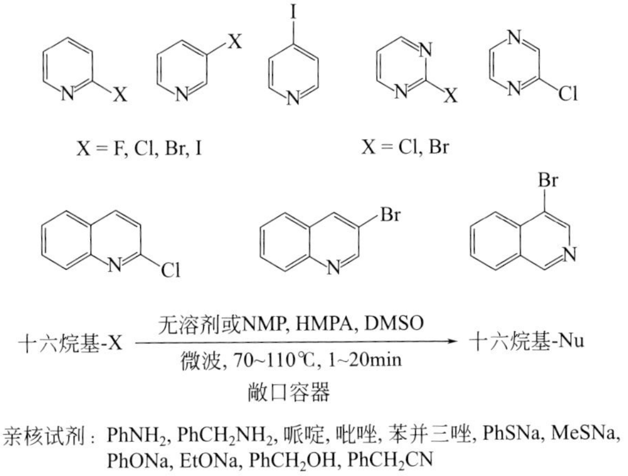

亲核试剂：PhNH₂, PhCH₂NH₂, 哌啶, 吡唑, 苯并三唑, PhSNa, MeSNa, PhONa, EtONa, PhCH₂OH, PhCH₂CN

▶ **图 4-7** 与卤素取代的 *N*– 杂芳香环系有关的芳香亲核取代反应

微波条件下芳香亲核取代反应的其他举例如下：二氯异烟酰胺与 *N*- 甲基咪唑的芳香亲核取代反应，制备了吡啶双 *N*- 杂环卡宾（Pyridyl-*N*-Heterocyclic Carbene，NHC）配体[31]（图 4-8）；微波快速实现芳基氟（如 2,4- 二硝基苯氟、Sanger 试剂）的硝基取代反应；由芳基氟到苯酚的一锅式三步转化反应，它是按照芳香亲核取代 / 异构化 / 水解的顺序连续完成的（图 4-9）[32]。

2.加成反应

加成反应是不饱和类物质的一种特征反应，即反应物分子中以重键结合的或共轭不饱和体系末端的两个原子，在反应中分别与由试剂提供的基团或原子结合，得到饱和或比较饱和的加成产物。

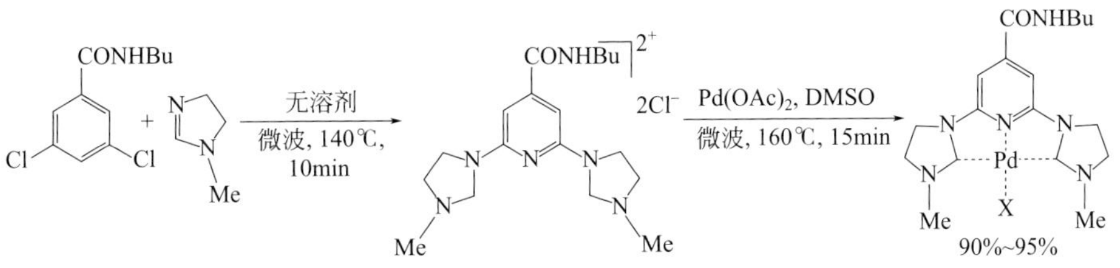

▶ **图 4-8** 制备吡啶双 *N*- 杂环卡宾的钯络合物

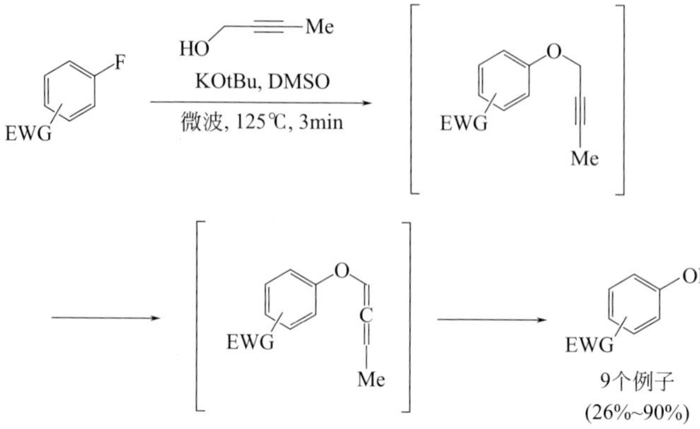

図 4-9 芳基氟到苯酚的一锅式三步转化

注：9个例子表示共有9例相同反应，但其取代基不同

（1）炔烃加成反应　Zhang 和 Li 发现了环醚对末端炔烃的直接加成反应（图 4-10）[33]，在没有外加溶剂、过渡金属催化剂、路易斯酸和自由基引发剂等添加物的情况下进行反应取得良好的结果。反应在密闭容器中使用远远过量的环醚作为溶剂，在 200℃下进行反应，获得了 22% ～ 71% 不同产率的乙烯基环醚顺反异构产物。

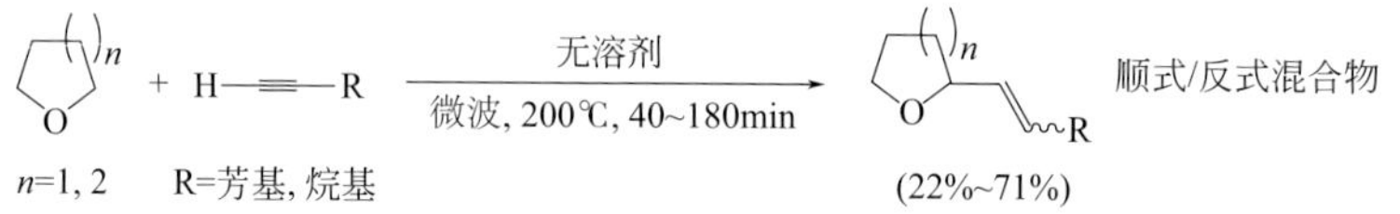

图 4-10　环醚对末端炔烃的加成

Mimeau 和 Gaumont 合成了一类可以作为立体受限的乙烯基膦衍生物，是以二级膦硼烷络合物对末端炔烃进行氢膦化反应（Hydrophosphination）[34]。选用不同的活化方法可以对反应的选择性加以调控。在钯催化剂存在时，获得相应的 α- 加成物（马氏加成），而热活化则完全得到相应的 β- 加成物（反马氏加成）。对于图 4-11 所示的热活化过程，发现微波加热是实现反应快速有效的最佳方法。一般情况下，把膦硼烷加到过量的炔烃中，混合物在敞口容器条件下用微波 50 ～ 80℃加热 30 ～ 45min，就可以全部转化为乙烯基膦产物。考虑立体化学时，（Z）- 异构体经常为主要产物，一般具有高度的立体选择性（当 $R^1 = R^2 =$ 苯基时，>95：5）。

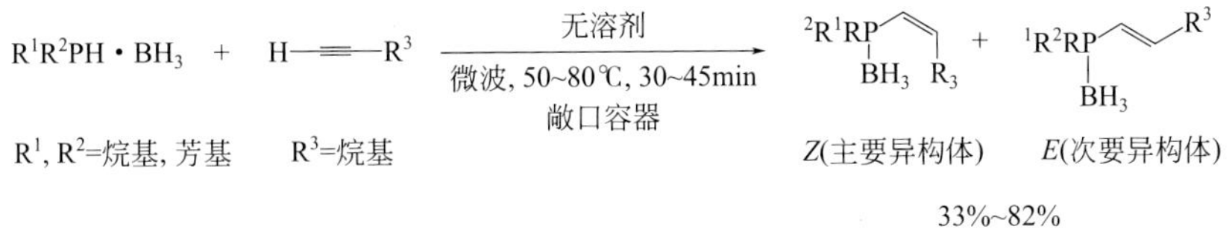

图 4-11　末端炔烃的氢膦化反应

（2）烯烃加成反应　与图 4-11 中描述的二级膦硼烷络合物对炔烃的加成反应类似，在大体相似的反应条件下，同样的氢膦化试剂也可以加成到烯烃上，得到烷基芳基膦化物（图 4-12）[35]。在某些情况中，加成反应也可以在室温下进行，但反应时间会延长很多（2 天），用手性烯烃如（-）-β- 蒎烯处理膦硼烷络合物，通过自由基引发的开环机理形成了手性环己烯衍生物。在相关的工作中，Ackermann 等描述了微波辅助下路易斯酸介导的降茨烯的氢胺化反应（Hydroamination）[36]。

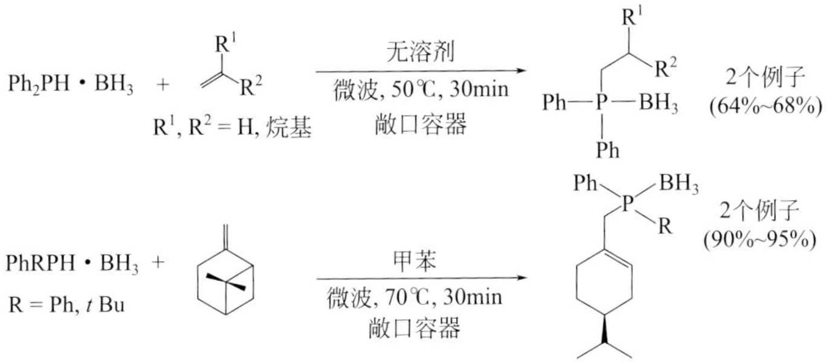

图 4-12　末端烯烃的氢膦化反应

（3）腈加成反应　Bagley 等研究了在甲醇溶液中用氨硫化物处理腈，制备一级硫酰胺的反应[37]。反应如图 4-13 所示，缺电子的芳香腈可以在室温下反应，其他芳香腈和脂肪腈则需要微波（80 ～ 130℃）加热 10 ～ 15min，从中得到高产率的硫酰胺。该工艺避免了在高温下使用硫化氢气体，不需要碱，而且不需要色谱纯化就可以得到硫酰胺。

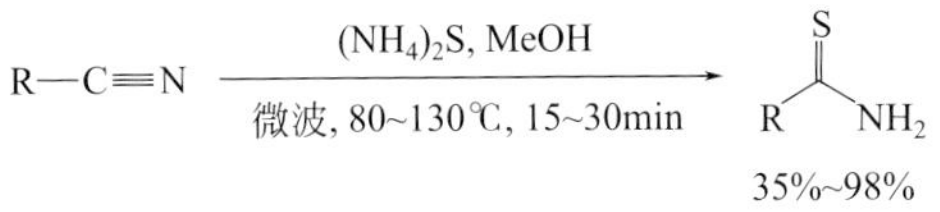

图 4-13　制备一级硫酰胺

（4）Michael 加成反应　Leadbeater 和 Torenius[38] 采用微波技术研究以添加了甲苯的离子液体（pmimPF6）为反应介质，碱催化的甲基丙烯酸甲酯对咪唑的 Michael 加成反应（图 4-14）。使用等物质的量的 Michael 受体 / 给体和三乙胺碱，经微波在 200℃作用 5min 后得到产物，产率达到 75%。

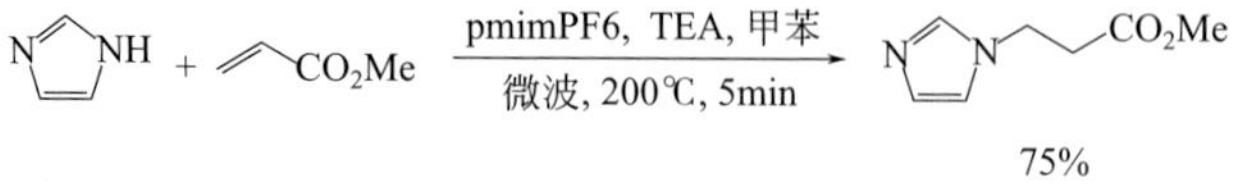

▶ **图 4-14**　涉及杂环胺的 Michael 加成

其他类似的 Michael 加成反应还包括：逆向 Michael 加成生成氨甲基二氢二吡啶吡嗪类似物（图 4-15）[39]；苯胺的 Michael 加成得到含有 *N*- 芳香官能团的 *β*- 氨基酯（图 4-16）[40]；微波条件下镁铝水滑石催化烯胺的 Michael 加成（图 4-17）[41]。

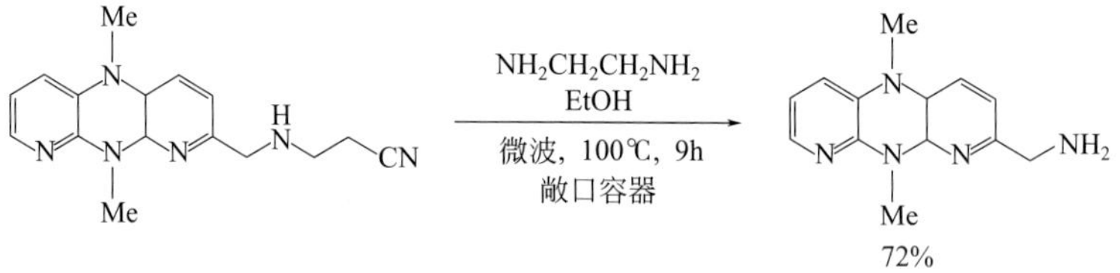

▶ **图 4-15**　逆向 Michael 加成

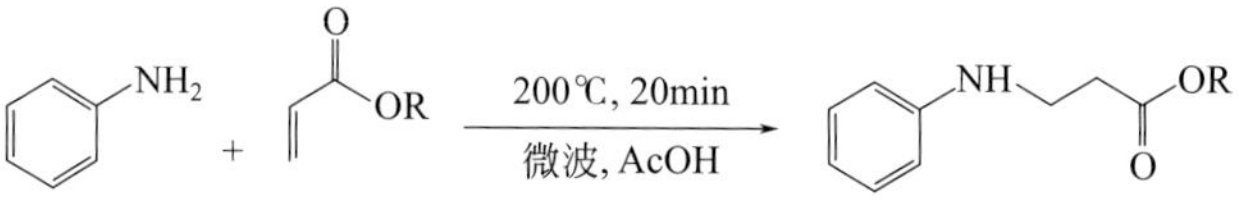

▶ **图 4-16**　苯胺的 Michael 加成

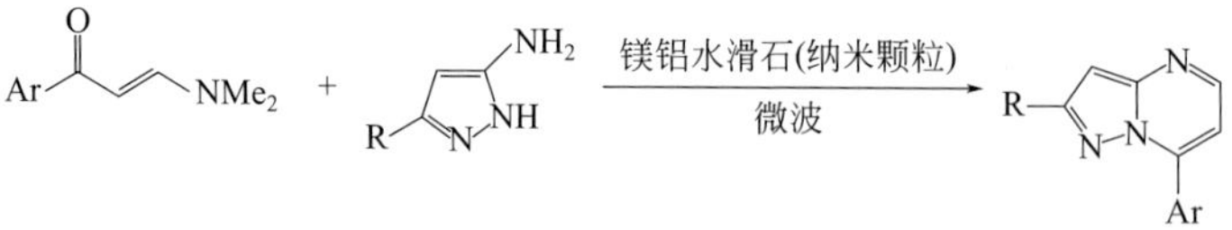

▶ **图 4-17**　微波条件下镁铝水滑石催化烯胺的 Michael 加成

3.消除反应

消除反应又称消去反应或脱去反应，是指一种有机化合物分子与其他物质作用，该分子脱去部分原子或官能团，从而提高该分子的不饱和度的反应。

Tanuwidjaja 等报道了一种合成异腈的简便方法（图 4-18）[42]。他们利用叔丁烷亚磺酰基保护的亚胺与醛类物质的消除反应得到了异腈，操作条件为：以钛酸乙酯和乙腈作为催化剂，在100℃下微波作用10min。该方法具有操作条件温和、快速，并且异腈的产率较高（69%～87%）的特点。

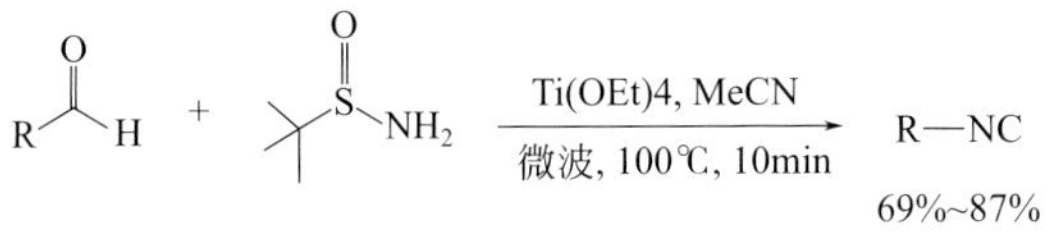

▶ 图4-18　微波作用下得到异腈

　　其他类似的消除反应还有：叔丁次磺酸的协同消除反应得到相应的腈（图4-19）[43]；羟基吡咯烷经脱水反应得到吡咯烷的反应（图4-20）[44]。

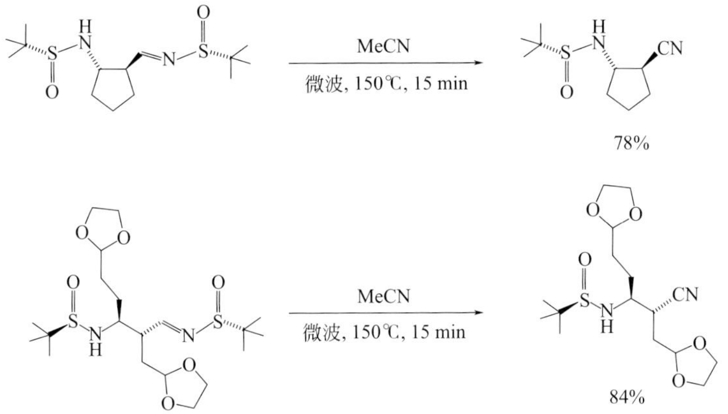

▶ 图4-19　叔丁次磺酸的协同消除反应

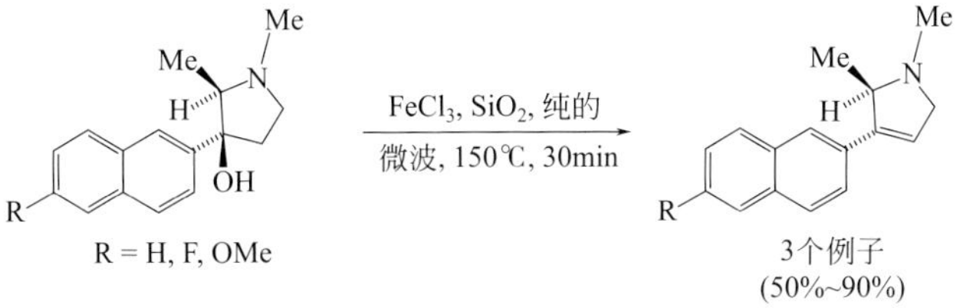

▶ 图4-20　羟基吡咯烷脱水反应

4.重排反应

　　重排反应是指在一定反应条件下，有机化合物分子中的某些基团发生迁移或分子内碳原子骨架发生改变，形成一种新化合物的反应。

（1）Claisen 重排　烯丙基苯基醚的重排反应是典型的 Claisen 重排（图 4-21），在 DMF 溶剂中，用传统加热方法加热 13h（油浴，控温 200℃），产率为 85%，而同样情况下，用微波作用 6min，产率即可高达 92%。

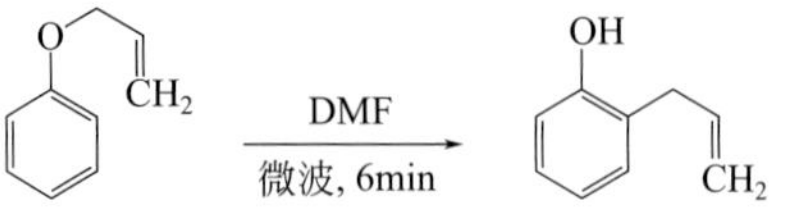

▶ **图 4-21**　烯丙基苯基醚的 Claisen 重排

其他类似的 Claisen 重排反应还有天然产物 Carpanone 合成过程中的烯丙基醚的重排（图 4-22）[45]，炔丙基烯醇醚的重排（图 4-23）[46]。

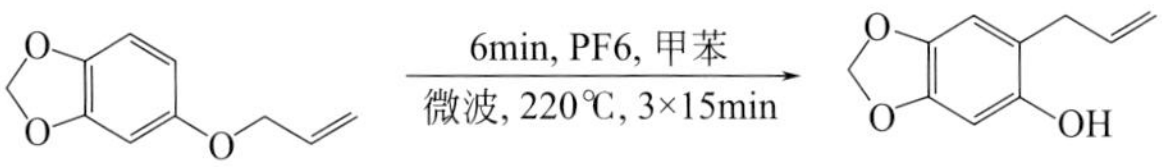

▶ **图 4-22**　烯丙基醚的 Claisen 重排

PMB = 对甲氧基苄基
Bn = 苄基

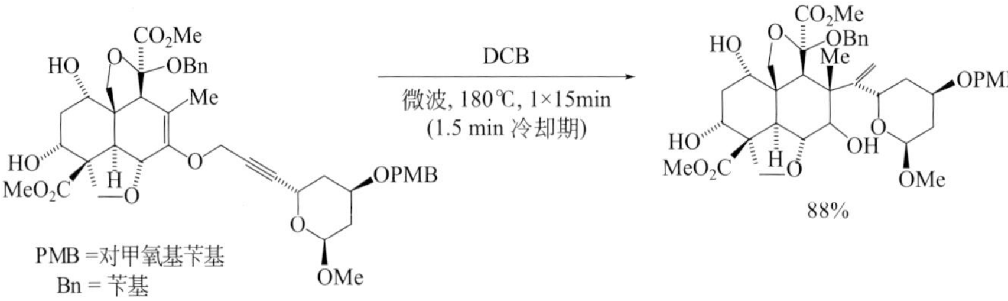

▶ **图 4-23**　炔丙基烯醇醚的 Claisen 重排

（2）连续 Claisen 重排　Schobert 等研究了一系列烯丙基 -4- 羟乙酰乙酸内酯和烯丙基 -4- 羟乙酰乙酸内酰胺的复杂 σ- 迁移重排反应，分别获得了 3- 烯丙基 -4- 羟乙酰乙酸内酯或 4- 羟乙酰乙酸内酰胺（图 4-24）[47]。但是与传统反应过程相反，经过微波加速的烯丙基 -4- 羟乙酰乙酸内酯（X=O）和烯丙基 -4- 羟乙酰乙酸内酰胺（X=NH）的 Claisen 重排反应，可以分离得到 Claisen 中间体。在乙腈中以微波于 110～150℃下加热 30～60min，通常就可以得到所要的并容易分离的 Claisen 和 Conia 产物的混合物。

Ovaska 等研究了碱催化的适当取代的 4- 炔基 -1- 醇的分子内环化，并随后发生原位的 Claisen 重排（图 4-25）[48]，实验在 10mol 甲基碱锂的存在下，以 N, N- 二甲基甲酰胺或苯乙醚为溶剂来进行串联的环化 /Claisen 重排。在多数情况下，在

150～200℃的微波作用下，数分钟就可以生成类环庚烷的环系，且产率高。在传统加热方式下，需要数小时才能达到80%左右的产率。

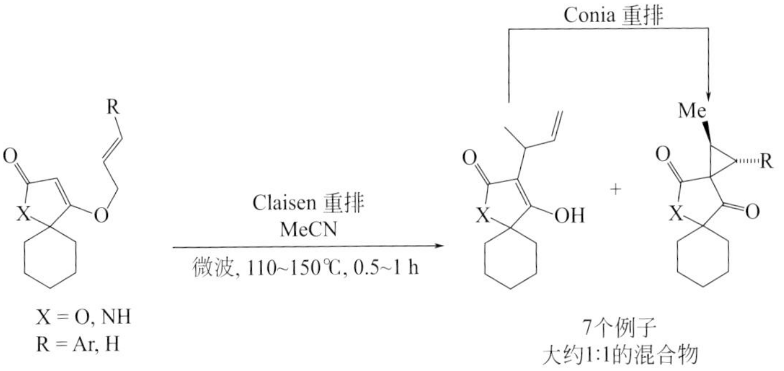

图 4-24　连续 Claisen/Conia 重排

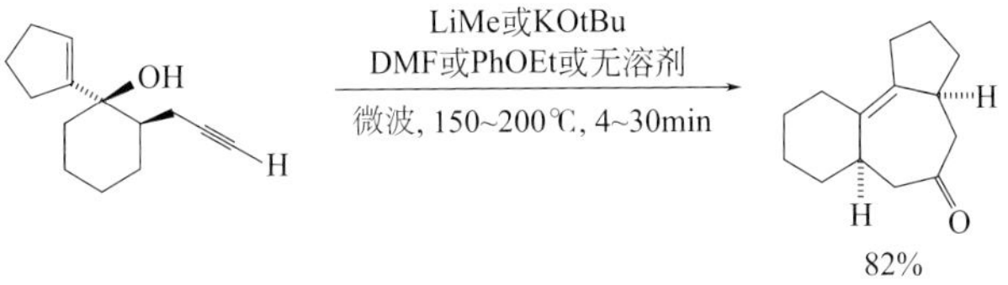

图 4-25　串联的 5-exo（外）环化 /Claisen 重排

（3）Beckmann 重排　Banerjee 和 Mitra 在无溶剂条件下，通过微波处理酮肟发生 Beckmann 重排得到了酰胺[49]，实验证明，磷酸是该反应的有效且温和的催化剂，反应产率可以控制在 73%～ 82%。

据 Sugamoto 等报道[50]，由三氟甲磺酸铟［In(OTf)₃］催化的酮肟的 Beckmann 重排在微波作用下在离子液体中得到酰胺，这些转化反应速率较快（10～270s），且产率较高，如图 4-26 所示。催化剂和离子液体也容易回收利用。

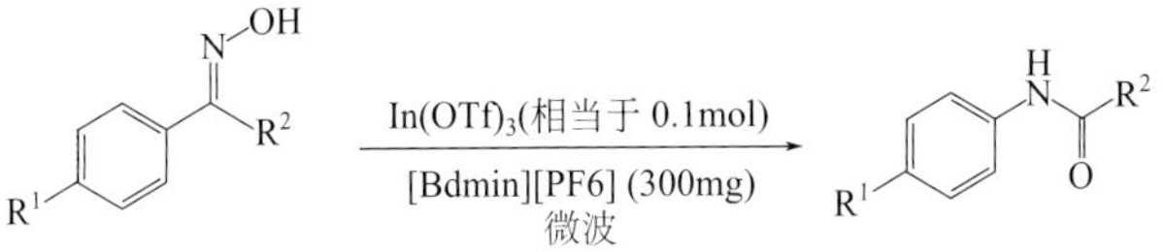

图 4-26　酮肟的 Backmann 重排

5.缩合反应

缩合反应是两个或两个以上有机分子相互作用后以共价键结合成一个大分子，

并常伴有失去小分子（如水、氯化氢、醇等）的反应。通常用于缩合反应的催化剂包括酸、碱、氰化物离子和复合金属离子。

（1）羟醛缩合　羟醛缩合为醛、酮或羧酸衍生物等羰基化合物在羰基旁形成新的碳碳键，从而把两个分子结合起来的反应。Marjani 等[51]报道了一类通过苯偶酰（1,2-二苯基乙二酮）与各种酮的交叉醛醇反应合成羟基环戊烯酮的制备方法，如图 4-27 所示。当反应在传统加热方式（油浴、电热套加热）下，在各种溶剂（KOH/EtOH）中进行时，即使长时间加热，所得到的产物产率也并不高。因此 Marjani 等开发了微波作用条件下的缩合方法：将碳酸钾粉末、苯偶酰和酮在研钵内研磨，再将研磨好的固体粉末加到乙醇中，将混合物置于微波加热的水浴条件下，以减缓乙醇吸收热量的速率，反应得以进行完全。

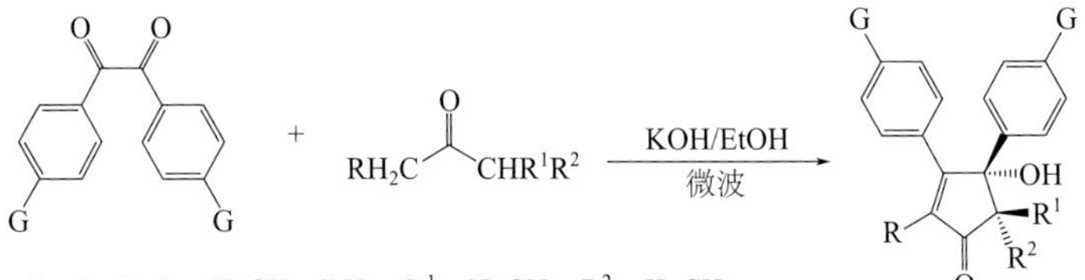

$G = Br, H; R = H, CH_3, C_6H_5; R^1 = H, CH_3; R^2 = H, CH_3$

▶ 图 4-27　羟醛缩合

Esmaeili 等对比了酸性氧化铝、中性氧化铝、碱性氧化铝在微波条件下催化环戊酮与芳香醛的反应[52]，实验结果表明，仅在微波作用 4min 下，即可实现 98% 的产率（图 4-28）。

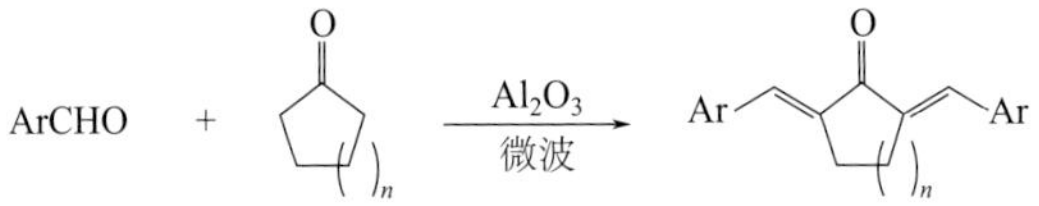

$n = 1, 2$

▶ 图 4-28　环戊酮与芳香醛在微波作用下的反应

（2）酯化反应　常规条件下的酯化反应通常具有反应时间长、收率低、设备腐蚀严重、后处理困难等缺点。而在微波作用下，由于羧酸和醇的介电常数较大，能够较快地吸收微波的能量，提高反应物温度，因此能够较明显加快反应速率，使反应较快达到平衡，增强反应的选择性。4-羟基苯甲酸酯又称为尼泊金酯，具有良好的杀菌和抑制细菌繁殖的效应，是一种在很多领域中都广泛使用的防腐剂、杀菌剂。其制备通常是在 H_2SO_4 催化下，由 4-羟基苯甲酸与醇反应制得。由于反应使用 H_2SO_4 作为催化剂，容易对生产设备造成腐蚀，且 H_2SO_4 的强氧化性会影响产品的色泽，李芳良[53]改用性质稳定、廉价易得的 $NaHSO_4 \cdot H_2O$ 作为催化剂，发现采用微波处理，其反应时间由传统加热的 7h 缩短为 18min，且收率由 72% 提高为 78%（图 4-29）。由此可见，微波处理能够有效促进酯化反应的进行。

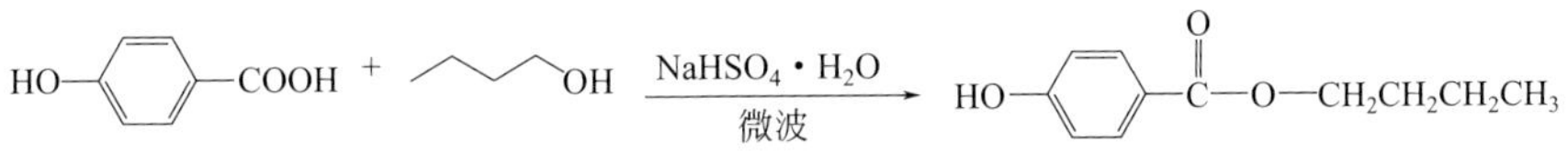

▶ 图 4-29　对羟基苯甲酸的酯化反应

表 4-1 总结了微波加热与其他加热方式对不同反应收率与反应时间的影响。由表 4-1 中数据可以看出，选用其他加热方式反应时间在数小时至数天不等，而选用微波加热仅需数十分钟即可实现同等收率甚至更高收率，因此选用微波加热能够明显促进反应的进行。

表4-1　微波加热与其他加热方式对不同反应收率与反应时间的影响

序号	反应示例	微波加热			其他加热方式		
		收率 /%	温度 /℃	用时	收率 /%	温度 /℃	用时
1	图 4-3	94	80	15min	90	80	16h
2	图 4-8	91	140	10min	91	140	16h
3	图 4-15	72	100	9h	43	100	6d
4	图 4-18	69～87	100	10min	70～80	75	5h
5	图 4-19	78	150	15min	50	130	19h
6	图 4-21	92	200	6min	85	200	13h
7	图 4-25	82	150～200	4～30min	80	150～200	数小时
8	图 4-29	78	120	18min	72	120	7h

第二节　微波辅助无机合成

一、沸石分子筛材料合成

沸石分子筛由于具有独特的孔道结构、较高的比表面积和可调的表面酸性，主要作为催化剂、吸附材料广泛应用于化工、环保等领域。传统的沸石分子筛合成主要是常规水热合成法，并已实现规模化生产，但存在制备时间长（数小时甚至数天）、生产效率低、能耗高、成本高等问题。微波加热由于具有加热速度快、均匀、能量利用率高和绿色环保等特点，有望提高此类材料的合成效率，降低能耗。

微波合成制备沸石分子筛最早可追溯至 20 世纪 80 年代末，Mobil 公司的 Chu 等[54] 采用微波加热合成技术制备了 ZSM-5 和 A 型沸石分子筛，其反应时间仅需 12min，而且获得了较小尺寸的晶体颗粒和较高的产率。之后，微波加热合成分子筛技术开始受到广泛关注，至今已成功实现了几乎所有已知种类分子筛晶体的合成。微波技术在沸石分子筛合成中的应用，可大大缩短合成时间，降低能耗，而且合成的产品具有独特的物理化学性能。

1.微波在分子筛合成中的应用

（1）ZSM-5 沸石分子筛　Hasan[55] 等研究发现微波作用可强化 ZSM-5 分子筛材料 [n（SiO_2）/n（Al_2O_3）=80] 碱液脱硅处理效果，使其具有丰富的介孔结构，如表 4-2 所示。采用 0.05mol/L 的 NaOH 脱硅溶液，反应温度为 100℃、反应时间为 4h 时，传统加热操作条件下，对 ZSM-5 沸石分子筛进行脱硅处理，分子筛材料的比表面积由 84m²/g 提高至 155m²/g；而在相同的条件下，采用微波加热处理 20min 时，其比表面积即可增至 151m²/g。两种加热条件下，ZSM-5 沸石分子筛碱脱硅后的孔径分布如图 4-30 所示，可见，微波加热可得到孔径分布更窄、粒度更细的介孔结构。

表4-2　碱处理和母体ZSM-5沸石分子筛结构性能

样品	处理条件	比表面积 / (m²/g)		孔体积 / (cm³/g)			n（SiO_2）/ n（Al_2O_3）
		BET	Meso	总体积	微孔	介孔	
ZSM-5	—	391	84	0.215	0.144	0.071	91
MZA(0.05M)-CE	100℃，4h	395	155	0.273	0.093	0.181	72
MZA(0.05M)-MW	100℃，20min	394	151	0.266	0.087	0.179	64

注：MZA 为用 NaOH 溶液对样品进行碱处理。BET 与 Meso 分别为不同的测试方法。

Ou 等[56] 利用微波加速二次生长法在碳化硅泡沫上制备了结晶良好的层状 ZSM-5 沸石分子筛涂层材料。考察了晶化温度、时间及搅拌条件对涂层材料均匀性的影响。结果发现：同样反应条件（反应温度 T=150℃、反应时间 t=4h）下，采用微波加热所制备的 ZSM-5 沸石分子筛涂层材料结晶度比传统加热方式高 43.2%；由 N_2 吸附 - 脱附实验表明，传统加热制备的材料比表面积仅为 30.0m²/g，而利用微波加热所得材料比表面积为 52.1m²/g。

Ou 等还对传统加热和微波加热下 ZSM-5 沸石分子筛材料在 SiC 泡沫表面涂层的介观厚度进行了比较。结果表明，采用传统加热方式所制备的复合材料，其涂层厚度分布范围较宽，为 10～308μm，大约 36% 的涂层厚度大于 100μm；而采用

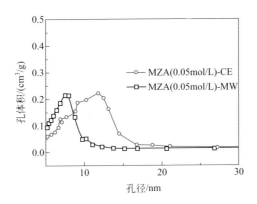

图4-30 不同加热方式对碱脱硅ZSM-5沸石分子筛孔径分布的影响
CE—传统加热；MW—微波加热

微波加热，涂层厚度分布较窄，97%的涂层厚度为10～20μm，其厚度最高仅为30.4μm，具有更高的均匀性。因此，采用微波加热制备ZSM-5-SiC复合材料具有结晶度高、涂层均匀性好和能耗低等优点。

Koo等[57]分别以硅酸乙酯（TEOS）和硝酸铝为Si源和Al源、四丙基氢氧化铵（TPAOH）为软模板剂、碳纳米颗粒为硬模板剂，按n（Al）：n（Si）：n（TPAOH）：n（H$_2$O）=1：34.6：53.4：982配制ZSM-5反应前驱液，重点考察了掺碳量（C/Si质量分数分别为0%、10%、20%、30%、40%）及加热方式对ZSM-5沸石分子筛合成的影响。研究表明，采用微波加热，随着掺碳量的增加，ZSM-5沸石分子筛介孔表面积从92m^2/g升高至383m^2/g，微孔体积由0.13cm^3/g降至0.04cm^3/g；而采用传统水热方式，分子筛介孔表面积仅从88m^2/g升高至112m^2/g，且其微孔体积并未发生大的变化。Koo等认为，在微波合成过程中，碳纳米颗粒具有双重作用：一方面可以作为模板剂生成介孔结构；另一方面可以作为微波吸收剂促进沸石晶体和Bronsted酸的形成。

（2）NaA型沸石　Youssef等[58]将偏高岭土与不同浓度的NaOH溶液按1：25（g/mL）的固液比进行混合，分别采用微波加热和传统加热两种方式制备出了A型沸石分子筛，并对两种加热方式和不同合成条件对A型沸石产物的结构性能影响进行了研究。研究发现：采用传统加热，反应4h时，结晶开始，反应8h时，结晶基本完成，产率为82%；而采用微波加热，反应2h后，结晶基本完成，产率可达80%。

Chandrasekhar等[59]以偏高岭土兼作Si源与Al源，按n（SiO$_2$）：n（Al$_2$O$_3$）=2：1、n（Na$_2$O）：n（SiO$_2$）=2.5：1及n（H$_2$O）：n（Na$_2$O）=40：1配料，混合均匀后采用微波水热合成了A型沸石分子筛，考察了微波预处理及陈化时间对分子

筛合成的影响。研究表明反应前对反应液微波预处理 2min，然后陈化 20h，最后在微波条件下反应 2h，可制备出结晶度最高的 A 型沸石分子筛。

Tanaka 等[60] 利用粉煤灰作原料采用微波辅助两步合成法快速合成了 A 型沸石分子筛。首先在微波加热条件下，用 2.2mol/L 的 NaOH 溶液对粉煤灰进行预处理，如图 4-31 所示，然后过滤分离掉未溶解的粉煤灰，向滤液中添加一定量的 $NaAlO_2$ 溶液，使溶液的 $n(SiO_2):n(Al_2O_3)$ =0.5 ～ 4.0，并继续微波加热 60min，获得沉淀物。研究表明，在上述实验范围内，均可生成沉淀物，但其物相组成变化较大。当 $n(SiO_2):n(Al_2O_3)$ =0.5 ～ 1.0 时，生成 A 型沸石分子筛和少量的方钠石相；当 $n(SiO_2):n(Al_2O_3)$ =2.0 时，生成 A 型沸石分子筛和少量的无定形相物质；当 $n(SiO_2):n(Al_2O_3)$ =4.0 时，生成 A 型沸石相，而方钠石相消失。

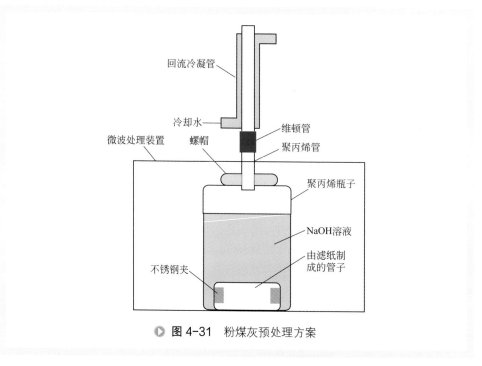

回流冷凝管

冷却水

微波处理装置　螺帽

维顿管

聚丙烯管

聚丙烯瓶子

NaOH溶液

由滤纸制成的管子

不锈钢夹

▶ 图 4-31　粉煤灰预处理方案

Bukhari 等[61] 在常温下用单模微波合成仪制备了结晶良好的 A 型沸石分子筛，考察了微波功率及反应时间对合成分子筛产物结晶度及选择性的影响。在相同功率微波作用下，微波时间延长，产物结晶度提高，在 100W 微波作用条件下，反应时间由 20min 延长至 30min，产物结晶度由 61.11% 提高至 83.35%。另外，微波功率对产物结晶度及物相组成影响较大，在 100W 和 200W 的微波功率下，合成的产物为 A 型和 X 型沸石的混合物，且随着功率的升高，X 型沸石的含量降低；当功率为 300W 时，X 型沸石消失。Bukhari 等认为其原因在于：A 型和 X 型沸石结构存在较大的差异，X 型沸石为六方晶系，属于 D6R（双六元环）结构，具有较大尺寸的结构单元和晶胞参数，而 A 型沸石属于四方晶系，为 D4R（双四元环）结构；两类沸石的形成机理不同，X 型沸石为单一的液相转变机理，而 A 型沸石在形成过程中首先经历了次级无定型凝胶的形成过程。通过对微波合成（300W，30min）和传统加热合成（3.5h）制备的 A 型沸石孔结构及离子交换性能进行对比发现，其介孔孔容率分别为 86% 和 89%，而离子交换性能分别为 2.63meq/g 和 3.13meq/g（每克沸石所能交换的离子当量数），两者具有较近的比表面性质和离子交换性能。因此，利用单模微波合成仪制备 A 型沸石分子筛，具有一定优势，可将反应时间缩短至传统方式的一半。

（3）X 型沸石分子筛　Ansari 等[62] 比较了常规水热和微波加热的方式合成 X 型沸石纳米颗粒的效果，考察了时间和温度等因素对合成产物的影响。研究表明，采用微波辅助加热进行合成，在不改变产物组成及其结晶度的同时，所需反应时间更短、沸石纳米颗粒粒径更小且具有更窄的粒径分布。随着微波反应时间的延长，产物结晶度、晶体粒径及比表面积均呈升高的趋势，当反应时间为 3h 时，生成 NaX 型沸石比表面积达到 536m^2/g，结晶度为 93%，进一步延长其反应时间，晶体颗粒尺寸增大，比表面积降低。

（4）其他类型沸石分子筛和分子筛膜　Jurry 等[63] 以硅灰和铝酸钠分别作为 Si 源和 Al 源、四丁基氢氧化铵（TBAOH）作为模板剂，以 n（SiO$_2$）：n（Al$_2$O$_3$）：n（Na$_2$O）：n（TBA）：n（H$_2$O）=33.9：1：1.25：3.2：700 配制反应液，采用微波辅助加热合成了 ZSM-11 沸石分子筛。XRD 分析结果表明采用微波辅助加热 2h，再进行常规水热反应，反应时间可由 14d 缩短为 3 ～ 4d，晶体结晶度提高了 39%。通过 SEM 对所得产物微观形貌进行分析，发现不同加热条件下合成的 ZSM-11 沸石分子筛晶体形貌均呈棱柱状，但采用微波辅助加热后，出现针状或带状结构的 ZSM-11 晶体。

Wu 等[64] 对比了三种不同陈化处理方式，即微波陈化处理、超声陈化处理和搅拌陈化处理所得的 MCM-22 沸石分子筛的晶化效果。发现当以硅溶胶作硅源时，采用微波陈化处理，可大大缩短晶化时间，并加快其反应速率；而以正硅酸乙酯作硅源时，陈化处理对晶化过程影响较弱。此外，以硅溶胶作硅源时，采用微波陈化处理可得到晶体尺寸为 8μm 甜甜圈形状的 MCM-22，与其他陈化处理方式相比，形成了更为均一的小颗粒晶体。

Xu 等[65] 利用涂敷有 A 型沸石的多孔 α-Al$_2$O$_3$ 圆盘作为载体，在微波加热条件下制备了高渗透性和高选择性的 A 型沸石膜。研究表明微波加热 15min 即可形成结晶良好的 A 型沸石膜，而传统加热需要 2 ～ 3h，如图 4-32 所示。沸石膜的形成属于非均相成核过程，首先在多孔载体表面形成凝胶层，然后是成核和晶体的生长并形成沸石膜。由于微波加热速度快、加热均匀，并形成活性水分子，可使载体表面形成的凝胶层快速溶解，同时迅速成核，形成均一、粒径小的沸石晶体，进而快速制备出薄层沸石膜。

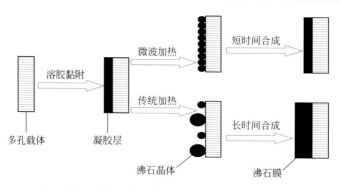

图 4-32　微波加热和传统加热制备沸石膜对比示意图

（5）磷酸铝分子筛（AlPO$_4$-n）的微波合成　磷酸铝分子筛是最具代表性的微孔分子筛，其中磷氧四面体（PO$_4^{3-}$）代替了硅氧四面体作为分子筛的骨架结构。该类材料不仅具有大孔（>50nm）、介孔（2～50nm）与微孔（<2nm），而且由于磷酸铝分子筛骨架结构的可塑性很大，可以在其中引入 Si、Ti 等多种杂原子来部分取代磷酸铝骨架中的 P 原子和 Al 原子，进而形成具有开放骨架结构类型的微孔化合物，从而赋予了分子筛更多新的特性。上述杂原子范围很广，可以是主族金属和过渡金属以及非金属元素。1995 年，Girnus 等[66]报道了微波水热合成 AlPO$_4$-5 分子筛的研究结果，发现在 180℃下，反应 60s 即可形成大晶体，通过调控反应参数，其最大尺寸为 130μm×40μm。

Mintova 等[67]用微波合成法制备了纳米尺寸的 AlPO$_4$-5 分子筛膜。研究表明，通过微波加热可大大提高其反应速率，反应 1min 即可生成 AlPO$_4$-5 分子筛膜。

Jhung 等[68]研究了水热法和微波法选择性地合成了 SAPO-5 和 SAPO-34 分子筛，考察了模板剂种类（三乙胺和四乙基乙二胺）对反应产物的影响。研究表明：选用三乙胺（TEA）作为模板剂时，微波加热 2h 可得到纯相 SAPO-5，传统水热合成 24h 可得到纯相 SAPO-34；而选用四乙基乙二胺（TEEDA）为模板剂时，微波合成 1h 即可得到纯相 SAPO-5，而传统水热合成需要 48h 才能得到纯相 SAPO-34，产物微观形貌（SEM 结果）如图 4-33 所示。

Lin 等[69]采用微波合成法制备了具有不同形貌的 SAPO-34 分子筛，考察了硅源、水量、晶化时间和陈化时间等因素对产物形貌的影响。结果表明：当采用硅溶胶和硅微粉作硅源时，形成纳米级片层状 SAPO-34 晶体，而用硅酸四乙酯（TEOS）作硅源时，产物为粒子状。原料中选用不同 n（H$_2$O/Al$_2$O$_3$）时，水量较低时得到的产物为粒子状，水量较高时得到的产物为微球状。相比于传统加热，采用微波加热获得的分子筛晶体形貌更为均匀。

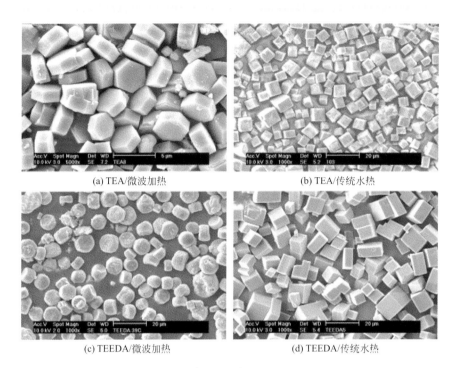

(a) TEA/微波加热   (b) TEA/传统水热

(c) TEEDA/微波加热   (d) TEEDA/传统水热

▶ 图 4-33　不同模板剂和合成方法制备的 SAPO-5 和 SAPO-34 SEM 图

Yang 等[70]采用微波加热合成了具有多级孔结构的介孔 SAPO-34 分子筛，考察了晶化时间对 SAPO-34 分子筛孔结构及表面性质的影响。可知当晶化时间为 2h 时，分子筛 Meso-SAPO-34（MW）_2h 比表面积最高可达 686m²/g，与传统水热合成 48h 所得分子筛 Meso-SAPO-34（C）_48h 比表面积相近，但其外表面积为 152m²/g，远高于 Meso-SAPO-34（C）_48h 的外表面积。研究还发现，微波加热合成的介孔 SAPO-34 分子筛对 MTO（甲醇制低碳烯烃）反应表现出更高的催化活性。

2.微波合成沸石分子筛机理

利用偏高岭土制备沸石分子筛的机理大概可以分为以下四个过程：①偏高岭土在碱性介质中的溶解；②铝硅酸钠凝胶的形成；③形成晶核的反应物的重组；④晶化和生长。

Chandrasekhar 等[71]研究认为，对于 A 型沸石的合成，在传统加热条件下，以上四个过程均可发生，并且陈化并不是主要影响因素；而通过短时间的微波作用，偏高岭土颗粒在碱性介质的溶解速度加快，因而可大大降低其晶化时间。另外，传统加热方式原理是由表及里进行加热，形成一定的温度梯度，并且在表面可能形成过烧，从而产生杂相；而微波可穿透料液通过介电损耗进行加热，具有较为均匀的温度分布，所有反应物分子均可在同一时间进行反应，抑制杂相的生成。

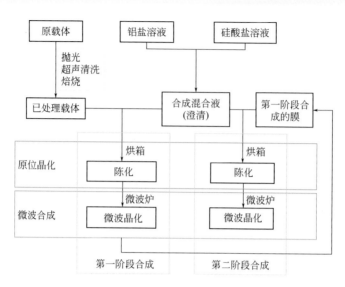

図 4-34　原位陈化 – 微波合成法制备 LTA 型沸石分子筛膜过程示意图

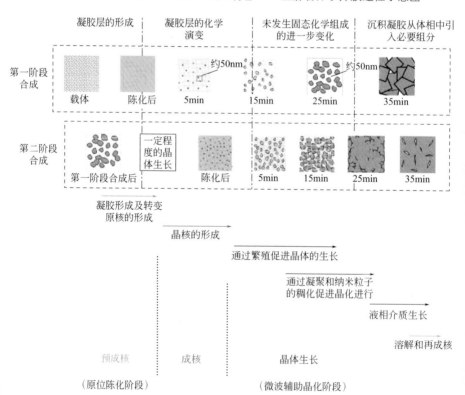

図 4-35　原位陈化 – 微波合成法制备 LTA 型沸石分子筛膜反应机理示意图

Li 等[72,73]采用原位陈化 - 微波合成法制备了 LTA 型沸石分子筛膜，其制备过程如图 4-34 所示。通过热重分析、XRD、SEM、XPS、ATR/FTIR 等手段对分子筛膜的整个形成过程进行分析，提出 LTA 型沸石分子筛膜的形成机理，如图 4-35 所示。由图 4-35 可知，在原位陈化阶段，基材表面形成了大量含有原核的凝胶层；在微波辅助晶化阶段，原核快速形成晶核；约为 50nm 的无定形初级溶胶粒子通过繁殖促进晶体的生长，此繁殖过程主要通过初级溶胶粒子的凝聚和稠化完成，从而形成含有未定形晶面的球形粒子的密实分子筛膜。通过与传统加热方式制备分子筛膜的反应机理进行对比可以得出，微波的作用主要体现在水分子活化、选择性加热、体加热和表面活化等方面。

3.微波反应器形状等对分子筛合成的影响

Conner 等[74]采用了如图 4-36 所示的直径分别为 33mm 和 11mm 的柱形腔体的微波反应器，考察了反应器形状等对分子筛合成效果的影响。

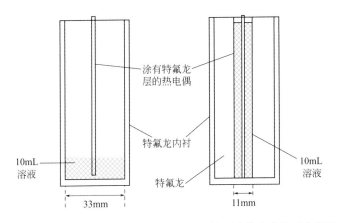

▶ 图 4-36　直径分别为 33mm 和 11mm 的柱形腔体的微波反应器示意图

研究表明，在 175℃下反应 15min 时，利用较宽直径（d=33mm）反应器合成的分子筛晶体具有更大尺寸且均匀性更好，其 c 轴方向长度大于 2μm，形状呈均匀的楔形，而较窄直径（d=11mm）反应器合成的沸石分子筛尺寸小于 1μm，形状呈典型的环形。另外，反应器几何形状对于产物的产率、晶体粒子数也有较大的影响，相比于较宽直径反应器，较窄直径反应器合成的分子筛产率几乎低了一个数量级，而生成晶体粒子数提高了 5 倍。

为了解释反应器结构对微波合成分子筛形貌的影响，作者采用 HFFS 软件模拟分析了反应器内微波场分布，结果如图 4-37 所示。可见，较窄直径反应器内微波呈均匀的单模场分布；而较宽直径反应器内微波呈多模场分布，存在许多热点（Hot Spot）；后者物料内的最高与最低电场强度比值为 2.43，大于较窄直径反应器的最高与最低电场强度比值（1.34），从而生成了更大尺寸的晶体颗粒。

Panzarella 等 [75] 也研究了反应器尺寸、反应液体积（装料量）和微波作用方式对沸石型分子筛合成的影响。其中，分别采用 MARS-5 多模微波炉和 Discover 单模微波炉进行了分子筛微波合成研究，考察了微波作用方式对分子筛结晶度的影响。研究表明：与单模微波反应器相比，采用多模微波反应器进行分子筛合成反应的反应速率可提高 13%；而不同的装料量对分子筛合成的反应也有较大的影响，随着装料量的增加，结晶诱导时间延长，例如当装料量为 12g 或 25g 时，其结晶速率远远高于 45g 的装料量。

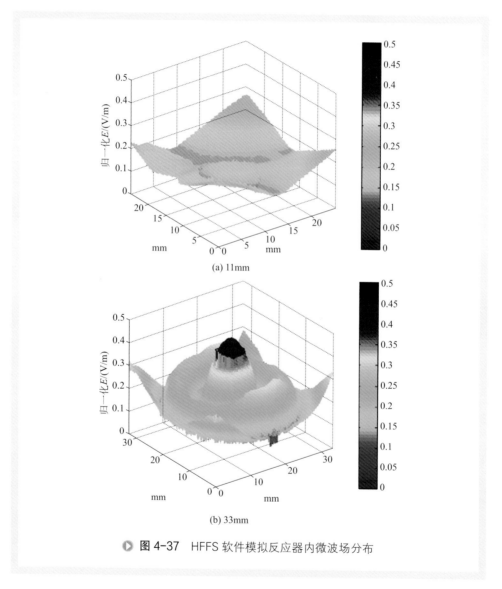

▶ **图 4-37** HFFS 软件模拟反应器内微波场分布

二、微波加热合成纳米颗粒

1.微波加热合成氧化物纳米颗粒

（1）纳米 TiO_2　Zhang 等[76]以纤维素（CF）作为基片材料，在微波作用下通过硫酸氧钛水解制备了纳米 TiO_2/CF 复合材料，并将其用作吸附材料处理含 Pb^{2+} 的废水。研究表明：通过纤维素纤维表面的羟基官能团与 Ti 晶核之间发生化学反应形成了 Ti-O 键，最终生成了粒度约为 100nm 的具有介孔结构的纳米 TiO_2 颗粒均匀分布于纤维素纤维表面。所得的纳米 TiO_2 颗粒在纤维素纤维表面的形成过程如图 4-38 所示。从图 4-38 可知，纤维素纤维表面具有丰富的极性基团，可作为微波吸收剂；同时，在酸性溶液条件下可通过静电反应吸附 Ti^{4+} 形成多相水解反应所需的前驱体，从而在纤维素纤维表面快速形成纳米 TiO_2 颗粒。相比于传统加热方式，微波加热可使前驱体快速分解并促进 TiO_2 晶核的形成，其反应时间可由几小时缩短为几分钟。

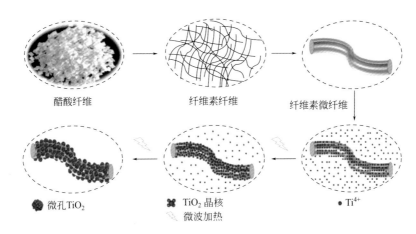

醋酸纤维　　　　　纤维素纤维　　　　纤维素微纤维

● 微孔 TiO_2　　　✖ TiO_2 晶核　　　• Ti^{4+}
　　　　　　　　　　⚡ 微波加热

▶ **图 4-38**　纳米 TiO_2 颗粒在纤维素纤维表面形成过程示意图

　　Zhao 等[77]采用微波辅助溶剂合成法制备了层状 TiO_2 微球，考察了微波反应时间对微球物相组成和形貌的影响。其发现在 180℃下反应 15min 时，球状中间产物形成，且有很多纳米片状结构随机生长在微球表面，主要为无定形物质；当反应时间延长至 45min 时，纳米片状结构变成纳米带状结构，同时可观察到由纳米带状结构构成的层状 TiO_2 微球，但其结构并不完整；当反应时间延长至 90min 时，纳米带状结构在长度方向上不断生长，由尖锐的纳米带状结构构成的层状 TiO_2 微球逐渐变得更加完整且分布均匀；若其反应时间进一步延长至 150min，纳米带状结构则转变成纳米线。

　　Sikhwivhilu 等[78]采用微波加热和传统水热处理二氧化钛粉末制备了 TiO_2 纳米

管结构，考察了加热方式对产物结构及物相组成及其热稳定性的影响。结果表明：采用微波加热可制备出不含钾的且具有更好热稳定性的 TiO_2 纳米管结构。微波加热合成的纳米管在 700℃下热处理后，仍可保持平滑的纳米管结构；而在相同温度下热处理传统水热合成的纳米管后，其已转变成了纳米棒结构。

Yang 等[79]以 $Ti(SO_4)_2$ 和 $CO(NH_2)_2$ 为原料，在 180℃下微波水热合成了粒径均匀、结晶良好的纳米 TiO_2 微球。由于微波能快速、均匀地加热，其反应时间可缩短至 30min，相比于传统加热，其反应时间减少了一个数量级。研究发现，微波合成反应温度从 120～160℃，制备的球形颗粒直径都维持在 0.5μm 左右；从纳米 TiO_2 微球颗粒表面 TEM 图可知，随着温度的升高，微球内孔径可控制在 5～10nm。Yang 等还进行了 N_2 吸附 - 脱附实验，结果表明：微波合成的纳米 TiO_2 微球具有丰富的介孔结构，其比表面积可达 $124m^2/g$。将其用于处理含 Cr（Ⅵ）和 MO（甲基橙）的废水表现出高的催化活性。

（2）纳米 ZnO　Cho 等[80]采用低功率微波（50W）辅助加热，通过改变原料种类、配比和陈化时间等因素在 90℃下水热反应制备了不同形貌的纳米 ZnO，包括棒状、针状、盘状、星状和微球等。Cho 等对不同酸碱体系反应机制进行研究后认为，当采用环六亚甲基四胺(HMT)-H_2O 提供 OH^- 时，整个体系呈弱酸性，其反应过程为

$$(CH_2)_6N_4+6H_2O \rightarrow 4NH_3+6HCHO \qquad (4\text{-}1)$$

$$NH_3+H_2O \rightarrow NH_4^++OH^- \qquad (4\text{-}2)$$

$$Zn^{2+}+2OH^- \rightarrow ZnO+H_2O \qquad (4\text{-}3)$$

而当采用 NH_3-H_2O 提供 OH^- 时，体系呈强碱性，其反应过程为

$$NH_3+H_2O \rightarrow NH_4^++OH^- \qquad (4\text{-}4)$$

$$Zn^{2+}+4OH^- \rightarrow Zn(OH)_4^{2-} \qquad (4\text{-}5)$$

$$Zn^{2+}+4NH_3 \rightarrow Zn(NH_3)_4^{2+} \qquad (4\text{-}6)$$

$$Zn(OH)_4^{2-} \rightarrow ZnO+H_2O+2OH^- \qquad (4\text{-}7)$$

$$Zn(NH_3)_4^{2+}+2OH^- \rightarrow ZnO+4NH_3+H_2O \qquad (4\text{-}8)$$

2.微波加热合成硫化物纳米颗粒

（1）纳米 ZnS　Zhao 等[81]考察了微波作用下不同锌源［$Zn(Ac)_2$、$ZnSO_4$、$Zn(NO_3)_2$］对纳米 ZnS 颗粒合成的影响。结果表明，合成产物晶体的衍射峰分别对应于立方结构 ZnS 晶体的（111）、（200）、（220）和（311）晶面，通过 Debye-Scherrer 公式计算，其晶体尺寸分别为 2.9nm、3.9nm 和 10.5nm。TEM 分析表明：以 $Zn(Ac)_2$ 为锌源合成的纳米 ZnS 颗粒通过自组装获得尺寸为 300nm 的球形结构，并形成了规则的多孔网状结构；而以 $ZnSO_4$ 和 $Zn(NO_3)_2$ 为锌源时，形成非均匀分布的纳米 ZnS 颗粒。

（2）纳米 CdS　Hu 等[82]以 $CdCl_2 \cdot 5H_2O$ 和 $Na_2S_2O_3 \cdot H_2O$ 为原料，以乙二胺

四乙酸为模板，通过微波辅助水热合成了层状空心球形纳米 CdS。研究表明，在微波辅助水热条件下，在不添加 EDTA 模板剂的情况下，就可合成出结晶良好的 CdS 晶体。根据 Debye-Scherrer 公式计算，其颗粒尺寸大约为 30nm。通过分析晶体微观形貌，发现中空纳米 CdS 球形颗粒的直径为 400 ~ 600nm，主要由大小为 30nm 的球形颗粒通过自组装形成。

三、微波加热合成有机金属骨架材料

金属-有机骨架（Metal Organic Frameworks，MOFs）材料是一种利用有机配体与金属离子间的配位作用通过自组装形成的具有周期性网状骨架结构的多孔材料，具有孔隙率高、孔结构可控、比表面积大、化学性质稳定、制备过程简单等优点。这种材料在气体存储、吸附分离、选择性催化、生物传导材料及光电材料、磁性材料等方面都有着重要应用，在性能上远超于传统无机多孔材料，被认为是较为先进的多孔材料。

MOFs 材料合成方法主要有扩散法、搅拌合成法、水热（溶剂热）合成法等，由于水热合成法具有制备过程简单、晶体生长完美等优点，得到了广泛研究。然而，传统的水热合成 MOFs 材料过程往往需要数天，制备效率极低。近年来，许多研究表明采用微波合成 MOFs 材料，可大幅度减少晶体生长所需的时间，并且合成的材料孔径分布更加集中。

1. 微波加热对 MOFs 材料合成反应的影响

Choi 等[83]考察了微波功率、微波反应时间、温度、溶剂浓度和基质组成等参数对合成的 MOF-5 结晶度及形貌的影响，并与传统加热在 105℃合成 24h 条件下得到的 MOF-5 进行了对比。研究表明：微波反应 15min 即开始结晶，30min 即可形成结晶良好的晶体；而传统加热 12h 才开始结晶，24h 才能形成结晶良好的晶体。另外，加热方式对晶体尺寸的影响较大，传统加热合成的 MOF-5 粒径为 500μm；微波加热合成的 MOF-5 粒径范围集中在 20 ~ 25μm；若采用微波加热进一步处理 30min，MOF-5 晶体开始发生降解并形成表面缺陷。

2. 微波加热合成对 MOFs 材料性能的影响

（1）气体分离　Bae 等[84]分别采用传统加热（80℃、2d）和微波加热（120℃、1h）两种方式合成了具有混合配体的 $Zn_2(NDC)_2(DPNI)$ 晶体材料（1-C′和 1-M′）。所得产物具有相似的 XRD 衍射图，但它们的吸附性能却有差异。研究表明：1-M′晶体材料具有较小的比表面积、孔容和孔径。在较低压力下对 CO_2 的吸附选择性远远高于 CH_4。因此，微波加热合成的 MOFs 材料可用于从 CH_4 中分离 CO_2，尤其在天然气净化分离工业过程中有望得到应用。Cho 等[85]在微波加热条件下利用溶剂热合成的方式制备了高质量的 Co-MOF-74 晶体材料。研究表明：微波加热 1h 制备的 Co-MOF-74 晶体材料具有与传统加热 24h 的产物相近的比表面积（1314m²/g 和 1327m²/g）。比较两者的晶体尺寸，发现微波加热合成的晶体材料的晶体颗粒远小于传统加热合成的。合成的 Co-MOF-74 晶体材料对 CO_2 的吸附量最高可达 288mg/g，而对 N_2 的吸附量仅为 1.7mg/g。

（2）多相催化性能　Tonigold 等[86]采用传统溶剂热合成（二甲基甲酰胺作溶剂，120℃）和微波加热合成的方式制备了 Co-MOF 材料［$Co_4O(bdpb)_3$］（MFU-1）（bdpb：二苄基磷酸二乙酯联苯），其结构类似于 Zn-MOF-5，但含有活性氧化还原单元。这种材料在以叔丁基过氧化氢为氧源的环己烯的氧化反应中具有很好的选择性。主要产物为叔丁基 -2- 环己烯基 -1- 过氧化物。Tonigold 等认为其催化活性的增强，主要由于微波加热反应过程可生成更小尺寸的晶体颗粒。

第三节　微波诱导催化

一、微波辅助气相催化反应

1. 微波辅助挥发性有机化合物（VOCs）的催化氧化

大气污染问题越来越受到人们的广泛关注。在诸多的大气污染物中，VOCs 由于在室温下以蒸气形式存在，毒性和刺激性强，会引发癌症，其降解技术成为了研究重点。目前，VOCs 的处理技术包括直接燃烧法、吸附法、吸收法、冷凝法、膜分离法、等离子体净化法、生物法和催化氧化法等。其中，燃烧法主要存在传统加热条件下催化剂受热不均的问题，导致 VOCs 处理效果不佳。近年来，由于微波辅助催化氧化 VOCs 具有效率高、处理温度低、设备尺寸小等优点，已经成为新的研究热点。

采用吸波能力较强的复合氧化物催化剂，如钙钛矿型催化剂，作为载体，形成热点，把微波能传给 VOCs 分子，可促进氧化反应的发生。研究者认为，微波能量可快速有效地加热复合氧化物催化剂，使其降解反应温度降低，因此，微波加热比传统加热更能快速有效地实现催化反应。

Roussean 等[87]研究了采用微波脉冲与钙钛矿氧化催化结合降解 VOCs。结果发现：随着脉冲重复频率的增加，氧化效率呈线性增加，并且即使是在非常低的能量下，也会产生非常显著的效果。Mauyra 等[88]在液相中采用微波辅助方法以二氧化钼（Ⅵ）为催化剂对有机化合物（2- 丙醇、2- 丁醇和 1- 苯基乙醇）进行选择性氧化反应。结果显示，与传统液相氧化法相比，微波辅助催化效果更显著，还可降低反应时间；另外，在增加 N- 基（NEt₃）添加剂后，催化反应时间明显减少，转化率升高。Balzer 等[89]在微波辅助条件下，以 $Ce_{0.80}Co_{0.20}O_2$ 为催化剂对三种挥发物（苯、甲苯、邻二甲苯）进行催化活性的研究，结果发现：该催化剂可去除100%的苯、近100%的甲苯和70%左右的邻二甲苯。

Hirano 等[90]比较了微波作用和传统加热条件下，六种商业催化剂氧化脱除VOCs中乙醛的效果，结果发现在这六种商业催化剂中，微波加热的活性总是优于传统加热。Bo 等[91]开展了在微波加热条件下以铜/沸石为催化剂催化氧化甲苯气体的研究，发现在微波辅助条件下催化过程非常稳定，可连续工作8h，且在最优条件下，甲苯去除率高达92%，相当于总有机碳（TOC）去除率的80%～90%。张浩等[92]研究了在微波加热和传统管式炉加热条件下，制备的Cu/复合载体催化剂对甲苯的催化氧化性能。结果表明，微波条件下，催化氧化脱除甲苯反应温度更低，效果更好。他们通过SEM分析发现，微波加热催化对催化剂表面结构、形貌和活性组分的分布影响不大；而传统加热实验后催化剂表面出现烧结和团聚现象，且活性组分的分布也变得不均匀了。

2. NO_x 和 SO_2 的催化还原

NO_x 和 SO_2 也是主要的空气污染物。这些污染物会引起光化学烟雾、酸雨、臭氧消耗和温室效应[93]。如何高效脱硝脱硫，进而消除大气污染及雾霾已经成为目前迫切需要解决的环保难题。目前大多采用氧化法去除 SO_2。微波诱导催化还原技术在 NO_x 和 SO_2 的降解方面表现出良好的应用前景[94]。Zhang 等[95]研究表明，引入微波后，NO_x 的还原分解转化率可达98%。另外，Wei 等[96]将催化剂和碳酸氢铵两者结合，借助微波可显著提高 NO_x 和 SO_2 的催化还原分解转化率。

Zhang 等[97]制备了 MoS_2/Al_2O_3 催化剂，借助微波作用对 SO_2 进行催化还原研究。结果发现：利用微波加热（2450MHz）可使反应温度比传统加热时降低200℃。Hu 等[98]研究发现，以铜/沸石为催化剂借助微波辅助对烟气进行脱硫和脱氮，其效率分别达到81.8%和76.1%；以碳酸氢铵（NH_4HCO_3）为还原剂借助微波进行催化还原去除 SO_2 和 NO_x，其效率分别高达99.8%和92.8%。Tang 等[99]采用微波辅助净化汽车尾气中的 NO_x，发现其还原温度降低了。Chang 等[100]研究发现以 Co-NaZSM-5 和 H-ZSM-5 作为催化剂，采用微波加热在250～400℃下通入 CH_4 和 O_2 可将 NO 快速转化成 N_2，其转化率高于70%。李虎[101]利用活性炭来还原 NO，通过对比分析了借助两种不同加热方式催化 NO 的转化率，结果表明，在相同的温度范围内，活性炭借助微波催化还原 NO 的转化率普遍高于传统加热下的 NO 转化率。Tse 等[102]研究发现采用一种由 Fe_2O_3 和 Cr_2O_3 组成的复合催化剂对 NO_x 进行分解，反应速率显著加快。

分析微波加热强化催化反应的原因，主要在于传统加热时，热传导使颗粒外部的温度最高，催化剂颗粒外部易发生烧结；相反，由于微波加热是内部加热，通过在整个催化剂颗粒上产生有效的逆向温度梯度，颗粒的内部温度高，形成了适合于还原或分解 NO_x 的颗粒表面。

二、微波辅助催化氧化降解反应

微波辅助有助于加速净化污染物，提高氧化过程的效率和选择性，同时也减少了化学物质的添加，因而在催化氧化降解废水中的有机物方面具有明显优势。

1.染料废水

国际上许多学者都研究了用 TiO_2 作为光催化剂氧化降解染料废水的效果。例如，在紫外线和微波作用下 TiO_2 半导体颗粒催化降解罗丹明 B（RhB）染料[103]，在不同实验条件下 RhB 染料溶液的颜色变化如图 4-39 所示，可见使用 UV/MW（紫外 / 微波）辅助 TiO_2 降解染料时，降解效果非常好。

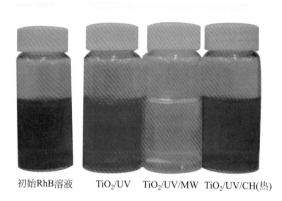

初始RhB溶液　　TiO_2/UV　　TiO_2/UV/MW　　TiO_2/UV/CH(热)

▶ **图 4-39**　RhB 溶液（0.05mmol/L）被降解褪色后的视觉比较
（每种方法降解时间都为 150min）

占昌朝等[104]采用微波强化 Fe^{2+}-$K_2S_2O_8$ 体系处理染料废水甲基橙（MO）。结果表明，微波能加快 Fe^{2+}-$K_2S_2O_8$ 体系废水中的 MO 降解过程，在最优条件下，MO 脱色率可达到 98.6%。占昌朝等[105]还发现微波 - 改性膨胀石墨 -H_2O_2 能高效快速降解废水中的刚果红，在较佳处理工艺条件下，刚果红脱色率达到了 98.85%。

Cai 等[106]合成了新型非均相催化剂 $CuFeO_2$，并发现微波（MW）协同 $CuFeO_2$ 可加快偶氮染料 Orange G（OG）的降解速率，提高降解率：在 pH 值为 5 的条件下，15min 内染料降解率达到 99.9%。他们认为 OG 降解率增强的原因是 Cu（Ⅰ）/Cu（Ⅱ），Fe（Ⅱ）/Fe（Ⅲ）和 Cu（Ⅰ）/Fe（Ⅲ）的氧化还原对与微波诱导的"热点"共同作用，使 $CuFeO_2$ 具有更高的催化活性，将 H_2O_2 激活为 ·OH 自由基，并且稳定性好，可重复利用。由此，证明了 MW 增强的类 Fenton 反应在染料废水处理中具有潜在的应用前景。

Xiao 等[107]通过溶胶 - 凝胶法成功合成了催化剂 $CuFe_2O_4$/PAC（粉状活性炭），并且用于微波辅助下氧化降解偶氮染料活性黄 3（RY3）。发现与传统的 Fenton 型工艺相比，MW 辅助表现出更高的 RY3 降解效率。他们还发现 ·OH 和 O^{2-}·是

MW 辅助催化过程中的主要活性基团，具有降解效率高、pH 适应范围广、稳定性好和毒性低等优点。由此说明，这种方法在高浓度染料废水处理中具有实用价值。

Jia 等[108]发现采用合成的层状多孔 Cu-Ni/C 复合催化剂，微波辅助催化可强化对酸性品红的降解过程，效果提高较大。其中，微波、温度等不同影响因素对酸性品红降解的影响如图 4-40 所示。他们认为这是由于微波与多孔碳和 Cu-Ni 纳米颗粒之间的协同作用所致。

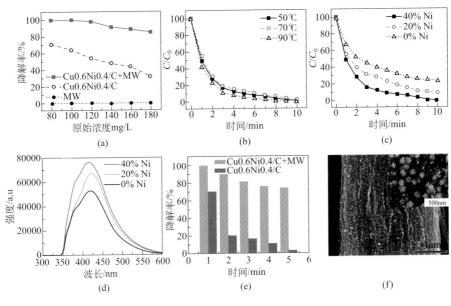

▶ **图 4-40** 不同影响因素对酸性品红降解的影响
C—某时刻浓度；C_0—初始浓度

2.农药废水

近年来微波辅助催化降解农药废水中的污染物方面的研究备受关注。这主要是由于微波可引起催化剂晶格畸变和氧空位，同时微波介入有益于催化剂的感光性，从而加快了微波辅助光降解农药废水的速率。

Pan 等[109]研究发现采用微波辅助 Fenton 工艺（MW/FL），以浸渍沉积法合成的 CuO/Al_2O_3 作为催化剂，可产生比传统加热更多的羟基自由基（·OH），强化对硝基苯酚（PNP）的降解，6min 内其降解率就可达 93%，如图 4-41 所示。

Zhang 等[110]对比研究了不同条件下紫外氧化降解农药杀虫剂对硫磷的效果。发现微波辅助活性炭（AC）负载纳米级锐钛矿或金红石二氧化钛（A-TiO_2/AC/MW）方法与没有微波辅助的 A-TiO_2/AC 或 AC 方法相比，极大提高了对硫磷的降解。他们认为这是因为活性炭可以较强地吸收微波能量，使其表面及内部形成"热

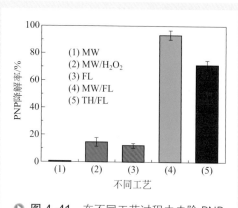

● 图 4-41　在不同工艺过程中去除 PNP
MW—微波工艺；MW/H₂O₂—微波/双氧水；
FL—Fenton工艺；MW/FL—微波/Fenton工
艺；TH/FL—加热/Fenton工艺

点"，强化了对硫磷及其反应中间体的氧化过程，同时负载的二氧化钛可利用微波作用下活性炭上的"热点"的热能激发电子转移，从而在二氧化钛表面形成电子空穴对，显著促进对硫磷的降解。

2,4- 二氯苯氧乙酸是一种具有代表性的除草剂，Lee 等[111] 研究了这种除草剂的催化降解过程，O_3 与 O_3/M、O_3/UP 与 O_3/MUP 相比（M：仅用微波；O_3：仅注入臭氧；O_3/U：紫外照射且注入臭氧；UP：紫外照射且加入催化剂；O_3/M：微波照射且注入臭氧；O_3/MUP：微波紫外照射且加入催化剂和臭氧），在引入微波后，其降解速率常数明显增加。这是由于微波活化了臭氧或是催化剂分子，生成更多活性物质参与了降解反应。

4- 硝基苯酚是苯酚的一种衍生物，是一种农药中间体，即使低浓度时也对人类有极大伤害。Yin 等[112] 采用微波作用在活性炭（AC）和纳米 Mn_2O_3 改性活性炭（Mn_2O_3/AC）上以强化催化氧化降解 4- 硝基苯酚的过程。结果发现，微波辅助降解 4- 硝基苯酚的降解率比传统加热辅助法高出近四倍。这是由于在微波辅助氧化降解过程中，生成的羟基自由基在氧化降解 4- 硝基苯酚中起到了重要作用。

p- 硝基苯酚广泛应用于农药，且被美国环保协会列为 114 种最有威胁的有机污染物之一。Qiu 等[113] 研究了微波辅助 α-Bi_2O_3 催化剂氧化降解 p- 硝基苯酚的反应，发现分别采用油浴法加热 α-Bi_2O_3 和微波加热 α-Bi_2O_3 降解 p- 硝基苯酚，3min 后降解率分别为 42.48% 和 97.87%。

Zeng 等[114] 研究发现，单靠微波作用，苯酚几乎不被降解；单靠双氧水氧化苯酚可发生部分降解；而当微波辅助双氧水氧化时，苯酚的降解效果有了明显的提高。Zeng 等认为这可能是由于：①微波诱导极性分子迁移，增加了分子间的摩擦和碰撞，使反应物达到了一个较高的激发态；②微波作用有利于促进双氧水生成羟基自由基，从而加快苯酚降解过程。

Karthikeyan 等[115] 对比研究了传统加热和微波辅助 TiO_2 降解来自农药工业废水的苯酚和间甲苯酚的效果。发现无论 pH 值、反应物的量或反应时间怎么变化，紫外微波辅助条件下苯酚和间甲苯酚的降解率都明显高于没有引入微波的降解率。Karthikeyan 等认为这可能是由于微波和紫外作用于分布在 TiO_2 表面上的有机物，生成了大量的羟基自由基，从而强化了苯酚和间甲苯酚的降解反应。

3.制药废水

目前，许多研究已证明微波辅助加热还可应用于降解制药废水上。与传统加热相比较，微波加热可提高制药废水的降解速率，降低活化能，将降解时间从数小时缩短到几分钟，并且环境友好[116]。

Oncu[117]等研究发现氧化剂和微波协同作用可促进抗生素的降解，发现引入微波处理比只用双氧水或是过硫酸盐氧化降解抗生素的效果更好，其总化学需氧量明显降低。

Qi 等[118]比较了传统加热与微波辅助条件下过硫酸盐降解磺胺甲噁唑的效果。发现在相同温度下，微波辅助过硫酸盐降解磺胺甲噁唑的降解效果更好，其表观速率常数值比传统加热高出十倍。Qi 等认为这是由于过硫酸盐在微波辅助下可转化出更多的可用于降解的硫酸自由基。

Liu 等[119]对比研究了微波辅助和振荡辅助方法强化水钠锰矿降解四环素的效果。发现前者降解作用明显优于后者。Liu 等认为这是由于在微波作用下，水钠锰矿的表面活性明显增加，从而加速了废水中四环素的降解过程。

Qi 等[120]用硫酸铁或硝酸铁作为催化剂，双氧水作为氧化剂，采用微波辅助类芬顿（Fenton）氧化法降解制药废水。结果表明，在未引入微波时，制药废水中的溶解性和悬浮性有机物含碳总量（TOC）的去除率非常低；而引入微波后，TOC的去除率随着微波功率的增加而快速增加。

昆明理工大学陕绍云等比较研究了微波合成和常规水热合成的 MOFs 材料吸附废水中抗生素的效果。结果如图 4-42 所示，微波合成的 MOFs（MW-MOFs）材料用于处理 80mg/L 的抗生素废水时，吸附率达到 28% 左右，而常规水热合成的MOFs 材料（CV-MOFs）的吸附率仅为 18%。

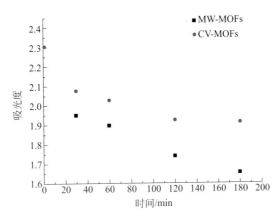

● 图 4-42　微波（MW）与常规（CV）水热合成 MOFs 材料吸附抗生素的吸光度与时间的关系

参考文献

[1] Gedye R，Smith F，Westaway K，et al.The use of microwave-ovens for rapid organic-synthesis[J]. Tetrahedron Letters，1986，27（3），279-282.

[2] Giguere R J，Braym T L，Duncan S M，et al. Application of commercial microwave-ovens to organic-synthesis[J]. Tetrahedron Letters，1986，27（41），4945-4948.

[3] Baghurst D R，Cooper S R，Greene D L，et al. Application of microwave dielectric loss heating effects for the rapid and convenient synthesis of coordination-conpounds[J]. Polyhedron，1990，9（6），893-895.

[4] 刘福安，李耀先，徐文国.微波促进有机合成与研究 [C]// 第 12 届长春夏季化学研讨会论文集，1993.

[5] 李军，庞军，曹国英，等.微波法合成邻异丁烯氧基苯酚 [J].合成化学，2000，（04）：321-325.

[6] Strohmeier G A，Kappe C O.Rapid parallel synthesis of polymer-bound enones utilizing microwave-assisted solid-phase chemistry[J]. Journal of Combinatorial Chemistry，2002，4（2）：154-161.

[7] Nuchter M，Ondruschka B，Bonrath W，et al.Microwave assisted synthesis—a critical technology overview[J]. Green Chemistry，2004，6（3）：128-141.

[8] Varma R S.Solvent-free accelerated organic syntheses using microwaves[J]. Pure and Applied Chemistry，2001，73（1）：193-198.

[9] Varma R S.Clay and clay-supported reagents in organic synthesis[J]. Tetrahedron，2002，58（7）：1235-1255.

[10] Nuchter M，Muller U，Ondruschka B，et al. Microwave-assisted chemical reactions[J]. Chemical Engineering & Technology，2003，26（12）：1207-1216.

[11] Varma R S，Dahiya R.Microwave-assisted oxidation of alcohols under solvent-free conditions using clayfen[J]. Tetrahedron Letters，1997，38（12）：2043-2044.

[12] Laporterie A，Marquie J，Dubac J.Microwave-assisted reactions on graphite[J]. Microwaves in Organic Synthesis，2002：219-252.

[13] Garrigues B，Laurent R，Laporte C，et al. Microwave-assisted carbonyl Diels-Alder and carbonyl-ene reactions supported on graphite[J]. Liebigs Annalen，1996，（5）：743-744.

[14] Cotterill I C，Usyatinsky A Y，Arnold J M，et al. Microwave assisted combinatorial chemistry synthesis of substituted pyridines[J]. Tetrahedron Letters，1998，39（10）：1117-1120.

[15] Selway C N，Terrett N K.Parallel-compound synthesis : Methodology for accelerating drug discovery[J]. Bioorganic & Medicinal Chemistry，1996，4（5）：645-654.

[16] Nuechter M，Ondruschka B.Tools for microwave-assisted parallel syntheses and

combinatorial chemistry[J]. Molecular Diversity, 2003, 7 (2-4): 253-264.

[17] Kappe C O, Stadler A.Building dihydropyrimidine libraries via microwave-assisted Biginelli multicomponent reactions[J]. Methods in Enzymology, 2003, 369: 197.

[18] Stadler A, Kappe C O.Automated library generation using sequential microwave-assisted chemistry.Application toward the Biginelli multicomponent condensation[J]. Journal of Combinatorial Chemistry, 2001, 3 (6): 624-630.

[19] Savin K A, Robertson M, Gernert D, et al. A study of the synthesis of triazoles using microwave irradiation[J]. Molecular Diversity, 2003, 7 (2-4): 171-174.

[20] Hájek M.Microwave catalysis in organic synthesis[J]. Microwaves in Organic Synthesis, 2006: 615-652.

[21] Deshayes S, Liagre M, Loupy A, et al. Microwave activation in phase transfer catalysis[J]. Tetrahedron, 1999, 55 (36): 10851-10870.

[22] Bose A K, Ganguly S N, Manhas M S, et al. Microwave assisted synthesis of an unusual dinitro phytochemical[J]. Tetrahedron Letters, 2004, 45 (6): 1179-1181.

[23] Shackelford S A, Anderson M B, Christie L C, et al. Electrophilic tetraalkylammonium nitrate nitration.II.Improved anhydrous aromatic and heteroaromatic mononitration with tetramethylammonium nitrate and triflic anhydride, including selected microwave examples[J]. Journal of Organic Chemistry, 2003, 68 (2): 267-275.

[24] Xie J, Comeau A B, Seto C T.Squaric acids : A new motif for designing inhibitors of protein tyrosine phosphatases[J]. Organic Letters, 2004, 6 (1): 83-86.

[25] Plé P A, Green T P, Hennequin L F, et al. Discovery of a new class of anilinoquinazoline inhibitors with high affinity and specificity for the tyrosine kinase domain of c-Src[J]. Journal of Medicinal Chemistry, 2004, 47 (4): 871-887.

[26] Raheem I T, Goodman S N, Jacobsen E N.Catalytic asymmetric total syntheses of quinine and quinidine[J]. Journal of the American Chemical Society, 2004, 126 (3): 706-707.

[27] Csutoras C, Zhang A, Zhang K, et al. Synthesis and neuropharmacological evaluation of R ($minus ;) -N-alkyl-11-hydroxynoraporphines and their esters[J]. Bioorganic & Medicinal Chemistry, 2004, 12 (13): 3553-3559.

[28] Amijs C H M, Klink G P M V, Koten G V.Carbon tetrachloride free benzylic brominations of methyl aryl halides[J]. Green Chemistry, 2003, 5 (5): 470-474.

[29] Arvela R K, Leadbeater N E.Fast and easy halide exchange in aryl halides[J]. Cheminform, 2003, 34 (41): 1145-1148.

[30] Cherng Y J.Efficient nucleophilic substitution reactions of pyrimidyl and pyrazyl halides with nucleophiles under focused microwave irradiation[J]. Tetrahedron, 2002, 58 (5): 887-890.

[31] Steel P G, Teasdale C W T. Polymer supported palladium N - heterocyclic carbene

complexes : Long lived recyclable catalysts for cross coupling reactions[J]. Tetrahedron Letters, 2004, 45 (49): 8977-8980.

[32] Levin J I, Du M T.Rapid one-pot conversion of aryl fluorides into ohenols with 2-butyn-1-ol and potassium t-butoxide in dmso[J]. Cheminform, 2002, 33 (37): 1401-1406.

[33] Zhang Y H, Li C J.Microwave-assisted direct addition of cycloethers to alkynes[J]. Tetrahedron Letters, 2004, 45 (41), 7581-7584.

[34] Mimeau D, Gaumont A C.Regio-and stereoselective hydrophosphination reactions of alkynes with phosphine-boranes : Access to stereodefined vinylphosphine derivatives[J]. Journal of Organic Chemistry, 2003, 68 (18): 7016-7022.

[35] Mimeau D, Delacroix O, Gaumont A C.Regioselective uncatalysed hydrophosphination of alkenes : A facile route to P-alkylated phosphine derivatives[J]. Chemical Communications, 2003, (23): 2928-2929.

[36] Ackermann L, Kaspar L T, Gschrei C J.TiCl$_4$-catalyzed intermolecular hydroamination reactions of norbornene[J]. Organic Letters, 2004, 6 (15): 2515-2518.

[37] Bagley M C, Chapaneri K, Glover C, et al. Simple microwave-assisted method for the synthesis of primary thioamides from nitriles[J]. Synlett, 2004, 2004 (14): 2615-2617.

[38] Leadbeater N E, Torenius H M.A study of the ionic liquid mediated microwave heating of organic solvents[J]. Journal of Organic Chemistry, 2002, 67 (9): 3145-3148.

[39] Blanchard S, Rodriguez I, Tardy C, et al. Synthesis of mono-and bisdihydrodipyridopyrazines and assessment of their DNA binding and cytotoxic properties[J]. Journal of Medicinal Chemistry, 2004, 47 (4): 978.

[40] Amore K M, Leadbeater N E, Miller T A, et al. Fast, easy, solvent–free, microwave-promoted Michael addition of anilines to α, β-unsaturated alkenes : Synthesis of N-aryl functionalized β-amino esters and acids[J]. Tetrahedron Letters, 2006, 47 (48): 8583-8586.

[41] Mokhtar M, Saleh T S, Basahel S N.Mg-Al hydrotalcites as efficient catalysts for aza-Michael addition reaction : A green protocol[J]. Journal of Molecular Catalysis A : Chemical, 2012, 353 (4): 122-131.

[42] Tanuwidjaja J, Peltier H M, Lewis J C, et al. One-pot microwave-promoted synthesis of nitriles from aldehydes via tert-butanesulfinyl imines[J]. Synthesis, 2007, 2007 (21): 3385-3389.

[43] Schenkel L B, Ellman J A.Self-condensation of N-tert-butanesulfinyl aldimines : Application to the rapid asymmetric synthesis of biologically important amine-containing compounds[J]. Cheminform, 2004, 6 (20): 3621.

[44] Azzolina O, Collina S, Brusotti G, et al. Diastereoselective synthesis of chiral nonracemic naphthylaminoalcohols with analgesic activity[J]. Tetrahedron Asymmetry,

2004, 15 (10): 1651-1658.

[45] Nordmann G, Buchwald S L.A domino copper-catalyzed C-O coupling-Claisen rearrangement process[J]. Journal of the American Chemical Society, 2003, 125 (17): 4978-4979.

[46] Durand-Reville T, Gobbi L B, Gray B L, et al. Highly selective entry to the azadirachtin skeleton via a Claisen rearrangement/radical cyclization sequence[J]. Organic Letters, 2002, 4 (22): 3847-3850.

[47] Schobert R, Gordon G J, Mullen G, et al. Microwave-accelerated Claisen rearrangements of allyl tetronates and tetramates[J]. Tetrahedron Letters, 2004, 45 (6): 1121-1124.

[48] Mcintosh C E, Martinez I, Ovaska T V.Microwave enhanced tandem 5-exo cyclization/ Claisen rearrangement reactions : A convenient route to cycloheptanoid ring systems[J]. Cheminform, 2005, 36 (17): 2579-2581.

[49] Banerjee K, Mitra A K.Beckmann rearrangement of ketoximes and deprotection of aldoximes in solvent - free conditions[J]. 2005.

[50] Sugamoto K, Matsushita Y I, Matsui T.ChemInform abstract : Microwave-assisted Beckmann rearrangement of aryl ketoximes catalyzed by In (OTf) 3 in ionic liquid[J]. Cheminform, 2011, 42 (32): 879-884.

[51] Marjani K, Asgari M, Ashouri A, et al. Microwave-assisted aldol condensation of benzil with ketones[J]. Chinese Chemical Letters, 2009, 40 (4): 401-403.

[52] Esmaeili A A, Tabas M S, Nasseri M A, et al. Solvent - free crossed aldol condensation of cyclic ketones with aromatic aldehydes assisted by microwave irradiation[J]. Monatshefte Fur Chemie, 2005, 136 (4): 571-576.

[53] 李芳良, 对羟基苯甲酸丁酯的快速合成 [J]. 广西化工, 2002, (02): 13-15.

[54] Chu P, Dwyer F G, Vartuli J C.Crystallization method employing microwave radiatioon : US, 4778666.1988-10-18.

[55] Hansan Z, Jun J W, Kim C U, et al. Desilication of ZSM-5 zeolites for mesoporosity development using microwave irradiation[J]. Materials Research Bulletin, 2015, 61: 469-474.

[56] Ou X X, Xu S J, Warnett J M, et al.Creating hierarchies promptly : Microwave-accelerated synthesis of ZSM-5 zeolites on macrocellular silicon carbide (SiC) foams[J]. Chemical Engineering Journal, 2017, 312: 1-9.

[57] Koo J B, Jiang N Z, Saravanamurugan S, et al.Direct synthesis of carbon-templating mesoporous ZSM-5 using microwave heating[J]. Journal of Catalysis, 2010, 276: 327-334.

[58] Youssef H, Ibrahim D, Komarneni S.Microwave-assisted versus conventional synthesis of zeolite A from metakaolinite[J]. Microporous and Mesoporous Materials, 2008, 115:

527-534.

[59] Chandrasekhar S, Pramada P N.Microwave assisted synthesis of zeolite A from metakaolin[J]. Microporous and Mesoporous Materials, 2008, 108（1-3）: 152-161.

[60] Tanaka H, Fujimoto S, Fujii A, et al.Microwave assisted two-Step process for rapid synthesis of Na-A zeolite from coal fly ash[J]. Industrial & Engineering Chemistry Research, 2008, 47: 226-230.

[61] Bukhari S S, Behin J, Kazemian H, et al.Synthesis of zeolite NA-A using single mode microwave irradiation at atmospheric pressure : The effect of microwave power[J]. The Canadian Journal of Chemical Engineering, 2015, 93（6）: 1081-1090.

[62] Ansari M, Aroujalian A, Raisi A, et al.Preparation and characterization of nano-NaX zeolite by microwave assisted hydrothermal method[J]. Advanced Powder Technology, 2014, 25: 722-727.

[63] Jurry F A, Polart I, Estel L, et al.Enhancement of synthesis of ZSM-11 zeolite by microwave irradiation[J]. Microporous and Mesoporous Materials, 2014, 198: 22-28.

[64] Wu Y J, Ren X Q, Wang J.Effect of microwave-assisted aging on the atatic hydrothermal synthesis of zeolite MCM-22[J]. Microporous and Mesoporous Materials, 2008, 116: 386-393.

[65] Xu X C, Yang W S, Liu J.Synthesis of a high-permeance NaA zeolite membrane by microwave heating[J]. Advanced Materials, 2000, 12（3）: 195-198.

[66] Girnus I, Pohl M M, Jurgen R M, et al.Synthesis of AlPO4-5 aluminumphosphate molecular sieve crystals for membrane applications by microwave heating[J]. Advanced Materials, 1995, 7（8）: 711-714.

[67] Mintova S, Mo S, Bein T.Nanosized AlPO4-5 molecular sieves and ultrathin films prepared by microwave synthesis[J]. Chemistry of Materials, 1998, 10: 4030-4036.

[68] Jhung S H, Chang J S, Hwang J S, et al.Selective formation of SAPO-5 and SAPO-34 molecular sieves with microwave irradiation and hydrothermal heating[J]. Microporous and Mesoporous Materials, 2003, 64: 33-39.

[69] Lin S, Li J, Sharma R P, et al.Fabrication of SAPO-34 crystals with different morphologies by microwave heating[J]. Top Catalysis, 2010, 53: 1304-1310.

[70] Yang S T, Kim J Y, Chae H J, et al.Microwave synthesis of mesoporous SAPO-34 with a hierarchical pore structure[J]. Materials Research Bulletin, 2012, 47: 3888-3892.

[71] Chandrasekhar S, Pramada P N.Microwave assisted synthesis of zeolite A from metakaolin[J]. Microporous and Mesoporous Materials, 2008, 108: 152-161.

[72] Li Y S, Yang W S.Microwave synthesis of zeolite membranes : A review[j]. Journal of Membrane Science, 2008, 316: 3-17.

[73] Li Y S, Chen H L, Liu J, et al.Microwave synthesis of LTA zeolite membranes without

Seeding[J]. Journal of Membrane Science，2006，227：230-239.

[74] Conner W C，Tompsett G，Lee K H，et al. Microwave synthesis of zeolites：1.Reactor engineering[J]. The Journal of Physics Chemistry B，2004，108（37）：13913-13920.

[75] Panzarella B，Geoffrey A T，Yngvesson K S，et al.Microwave synthesis of zeolites.2.Effect of vessel size，precursor volume，and irradiation method[J]. Journal of Physics and Chemistry B，2007，111：12657-12667.

[76] Zhang J J，Li L，Li Y X，et al.Microwave-assisted synthesis of hierarchical mesoporous nano-TiO_2/celllose composites for rapid adsorption of Pb^{2+}[J]. Chemical Engineering Journal，2017，313：1132-1141.

[77] Zhao Y，Huang Z D，Chang W K，et al.Microwave-assisted solvothermal synthesis of hierarchical TiO_2 microspheres for efficient electro-field-assisted-photocatalytic removal of tributyltin in tannery wastewater[J]. Chemosphere，2017，179：75-83.

[78] Sikhwivhilu L M，Mpelane S，Mwakikunga B W，et al.Photoluminescence and hydrogen gas-sensing properties of titanium dioxide nanostructures synthesized by hydrothermal treatments[J]. ACS Applied Materials Interfaces，2012，4：1656-1665.

[79] Yang Y，Wang G Z，Deng Q，et al.Microwave-assisted fabrication of nanoparticulate TiO_2 microspheres for synergistic photocatalytic removal of Cr（Ⅵ）and methyl orange[J]. ACS Applied Materials Interfaces，2014，6：3008-3015.

[80] Cho S，Jung S H，Lee K H.Morphology-controlled growth of ZnO nanostructures using microwave irradiation：From basic to complex structures[J]. Journal of Physics and Chemistry C，2008，112：12769-12776.

[81] Zhao Y，Hong J M，Zhu J J.Microwave-assisted self-assembled ZnS nanoballs [J]. Journal of Crystal Growth，2004，270（3-4）：438-445.

[82] Hu B Y，Jing Z Z，Huang J F，et al.Synthesis of hierarchical hollow spherical CdS nanostructures by microwave hydrothermal process[J]. Transactions of Nonferrous Metals Society of China，2012，22：s89-s94.

[83] Choi J S，Son W J，Kim J，et al.Metal-organic framework MOF-5 prepared by microwave heating：Factors to be considered[J]. Microporous Mesoporous Materials，2008，116，727-731.

[84] Bae Y S，Mulfort K L，Frost H，et al.Separation of CO_2 from CH_4 using mixed-ligand metal-organic frameworks[J]. Langmuir，2008，24（16）：8592-8598.

[85] Cho H Y，Yang D A，Kim J，et al.CO_2 adsorption and catalytic application of Co-MOF-74 synthesized by microwave heating[J]. Catalysis Today，2012，185（1）：35-40.

[86] Tonigold M，Lu Y，Bredenkötter B，et al.Heterogeneous catalytic oxidation by MFU-1：A cobalt（Ⅱ）-containing metal-organic framework[J]. Angewandte Chemie International Edition，2009，48（41）：7546-7550.

[87] Roussean A，Guaitella O，Röpcke J，et al. Combination of a pulsed microwave plasma with a catalyst for acetylene oxidation[J]. Applied Physics Letters，2004，85（12）：2199-2201.

[88] Mauyra R，Saini N，Avecilla F.Liquid phase versus microwave assisted selective oxidation of volatile organic compounds involving dioxidomolybdenum（Ⅵ）and oxidoperoxidomolybdenum（Ⅵ）complexes as catalysts in the presence/absence of an N-based additive[J]. Polyhedron，2015，90：221-232.

[89] Balzer R，Probst L F D，Cantarero A，et al.Ce$_{1-x}$Co$_x$O$_2$ nanorods prepared by microwave-assisted hydrothermal method：Novel catalysts for removal of volatile organic compounds[J]. Science of Advanced Materials，2015，7（7）：1406-1414.

[90] Hirano T，Matsuda Y. Proceedings of the 2nd Kyushu-Taipei international congress on chemical engineering. 1997，335-338.

[91] Bo L，Liao J，Zhang Y，et al.CuO/zeolite catalyzed oxidation of gaseous toluene under microwave heating[J]. Frontiers of Environmental Science & Engineering，2013，7（3）：395-402.

[92] 张浩.复合载体负载型催化剂制备及其微波辅助催化氧化甲苯的性能试验研究[D].西安：西安建筑科技大学，2013.

[93] Jones D A，Lelyveld T P，Mavrofidis S D，et al.Microwave heating applications in environmental engineering—a review[J]. Resources，Conservation and Recycling，2002，34（2）：75-90.

[94] Wan J，Tse M，Husby H，et al.High-power pulsed microwave catalytic processes：Decomposition of methane[J]. Journal of Microwave Power and Electromagnetic Energy，1990，25（1）：32-38.

[95] Zhang D X，Yu A M，Jin Q H.Studies on microwave-carbon reduction method for the treatment of nitric oxide[J]. Chemical Journal of Chinese Universities-Chinese，1997，18：1271-1274.

[96] Wei Z，Lin Z，Niu H，et al.Simultaneous desulfurization and denitrification by microwave reactor with ammonium bicarbonate and zeolite[J]. Journal of Hazardous Materials，2009，162（2-3）：837-841.

[97] Zhang X，Hayward D O，Lee C，et al.Microwave assisted catalytic reduction of sulfur dioxide with methane over MoS$_2$ catalysts[J]. Applied Catalysis B：Environmental，2001，33（2）：137-148.

[98] Hu F，Zeng G H，Li H Q，et al.Microwave catalytic conversion of SO$_2$ and NO$_x$ over Cu/zeolite[J]. Energy Science and Technology，2011，1（2）：21-28.

[99] Tang J，Zhang T，Liang D，et al.Direct decomposition of NO by microwave heating over Fe/NaZSM-5[J]. Applied Catalysis B Environmental，2002，36（1）：1-7.

[100] Chang Y，Sanjurjo A，Mccarty J G，et al.Microwave-assisted NO reduction by methane over Co-ZSM-5 zeolites[J]. Catalysis Letters，1999，57（4）: 187-191.

[101] 李虎.Mn$_2$O$_3$/AC 微波催化剂微波选择催化还原氮氧化物研究 [D]. 湘潭：湘潭大学，2013.

[102] Tse M Y，Depew M C，Wan J K S.Applications of high power microwave catalysis in chemistry[J]. Research on Chemical Intermediates，1990，13（3）: 221-236.

[103] Horikoshi S，Serpone N.Photochemistry with microwaves : Catalysts and environmental applications[J]. Journal of Photochemistry & Photobiology C Photochemistry Reviews，2009，10（2）: 96-110.

[104] 占昌朝，曹小华，严平，等 . 微波促进 Fe^{2+}-K$_2$S$_2$O$_8$ 体系快速降解甲基橙废水的研究 [J]. 水处理技术，2013，39（8）: 43-46.

[105] 占昌朝，钟明强，陈枫，等 . 微波诱导改性膨胀石墨 -H$_2$O$_2$ 催化氧化刚果红废水 [J]. 环境科学与技术，2013，36（10）: 186-190.

[106] Cai M Q，Zhu Y Z，Wei Z S，et al.Rapid decolorization of dye orange G by microwave enhanced Fenton-like reaction with delafossite-type CuFeO$_2$[J]. Science of the Total Environment，2017，580: 966-973.

[107] Xiao J，Fang X，Yang S，et al.Microwave-assisted heterogeneous catalytic oxidation of high-concentration reactive yellow 3 with CuFe$_2$O$_4$/PAC[J]. Journal of Chemical Technology and Biotechnology，2015，90（10）: 1861-1868.

[108] Jia L，Ng D H L，Peng S，et al.Synthesis of hierarchically porous Cu-Ni/C composite catalysts from tissue paper and their catalytic activity for the degradation of triphenylmethane dye in the microwave induced catalytic oxidation（MICO）process[J]. Materials Research Bulletin，2015，64: 236-244.

[109] Pan W，Zhang G，Zheng T，et al.Degradation of p-nitrophenol using CuO/Al$_2$O$_3$ as Fenton-like catalyst under microwave irradiation[J]. RSC Advances，2015，5（34）: 27043-27051.

[110] Zhang Z，Jiatieli J，Liu D，et al.Microwave induced degradation of parathion in the presence of supported anatase-and rutile-TiO$_2$/AC and comparison of their catalytic activity[J]. Chemical Engineering Journal，2013，231: 84-93.

[111] Lee H，Park S H，Park Y K，et al.Photocatalytic reactions of 2，4-dichlorophenoxyacetic acid using a microwave-assisted photocatalysis system[J]. Chemical Engineering Journal，2015，278: 259-264.

[112] Yin C，Cai J，Gao L，et al.Highly efficient degradation of 4-nitrophenol over the catalyst of Mn$_2$O$_3$/AC by microwave catalytic oxidation degradation method[J]. Journal of Hazardous Materials，2016，305: 15-20.

[113] Qiu Y，Zhou J，Cai J，et al.Highly efficient microwave catalytic oxidation degradation

of p-nitrophenol over microwave catalyst of pristine α-Bi$_2$O$_3$[J]. Chemical Engineering Journal，2016，306：667-675.

[114] Zeng H，Lu L，Liang M，et al.Degradation of trace nitrobenzene in water by microwave-enhanced H$_2$O$_2$-based process[J]. Frontiers of Environmental Science & Engineering，2012，6（4）：477-483.

[115] Karthikeyan S，Gopalakrishnan A N.Degradation of phenol and m-cresol in aqueous solutions using indigenously developed microwave-ultraviolet reactor[J]. Journal of scientific and Industrial Research，2011，70：71-76.

[116] Patel P，Mehta P.Microwave-assisted heating：Innovative use in hydrolytic forced degradation of selected drugs[J]. Journal of Microwave Power and Electromagnetic Energy，2017，51（3）：205-220.

[117] Oncu N B，Balcioglu I A.Microwave-assisted chemical oxidation of biological waste sludge：Simultaneous micropollutant degradation and sludge solubilization [J]. Bioresource Technology，2013，146：126-134.

[118] Qi C，Liu X，Lin C，et al.Degradation of sulfamethoxazole by microwave-activated persulfate：Kinetics，mechanism and acute toxicity [J]. Chemical Engineering Journal，2014，249：6-14.

[119] Liu M，Lv G，Mei L，et al.Degradation of tetracycline by birnessite under microwave irradiation [J]. Advances in Materials Science and Engineering，2014，2014.

[120] Qi X D，Li Z H.Efficiency optimization of organic pollutant removal in pharmaceutical wastewater by microwave-assisted Fenton-like technology[C]. Applied Mechanics and Materials.Trans Tech Publications，2014，694：406-410.

第五章

微波强化化工分离过程

近几十年来，将微波能应用于化工分离过程的研究已经取得了很大的进展。例如，微波萃取已成为提取植物中活性组分的重要手段；微波强化脱附已在活性炭、分子筛等脱附领域得到了产业化应用；微波强化干燥已广泛应用于物料脱水、中草药干燥、茶叶杀青、烟梗膨化等工业过程中；微波蒸馏技术也在植物精油、香精等提取方面得到了广泛的研究和应用。应用效果显示，微波作用下的化工分离过程通常表现出时间短、得率高、能耗低等优势。微波强化化工分离过程的原理主要在于，微波穿透物料进入内部直接作用于目标分子，形成了独特的内部温度高（气压大）、外部温度略低的温度梯度，非常有利于目标分子的分离。同时，物料中不同物相的介电特性、热膨胀系数等的差异性，使其在微波场中的升温行为不同，进而导致物料内部产生裂纹和暴露更多的目标分子，提升分离效率。

第一节　微波萃取

萃取是提取植物内部有效成分的关键性操作，主要应用在中药、林产、化工及生物质综合利用等领域。但由于植物体内的成分十分复杂，而常规萃取方法存在耗时、耗力和污染环境等问题。因此，发展快速、高效的萃取方法对提升植物化工产业具有重要的意义。

微波辅助萃取（Microwave Assisted Extraction，MAE）又称微波萃取，是指利用微波能加速目标物脱离样品基质进入萃取溶剂中的溶出过程，是微波技术和传统溶剂萃取法相结合后形成的一种新的萃取方法。1986 年，Ganzler 等[1] 首次报道了利用微波萃取技术对土壤、种子、食物以及饲料中的多种有机化合物进行萃取和分析。1993 年，Onuska 和 Terry[2] 用微波对泥渣中残留的有机氯农药进行了萃取研究，该实验仅用 3.5min 就获得了与索氏萃取 6h 相近的结果。微波萃取技术的第一项专利是在 1996 年由加拿大环境部的 Pare 提出申请的[3]。随后，微波萃取技术逐渐被应用到各类天然产物的萃取过程中。例如，Garca-Ayuso 等[4] 用微波辅助 - 索氏萃取法进行了橄榄油萃取的研究，结果表明：微波萃取技术可将橄榄油的提取时间由传统的 8h 缩短到 20 ～ 25min；Budzinski 等[5] 用聚焦微波辅助萃取技术对土壤生物组织中的多环芳烃（PAHs）进行了提取研究，在微波功率 300W、时间 10min、萃取剂二氯甲烷（10 ～ 20mL）、含水量 20% ～ 30% 的条件下，PAHs 的提取率可达 85% 以上，明显节约了提取时间及溶剂消耗。Melanie[6] 用微波辅助萃取技术和传统的方法同时进行煤炭中的有毒的多环芳烃的提取操作，研究发现两种提取物的组成相同，但是微波辅助萃取技术只需要 10mL溶剂 10min，而传统方法需要 200mL 溶剂 24h。Craveiro[7]、Chen[8] 和 Lucchesi 等[9] 用微波辅助萃取回收香精挥发油的研究表明，微波适用于香精挥发油的提取。

微波辅助萃取技术在我国的应用开始于 20 世纪 90 年代初期。1994 年，谢永荣等[10] 用微波法进行了对柑橘皮中天然色素提取的研究，结果表明其提取速率比室温浸泡速率快 22 倍；姚中铭等[11] 对比了微波技术与传统浸渍法对栀子黄色素提取效率的差异性，也获得了相近的结果。这些研究证明了微波萃取技术具有萃取时间短、选择性好、萃取效率高、试剂用量少、环境污染小、可对多个样品同时进行萃取等优点，符合现代植物化工综合利用的要求，也已被广泛应用于环境、食品、天然产物和生物医药等领域。

一、微波萃取原理

对于微波在萃取过程中的作用原理，有人认为微波萃取作用主要是微波对萃取溶剂及样品的加热作用[12～15]。若分子具有一定的极性，便在微波电磁场的作用下产生瞬时极化，并以 24.5 亿次 /s 的速度做极性变换运动，从而发生键的振动和粒子之间的相互摩擦、碰撞，进一步促进分子之间更好地接触以进行热能的转化和吸收[16～18]，使细胞内部温度迅速上升和胞内有效成分流出，进而在较短的时间内被萃取介质捕获和溶解[19]。

在上述加热理论中，介质的浓度、结构、介电常数和弛豫时间等[20,21]决定了离子迁移和偶极子转动对热效应转化贡献的大小。表 5-1 为常用溶剂介电特性参数对比。

表5-1　常用溶剂介电特性参数对比[22~25]

溶剂	ε'	ε'' /D	$\tan\delta$ ($\times 10^4$)
己烷	1.89	< 0.1	
庚烷	1.92	0	
二氯甲烷	8.9	1.14	
2-丙醇	19.9	1.66	6700
丙酮	20.7	2.69	
乙醇	24.3	1.69	2500
甲醇	32.6	2.87	6400
乙腈	37.5	3.44	
水	78.3	1.87	1570

注：1D=3.33564×10^{-30}C・m。

　　微波萃取机制的微观认知则是以加拿大的 Pare 等[26] 提出的"细胞破壁理论"为代表。Pare 等通过对薄荷油微波萃取的研究发现，30s 微波萃取的作用效果与索氏提取 6h 的结果相当，且与未经微波处理的薄荷油腺细胞进行对比发现，微波作用后的薄荷油腺细胞壁发生完全破裂，而索氏提取后的薄荷油腺细胞仅发生了萎缩。Pare 等认为这是由于微波从内部加热了纤维管束和腺细胞内的水分，使细胞内温度突然升高，连续的高温使细胞内部压力超过了细胞壁膨胀的能力，导致细胞破裂[27~30]，进而使被提取物在较低的温度下（或说"冷态"下）被溶剂捕获并溶解。这种说法也得到了国内外学者的认可[31~33]，相关学者的研究也证实了"细胞破壁理论"。如刘传斌等[34] 用微波萃取技术进行酵母内海藻糖提取的研究发现，富含自由水的液泡在微波场的作用下迅速升温且水分汽化，细胞壁因压力增加确实出现了空洞和裂纹。杨屹等[35] 通过比较微波辅助萃取和索氏提取前后新鲜芦荟叶的细胞壁结构的透射电镜照片也发现，新鲜芦荟叶经微波辅助萃取后，细胞壁某一段出现了破裂现象，而经索氏提取后的芦荟叶细胞壁没有破裂现象。

　　也有文献认为微波萃取过程中热作用与细胞破壁作用同时存在。如郝金玉等[36] 对微波萃取后的新鲜银杏叶微观结构变化的研究表明：在微波的作用下，未观察到细胞壁破裂的现象，但植物细胞的结构出现了质壁分离现象，且细胞器、淀粉粒等胞内物质被破坏。郝金玉等认为虽然微波没有使细胞壁发生破裂，但也存在着细胞内水蒸气汽化的现象[37~39]。在微波作用下，极性分子会快速摆动以跟上高频电场的变化，从而对液膜产生一定扰动作用，固液扩散阻力减小，促进了萃取扩散过程的进行。韩伟、王娟等[40,41] 对黄花蒿和葛根的研究结果也证实了这一点。

二、微波萃取特点

传统的加热方式是基于热传导作用的外加热，即外热源加热容器，热量传导给溶剂、通过分子热运动和对流作用，加速化学反应以溶解样品，存在热效能利用率低、加热时间长等问题。微波由于可以穿透容器与溶剂直接和物质发生作用，在其内部产生离子传导和偶极子转动而使能量得以耗散，是一种内加热，具有加热速度快、加热均匀、无温度梯度、无滞后效应等特点[42]。因此，微波可以在很短的时间内使体系温度上升，比传统加热法一般要快 10 ~ 100 倍。二者的差异性如图 5-1 所示。

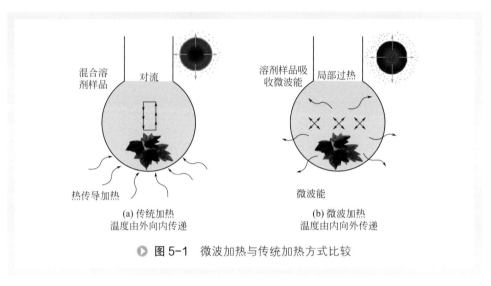

(a) 传统加热 温度由外向内传递　　(b) 微波加热 温度由内向外传递

▶ **图 5-1　微波加热与传统加热方式比较**

另外，由于传统的萃取过程中能量累积和渗透过程以无规则的方式发生，萃取的选择性很差。其有限的选择性只能通过改变溶剂的性质或延长溶剂萃取的时间来获得，且由于同时受溶解能力和扩散系数的限制，选择面很窄，大大降低了萃取效率和质量。微波萃取由于能对萃取体系中的不同组分进行选择性加热，因而成为至今唯一能使目标组分直接从基体分离的萃取过程，具有较好的选择性；同时，微波萃取由于受溶剂亲和力的限制较小，可供选择的溶剂较多，工艺易于设计。总之，微波萃取作为一种同时具有高频性、波动性、热特性等特征的特殊处理方式，主要特点介绍如下。

1. 穿透性好，快速高效

在高频微波的作用下，样品及溶剂中的偶极分子（极性分子、极化分子、离子等）正、负极以每秒几十亿次的速度变换，产生偶极涡流、离子传导和高频率摩擦，从而在极短的时间内产生极大的热量。因此，微波能在物料（溶剂和样品）内转化为热能的过程具有即时性，宏观上表现为加热速度快，加热效率高[43]。

2.体加热，温度均匀

微波能穿透深入到样品及溶剂内部，其深入距离与微波波长同数量级。透入物料（样品和溶剂）内部的能量被吸收转换成热能对其加热，形成独特的受热方式——物料整体被加热，即无温度梯度加热，此时物料表、里升温均匀[44]。随着物料表面水分不断蒸发，物料表面温度将略低于里层温度，形成的温度梯度由内向外，与加热过程中伴随发生的蒸气压迁移方向一致。因此，微波加热过程比较均匀，与传统的热传导式加热方式相比，微波加热不会出现局部过热的现象，对于热敏性物质的提取而言，这一点非常重要。

3.具有选择性

微波加热理论与实践均表明，在单位体积物料内消耗的微波功率与该处的电场强度的二次方和微波频率及物料的介电常数成正比[45,46]。由于被萃取物中各组分的介电性能不同，微波会呈现出选择性加热的特性。介电常数及介质损耗小的物料，对微波的入射可以说是"透明"的。因此，采用介电常数及介质损耗小的材料（如云母、玻璃、聚四氟乙烯等）作为微波反应容器，可以最大程度降低因微波穿透容器带来的热损耗。另外，微波加热过程中溶剂的介电常数和电导率也影响样品微波能的吸收和分布。溶剂的极性越大，对微波能的吸收越大，升温越快，萃取速度和效率越高。而对于不吸收微波的非极性溶剂，微波几乎不起加热作用，因此，在微波萃取过程中常以介电常数及介质损耗大等具有较强微波吸收作用的极性有机溶剂和含水物质作为萃取剂，从而使绝大部分微波能量分散在被加热的物料上，以便最大限度地提高微波的热作用[47]。此外，针对不同物性的物质或组分，可以将具有不同介电常数或极性的溶剂进行复配来提高萃取效率和选择性。

4.微波能量利用率高，节能环保

除微波体加热热效率高的特点外，微波萃取还能大大缩短萃取时间，提高萃取物的产率。由电磁场理论可知，作为微波加热区的箱体是一个多模谐振腔，进入该加热区的微波总功率消耗分为腔体内贮能、充填介质功率损耗和腔壁能耗三部分。由于腔体为金属材料制成，故腔壁吸收微波的损耗极小，且加热室对电磁波来说是个封闭的空腔，微波不能外泄，只能被加热介质吸收耗散，热能利用率高[48,49]，而且微波萃取所用能源为电能，对环境污染小。

三、微波萃取的影响因素

国内外已有大量关于微波萃取条件优化的报道和应用，研究发现，微波萃取效率与萃取溶剂的选择、液固比、萃取温度、微波功率、萃取时间及被萃取物（样品）自身特性（包括含水量、粒径）等萃取条件直接相关。

1.萃取溶剂的选择

合适的溶剂是实现微波高效萃取的关键和基础。由于萃取是利用溶剂对物质进行溶解和萃取物溶出的过程，萃取过程不可避免地会出现伴生物溶出的现象。因此，选择合适的溶剂对于提高微波萃取效率非常重要。

鉴于微波萃取技术的机理与传统萃取技术的差异性，适合于微波萃取的溶剂须满足以下几点要求：①溶剂的极性不能太低，否则不能充分吸收微波能。通过对不同溶剂介电常数和介电损耗特性的研究表明，溶剂的介电常数和介电损耗越高，其微波能转化能力越大，如正己烷在微波萃取中被认为是一种"透明"溶剂，而乙醇则是一种适合用于微波萃取的溶剂。另外，在微波萃取过程中，当单一溶剂不能达到萃取效果时，一般通过不同极性溶剂混合的方式来改善溶剂的吸波能力。如对纯的乙腈、甲醇及其混合物的萃取能力研究表明，二者混合后的萃取能力远高于单一溶剂的作用效果，且在乙腈：甲醇为 95 : 5（体积比）时，其微波萃取效果最优[50]。②溶剂对目标萃取物有选择性，对后续操作干扰小。当萃取样品具有较好的吸波性能时，应选用对微波"透明"的非极性溶剂（正己烷、环己烷、四氯化碳等）作为萃取剂；对于挥发性化合物的萃取，则可以通过采用高介电损耗/低介电损耗溶剂配比的方式来降低萃取温度，从而尽最大可能避免热降解现象的发生[51]。

随着"绿色化学"概念的提出，许多科研工作者倾向于在萃取过程中尽可能选用环境友好型绿色溶剂，如采用离子液体作为萃取溶剂。离子液体（又称室温熔盐）是指在室温下由阴阳离子组成的液体，一般由特定的、体积相对较大的、结构不对称的有机阳离子和体积相对较小的无机阴离子组成[52]。离子液体在溶解能力方面具有蒸气压低、热稳定性好、与水及有机溶剂相溶性高、微波吸收能力好等独特的性质，还可以有选择地对分析物进行溶解和萃取[53]，因此被广泛应用到微波萃取中。如利用微波离子液体体系对迷迭香酸、迷迭香精油、鼠尾草酸等物质进行提取的研究表明，以离子液体为溶剂进行微波萃取所得精油的得率和质量等均优于传统溶剂。Pino 等[54]利用离子液体的水溶液成功提取了沉积物中的多环芳烃，微波作用 6min 即可完全提取，且得到的提取液无需进一步净化便可直接注入仪器进行分析测定；Gao 等[55]利用离子液体在微波作用下提取了牛奶中的苯脲和三嗪类农药，微波提取时间为 7min，简单快速。

2.液固比

液固比是影响微波萃取效率的一个重要的参数（也可用固液比评价）。一般来讲，高液固比意味着高回收率。因此，在传统的微波萃取过程中，为了更好提高目标物的萃取率，一般采用较大的液固比来进行萃取。但有研究表明，提取液的用量不得超过最佳用量的 30% ～ 34%（质量/体积）。这是因为高液固比在增大固体样品与萃取溶剂间传质推动力的同时，所需的加热时间更长、能耗更高。另外，过多的溶剂也会增大其他伴生物组分溶出的概率，选择性下降，甚至会因此而降低目标物的得率。如对沉积物中多氯联苯和多环芳烃的微波萃取研究表明，二者的得率就是随着液固比的增加呈下降的趋势。Chee 等的研究也证明了这一点，分别采用（6：1）～（9：1）的液固比对沉积物中的多环芳烃进行萃取时，所获得的结果是前者要优于后者[56]。

但液固比过低，样品也易于出现不能完全浸泡于萃取溶剂中的现象，进而影响微波萃取的萃取效率，甚至还会产生电弧。对于一些在萃取过程中体积会膨胀增大的样品，液固比可适当增加[57]。

表 5-2 中列出的微波萃取过程中固液比关联因素的部分实验研究则进一步说明了固液比对微波萃取的影响。由表 5-2 中的研究结果可以看出，固液比对萃取的影响更像一个复合过程。它不仅取决于真实的溶剂与被萃取物之间真实的固液比，也取决于萃取物在萃取过程中的热力学变化、萃取温度、溶剂特性等因素，甚至搅拌过程也对固液比有较大的影响。

表5-2　微波萃取过程中固液比关联因素的部分实验研究[58]

目标物	物种	微波 / 搅拌	溶剂	固液比的影响		提取温度的影响	
				固液比变化率	提取率趋势	温度范围 /℃	提取率趋势
绿原酸和京尼平苷酸	杜仲	无搅拌只微波	甲醇	质量恒定	↑		
黄芩素	单株飞蓬	专于微波并带搅拌器	25% 乙醇	体积恒定	↑	60 ～ 100	↑
总酚	花生	关闭提取器皿，没有搅拌	30% 乙醇	体积恒定	↑		
酚类	茶	无搅拌只微波	水	体积恒定 质量恒定	↑ ↑↓	35 ～ 95 35 ～ 95	↑ ↑
类黄酮	黄芪	关闭提取器皿，没有搅拌	90% 乙醇	体积恒定	↑↓	70 ～ 130	↑
葛根素	葛根	关闭提取器皿，没有搅拌	70% 乙醇	质量恒定	↑↓	85 ～ 135	↑↓
三萜烯皂苷	文冠果	专于微波并带搅拌器	乙醇	质量恒定	↑↓	30 ～ 70	↑↓

注：1.质量常数通过改善液体体积并保持固体质量恒定来控制固体与液体的比例；体积常数表示固液比通过减少固体质量并保持液体体积不变来进行控制。

2.固液比的影响中，↑↓为随着固液比的降低，提取率先增加后减小；↑为随着固液比的下降，提取率增加。

3.提取温度的影响中，↑↓为提取率随提取温度的提高而先增加后减小；↑为提取温度越高，提取收率就越高。

3.萃取温度

对于所有的萃取过程而言，温度都是一个影响萃取效率的重要参数。升高温度有助于降低溶剂的黏度和表面张力，增强目标组分从样品中解吸的能力，进而提高萃取效率。在微波萃取体系中，温度取决于物质吸收微波的能力和加热功率。如在黑芝麻三帖烯皂苷的提取过程中，当提取温度升高至78℃时，黑芝麻三帖烯皂苷的得率有明显的增加，继续提高温度，其得率反而出现了下降的趋势[59]。这是由于温度提高了溶剂的溶解能力，致使伴生物的溶出量增加，影响了目标物的溶出效率。

在聚合物领域，适宜的处理温度会影响聚合物的溶胀程度和溶剂的渗透能力，进而影响萃取效率。如Marcato等[60]研究发现，从具有高结晶度的聚丙烯和异相乙丙烯共聚物中提取添加剂时的适宜温度是125℃，这是因为当提取温度超过125℃后，聚合物分子链段间可能会发生熔融或断裂，进而影响溶剂渗透到聚合物分子内部的能力，降低目标物的溶出效率。

当然，对于一些热敏性物质而言，过高的温度也会造成目标物降解。如对磺酰脲类除草剂进行萃取时[61]，其合理温度应控制在70℃左右，当温度超过100℃时，其得率下降明显。从皮革中进行芳香胺的提取也有类似的结果，微波萃取温度一般在40～80℃为宜。

4.微波功率

微波功率的选择与萃取时间、溶剂体积和样品质量有关。这是因为在微观层面上认为，微波萃取的过程是通过微波作用打断或破坏细胞壁来实现组分分离的，因此，较大的微波功率有助于提高萃取体系温度及加速溶剂对目标物的溶解和溶出；但过高的微波功率也会引起萃取溶剂的沸腾，造成萃取溶剂损失和微波腔体污染。对一些热敏性物质而言，过高的温度和微波功率也会导致其发生降解变性。有研究表明，在5～10min的微波萃取时间内，将微波功率由200W提升到1000W时，萃取得率提高明显，但当提取所需时间超过20min后，提高微波功率对改善得率的贡献作用不明显[62]。如对木瓜中的乌索酸和齐墩果酸萃取研究表明[63]，当微波功率由400W提高至600W时，其得率上升，继续提升至800～1000W，得率反而出现了下降的趋势。因此，在微波功率的选择方面，一般以能最有效地萃取出样品中的目标组分为原则，对于热敏性物质萃取体系，要尽量控制温度在沸点以下进行提取。如在封闭萃取系统中，微波功率以600～1000W为宜；在开放系统中，250W左右的微波功率即可满足要求。

也有研究认为单纯的微波功率并不能准确表达体系真实的微波吸收和转化情况。因此，Alfaro等[64]创造性地用能量密度[单位时间内单位体积的溶剂所吸收的能量（W/mL）]来表示微波功率对萃取效率的影响。他们认为，即使在相同的固液比、萃取温度和微波功率下，如果能量密度不同，其提取结果也不相同。Nyiredy 等在葡萄皮花青素的提取研究中也证实了这一点[65]。

5.萃取时间

与传统萃取方法相比，微波萃取的最大优势就是反应时间短，反应效率高。例如，微波萃取可将反应时间缩短至 5 ~ 30min，这一点对于热敏性物质的提取尤为重要。Chen 等[51] 对黑灵芝三帖烯皂苷提取的研究发现，在 5 ~ 20min 的反应时间内，三帖烯皂苷得率随着反应时间的延长而增加；当反应时间超过 30min 时，其得率反而出现明显的下降趋势。这是因为，在一定的微波作用条件下（功率、温度等），适当延长反应时间虽然有助于改善甲醇、乙醇等溶剂的溶解能力，但对于热敏性物质而言，萃取时间的延长也意味着目标物降解风险的增加[66]。因此，在对目标物分析的基础上，合理选择萃取时间对提高萃取效率非常重要，时间过短萃取不完全；时间过长又可能导致目标物降解或更多的杂质溶出，干扰后续的分析和测定。

对于一些必须要长时间反应才能达到萃取效果的体系，一般采用多段提取的方式来减少或避免热降解过程的发生，即通过在萃余物中补充新鲜溶剂和循环提取的方式来增强萃取效果。如 Li 等[67] 对黄角中的三帖烯皂苷进行微波萃取时，采用 7min/ 周期进行循环提取，可以有效降低提取物的降解。

6.样品含水量和粒径

样品对微波的吸收能力通常与样品的含水量有关，由于水的 $\tan\delta$ 较大，可以有效地吸收微波和进行能量转化，所以样品的含水量对萃取效率的影响较大[27]。此外，样品的含水量还直接影响着萃取速度的快慢，在使用非极性溶剂进行萃取时，含水量的多少还直接决定了萃取过程能否进行，这是因为细胞中的水分会在微波作用下产生蒸气压，进而使细胞壁发生破裂，样品溶出效率提高。因此，在分析干性样品时，可通过将样品在水中润湿浸泡 10min ~ 24h 的方法使其有充足的含水量，以提高萃取效率[68]。

除含水量外，样品粒径也是影响微波萃取的重要因素。较小的样品粒径有助于溶剂的渗透和萃取物的溶出。在相同微波功率下，样品的渗透所需时间和溶出路径越短，萃取效率越高。如将甘草根的粒径由 300mm 精磨至 2 ~ 4mm 后，甘草酸的回收率明显增加[69]。上述现象是因为微波萃取的过程也属于固液传质过程，可用 Stokes-Einstein［式（5-1）］方程进行描述和计算。

$$D = \frac{kT}{6\pi\eta r} \tag{5-1}$$

式中，k 为玻尔兹曼常数，1.38×10^{23}J/K；T 为萃取环境温度，K；η 为溶剂的黏度系数，g/（m·s）；r 为样品颗粒半径，m。

由 Stokes-Einstein 方程可知，传质系数 D 与样品颗粒半径和萃取溶剂的黏度系数成反比。样品颗粒半径越小且溶剂的黏度越小，萃取效率就越高。但如果样品颗粒半径太小，样品颗粒也会由于堆积而黏结在一起，萃取效率反而降低。因此，为了更好地提高萃取物的回收率，一般要在萃取前将样品粉碎至 $2 \sim 100 \mu m$[70]。

此外，一些含有金属和碳的样品也会对微波有着较强的吸收，能够提高萃取温度和萃取效率（表 5-3）。

表5-3　一些含碳物质的介电性能参数[60,70]

碳材料	$\tan\delta$（$\times 10^4$）	碳材料	$\tan\delta$（$\times 10^4$）
焦炭	$200 \sim 800$	活性炭	$5700 \sim 8000$
泡沫炭	$500 \sim 2000$	活性炭（T=398K）	$2200 \sim 29500$
木炭	$1100 \sim 2900$	碳纳米管	$2500 \sim 11400$
炭黑	$3500 \sim 8300$	SiC 纳米纤维	$5800 \sim 10000$

7.其他影响因素

在微波萃取过程中，有时萃取溶剂的 pH 值也会影响萃取效率。如应用 MAE 技术萃取苹果渣中的果胶时，发现当溶剂的 pH>1.9 时，果胶的萃取率增加；但当溶剂的 pH < 1.7 时，过高的酸度又会导致果胶脱酯裂解，产率下降[71]。需要注意的是，当使用液相色谱法进行待测物的分离时，如果待测组分呈酸性或碱性，则应适当调节溶剂的 pH 值，使萃取的待测物在被分离测定之前呈中性分子状态。

与传统萃取一样，微波萃取过程中的搅拌也会使反应体系的局部扩散屏障降低，溶剂和待测物的传质扩散能力提高，缩短反应体系中达到气液平衡所需的时间，也使在保证提取效果的同时，可以采用低固液比。Shima[72] 和 Kovács 等[62] 对是否有搅拌存在的微波萃取体系进行了研究对比后发现，有搅拌存在的萃取体系，其达到最大温度的时间更短。

综上所述，微波萃取是一个复杂的、综合反应过程。影响微波萃取的因素不仅有溶剂选择、液固比、温度，还有反应物自身的含水量和萃取溶剂的 pH 值等。因此，必须依据实际需要，选择合适的工艺参数并对其优化，才能最大限度地提高微波萃取效率。

四、典型的微波萃取方法

为了满足不同样品的萃取要求，MAE 技术产生了几种不同的萃取模式：①高压微波辅助萃取；②微波辅助索氏萃取；③超声微波辅助萃取；④真空微波辅助萃取；⑤氮气保护微波辅助萃取；⑥动态微波辅助萃取。

1.高压微波辅助萃取

高压微波辅助萃取（Pressure Microwave-assisted Extraction，PMAE）是一种密闭的微波萃取技术，通常由磁控管、波导管、炉腔、波形搅拌器、转盘、萃取容器、温度和压力监控器等部分组成，炉腔内可容纳6～50个萃取罐，结构如图5-2所示[73]。商品化高压微波辅助萃取体系一般采用发散式微波辐照，这样可保证整个炉腔内各个位置都能接收到不同程度的微波辐照。高压微波辅助萃取的优点是可以依据目标物性质的不同对萃取体系的压力和温度进行调节，实现温-压可控萃取。另外，压力有助于萃取剂渗透能力和溶解能力的提升，使萃取效率更高。

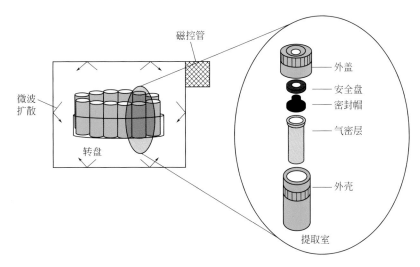

● **图 5-2** 高压微波辅助萃取体系炉腔结构

早期的高压微波辅助萃取采用热电偶传感器控温，只有一个萃取罐可以连接控温和控压装置。因此，必须要所有萃取罐内的物料物性一致，才能确保整个萃取体系压力和温度的一致性。近年来，随着智能化微波理念的提出，新的高压微波辅助萃取仪器主要集中在降低人员操作量和简化操作过程上，极大地减少了人为误差。如 CEM 公司的 MARS6 系列采用 One Touch 一键式智能整合，能够自动识别炉腔中的萃取罐类型、数量和自动检测温压，并根据样品的特性和样品量，自动检索应用方法和数据库[73]，实现了温度、压力、功率调整曲线的全过程显示。现已被广泛应用于食品分析、环境分析以及植物样品分析等领域，表5-4是近年来高压微波萃取的实验研究应用示例。

表5-4　高压微波萃取的实验研究应用示例[51～63]

分析物	样品	提取条件	检测
多环芳香烃	海水	30mL 丙酮（体积比，1:1）	HPLC-FL
烃类	沉淀物	115℃，5min	GC-MS
皂苷	人参	15mL 水 - 乙醇，150W，15min	HPLC-UV
酸性药物	污水污泥	pH 为 6 的水，100℃，30min	GC-MS
2,4,6- 三氯苯甲醚	软木塞	50mL 10% 乙醇，40℃，120min	GC-MS
多氯联苯	粪便	30mL 丙酮（体积比，1:1），600W，6min	GC-ECD
无水羊毛脂	海水	丙酮（体积比，1:1），675W，8min，固液比1:16	
氯酚	沉淀物	4mL 2% 聚乙二醇 -6- 十二烷基醚，500W，2min	HPLC-UV
拟除虫菊酯	土壤	10mL 甲苯 1mL 水，700W，9min	GC-ECD-MS
多溴化合物	沉积物	48mL 正己烷（体积比，1:1），152℃，25min	GC-MS
挥发性有机酸	烟草	20mL 10mmol/L 盐酸，120℃，50min	GC
大豆异黄酮	大豆	25mL 50% 乙醇，50℃，20min	HPLC-UV
多环芳烃和烃类	灰尘	30mL 甲醇 - 甲苯（体积比，1:3），160℃，40min	GC-MS
千里光碱	款冬花	40mL MeOH-H$_2$O（体积比，1:1），盐酸调 pH（2～3），15min	LC-MS
苯氧羧酸类	粪便	50mL 10mmol/L 磷酸缓冲剂 - 甲醇（体积比，50:50），120℃，15min	HPLC-UV
己二酸增塑剂	聚氯乙烯	25mL 甲醇，120℃，10min	GC

2.微波辅助索氏萃取

微波辅助索氏萃取（Microwave-assisted Soxhlet Extraction，MASE）法是对传统索氏萃取方法的改进[74]。该方法是利用微波能代替传统的加热源对萃取物进行加热，既保留了传统索氏萃取过程的优点，又减少了传统索氏萃取所需要的时间和溶剂，现已成为天然植物组分提取的重要手段之一。如 Priego-Capote 等以正己烷为萃取溶剂，将微波辅助索氏萃取法和 GC-MS 联用测定焙烤食品中的反式脂肪酸[75]，在完成 7 ～ 12 个循环之后，75% ～ 85% 的萃取物被回收。相比传统的索氏萃取方法，该方法具有萃取时间短（35min 或 60min 对 3.5h）、萃取效率高的优点。Virot 等还设计了一个全新的微波辅助索氏萃取装置用来对食品中的油脂进行萃取[70]，该装置是在萃取容器底部放置一个聚四氟乙烯 / 石墨搅拌子，用来吸收微波并加热低极性和非极性萃取溶剂，溶剂蒸气穿过样品后冷凝，通过一个三通阀再流回样品中，极大地提高了萃取效率。该方法的缺点是由于并未按照传统的索氏萃取所要求的将样品和萃取溶剂分离，而是将它们混合放置在同一萃取容器中共同接受微波作用，因此样品不能和新鲜的萃取溶剂接触，所以很难萃取完全。

3.超声微波辅助萃取

超声微波辅助萃取（Ultrasonic Microwave-assisted Extraction，UMAE）是一种能够增强质量转移的微波辅助萃取技术。它是将超声技术引入微波辅助萃取中，超声的机械效应导致植物细胞壁的破裂，促进植物中可溶化合物的释放，增强质量传递；微波使氢键紊乱并促进分子偶极子的旋转，同时电场可以诱导可溶性离子的移动速率，有助于萃取溶剂向细胞基质的渗透[76]，二者的协同作用可以很好地避免样品受热不均等问题，而且微波和超声波的结合增大了破坏植物细胞的动能，有助于活性成分的萃取。

在超声微波辅助萃取中常用两种装置提供超声波：超声波探针和超声波传感器。超声波探针是将探针伸入到萃取溶液中，直接对萃取物进行超声萃取；超声波传感器则是将换能器安置于超声微波辅助萃取装置底部，通过介质传递对萃取容器中的样品进行超声萃取。由于超声波探针能够直接在样品周围区域聚焦能量，在萃取液中形成更多有效的空穴，因此具有更好的萃取效果[77]。

一般来讲，超声微波辅助萃取主要用于萃取植物中的活性化合物和农药残留。相比于传统的萃取方法（例如超声辅助萃取和索氏萃取），超声微波辅助萃取具有萃取时间短和萃取效率高等优点。如肖谷清[78]等用微波/超声联用技术对黄连中的总生物碱进行萃取研究发现，微波-超声联用辅助萃取的总生物碱比单独使用微波或超声辅助萃取的效果好。

4.真空微波辅助萃取

真空微波辅助萃取（Vacuum Microwave-assisted Extraction，VMAE）是一种在真空条件下进行的微波辅助萃取技术。真空微波辅助萃取和微波辅助索氏萃取的结构类似，不同的是，真空微波辅助萃取是将冷凝管顶端与真空泵相连，使得在萃取容器内构成一个真空环境，装置如图5-3所示。在真空环境下，萃取溶剂的沸点被降低，热敏性物质的降解风险也随之降低，且溶剂可以在低温条件下保持沸腾和回流，有助于样品和溶剂的充分混合和促进活性成分的萃取。此外，由于萃取系统中的空气被排出，整个萃取装置中的氧气含量很少，有效地避免或降低了热敏性物质的氧化。因此，真空微波辅助萃取对于萃取植物中易受热分解和易氧化的化合物具有很好的潜力。

Chemat 等成功地将 VMAE 技术用于萃取植物中的三种抗氧化物[79]，均获得了很好的萃取效果。同时，其与微波辅助萃取和索氏萃取的研究结果进行对比发现，真空微波辅助萃取对三种抗氧化物的萃取效率比微波辅助萃取高出 6.4%～9.4%，比索氏萃取高出 7.9%～29.5%。且通过植物组织萃取前后的微观照片可以看出，真空微波辅助萃取更容易破坏植物样品组织，加速萃取的完成。

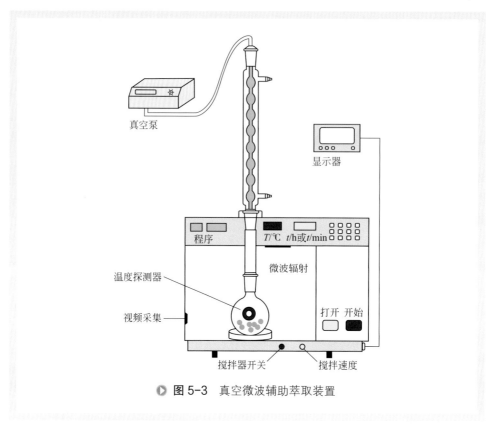

真空泵

显示器

程序　　　　　$T/℃$　　t/h或t/min

微波辐射

温度探测器

视频采集

打开　开始

搅拌器开关　　　搅拌速度

▶ 图 5-3　真空微波辅助萃取装置

5.氮气保护微波辅助萃取

氮气保护微波辅助萃取（Nitrogen-protected Microwave-assisted Extraction，NPMAE）是近年来常用的一种微波辅助萃取方法。它是在密闭的微波辅助萃取系统中引入惰性气体，如氮气[76]和氩气等，用以避免水果、蔬菜中的抗坏血酸[50]和多酚类物质[56]等活性物质的氧化，获得更高的萃取效率。氮气保护微波辅助萃取主要由微波炉、冷凝装置、真空泵、三通阀和气瓶五部分组成（图 5-4）。在萃取前，先用真空泵将萃取装置中的空气泵出，直至达到所需的真空度，随后通入氮气。为确保装置内的氧气被完全除去，上述步骤往往需要反复进行几次。Casazza等[80]对比了四种方法（NPMAE、PMAE、超声萃取和固液萃取）获得的多酚化合物的萃取效率和萃取物的抗氧化活性，发现使用NPMAE技术获得的多酚化合物的萃取效率最高。

6.动态微波辅助萃取

动态微波辅助萃取（Dynamic Microwave-assisted Extraction，DMAE）是一种新型的萃取溶剂连续通过样品的微波萃取方法。它的特点是萃取物可以及时地从萃

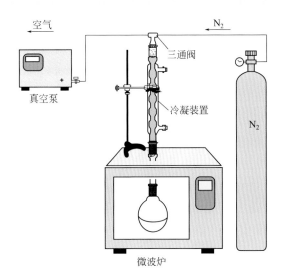

空气

N₂

三通阀

真空泵

冷凝装置

N₂

微波炉

▶ 图 5-4　氮气保护微波辅助萃取装置

取容器中转移出来，因而可以避免热敏性物质的分解。并且动态微波辅助萃取技术可以和其他样品预处理技术以及分析检测技术相连接，有助于在线分析。

根据样品的运动状态不同，动态微波辅助萃取技术分为两种模式：一种是样品流动型的动态微波辅助萃取模式，即样品与提取溶剂同时流动，又称悬浮进样法；另一种是样品固定型的动态微波辅助萃取模式，即样品固定不动，而提取溶剂不断流动。后一种方式由于提取完成后的提取液可直接进行后续的处理步骤，操作简便，所以应用较为广泛。下面对两种模式分别加以介绍。

（1）样品流动型的动态微波辅助萃取模式　1994 年，Cabrera 等[81]首次将流动注射技术（FI）与微波辅助（MW）技术相结合，利用氢化物-原子吸收光谱（HG-AAS）对红酒、啤酒、饮料等液体样品中的铅元素进行了测定，实验装置如图 5-5 所示。该方法实现了样品中目标分析物的直接在线检测，无需任何前处理，大大简化了操作步骤。

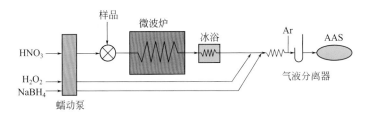

HNO₃

H₂O₂

NaBH₄

蠕动泵

样品

微波炉

冰浴

Ar

AAS

气液分离器

▶ 图 5-5　FI-MW-HG-AAS 动态微波铅元素测试系统

1999 年，Cresswell 等[82] 建立了一种悬浮进样 - 动态微波辅助萃取方法，对沉积物中的多环芳烃进行了提取（图 5-6）。首先将样品与水混合均匀制成悬浮物，在高压泵的作用下进入定量环中，之后再利用提取溶剂将定量环中的样品悬浮液带入微波腔中进行提取，提取液经在线过滤后，可直接进行 GC-MS 分析测定。

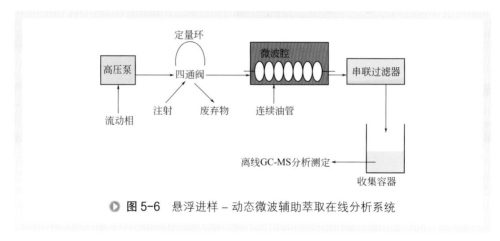

▶ 图 5-6　悬浮进样 – 动态微波辅助萃取在线分析系统

Gürleyük 等[83] 在上述研究的基础上扩大了该方法的应用范围，用于对土壤样品中的砷元素进行测定。其过程是将流动注射技术、微波辅助萃取法、衍生和原子吸收光谱在线联用，使提取、衍生和检测一步完成，简化了操作步骤，缩短了处理时间。

Gao 等[84] 建立了一种连续进样动态微波辅助萃取与高效液相色谱联用系统（图 5-7），并用于测定紫草中的萘醌类物质和五味子中的木脂素类物质。将样品粉碎到一定大小的颗粒后与提取溶剂混合均匀；在磁力搅拌下被连续泵到定量环中并进行微波提取；之后经在线过滤后，提取液直接进入高效液相色谱进行分析。实验结果表明，该方法更加简便、快速、绿色环保。

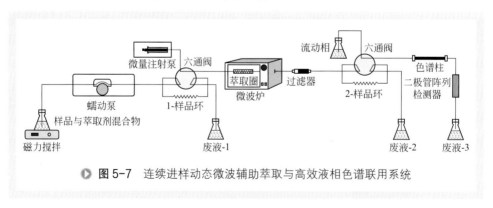

▶ 图 5-7　连续进样动态微波辅助萃取与高效液相色谱联用系统

（2）样品固定型的动态微波辅助萃取模式　2000 年，Ericsson 等[85] 首次提出了将动态微波辅助萃取技术应用到固体样品的加热提取中，对土壤沉积物中的多环芳烃进行测定，其实验装置如图 5-8 所示。将样品固定于微波炉中的提取管，提取溶剂通过蠕动泵打入，微波提取后，提取液直接进入荧光检测器进行监测分析。与索氏萃取法相比，在提取率上二者相差不大，但该方法大大缩短了提取时间，且与荧光检测器的联用可以实现萃取过程的在线监测，有利于微波提取机理的研究和讨论。

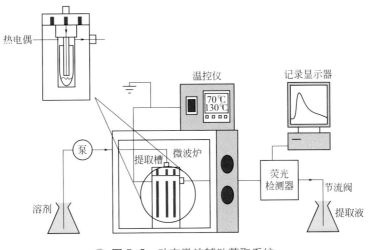

◗ 图 5-8　动态微波辅助萃取系统

Morales-Muñoz[86] 等还利用聚焦微波辅助索氏萃取装置，建立了一个在线分析体系，用于对水底泥沉积物中直链烷基苯磺酸盐进行测定（图 5-9）。与传统的索氏萃取法（萃取时间 24h，回收率 70% ～ 80%）相比，该法可在 2.0h 内达到 90% 以上的回收率。

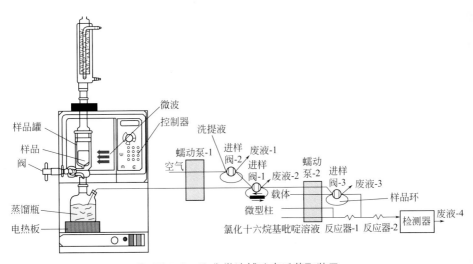

◗ 图 5-9　聚焦微波辅助索氏萃取装置

五、微波辅助萃取的应用

随着现代分析技术的发展，微波辅助萃取技术的应用领域也得到了进一步的拓展，现已广泛应用于食品、环境样品、药物、天然产物、石油化工产品、纺织品等多个领域，包括对持久有机污染物、农药残留、有机金属污染物、药物及天然产物的有效成分等的萃取等[12,16,21]。

1.微波辅助萃取持久有机污染物

由于持久有机污染物（Persistent Organic Pollutants，POPs）类物质难降解，广泛存在于环境样品中，直接危害人类健康。因此，越来越多的科研工作者对其进行了分析和检测。在此类物质中，研究较多的是多环芳烃（Polycyclic Aromatic Hydrocarbon，PAHs）和多氯联苯类污染物（PCBs）[41,53]。表5-5 中列举了近年来报道较多的利用微波辅助萃取技术提取持久有机污染物的研究，并对提取溶剂种类、提取时间、提取温度、提取压力等提取条件进行了比较。

表5-5　微波辅助萃取技术在提取持久有机污染物方面的应用[35~49, 61]

分析物	样品	提取溶剂	提取温度、压力或微波功率	提取时间/min	回收率/%
PCBs	土壤和沉积物	30mL 正己烷 - 丙酮(1:1)	115℃	10	70 ～ 110
PAHs 等	沉积物	30mL 正己烷 - 丙酮(1:1)	115℃	10	85.2 ～ 135
PCBs	河流沉积物	30mL 正己烷 - 丙酮(1:1)	500W	15	81 ～ 87
PAHs	海洋沉积物	30mL 正己烷 - 丙酮(1:1)	115℃	5	73.3 ～ 136.8
PAHs、PCBs	沉积物	10mL 甲苯 -1mL 水	660W	6	97 ～ 107
PAHs、PCBs 等	沉积物	15mL 丙酮	21psi	15	>90
PAHs	熏肉	20mL 正己烷	115℃	15	9.7 ～ 102.5
PAHs	土壤和沉积物	21mL 二氯甲烷 -9mL 水	30W	10	>85
PAHs 等	土壤	25mL 正己烷 - 丙酮(1:1)	110℃	10	60.73 ～ 124.03
PCBs	土壤	25mL 正己烷 - 丙酮(1:1)	110℃	10	101 ～ 132
PCBs	空气	30mL 二甲基亚砜	120℃	10	83 ～ 111
PCBs	空气	30mL 甲苯	110℃	10	77.3 ～ 104.3
PCBs	土壤	15mL 正己烷 - 丙酮(26:74)	21psi	40	—
PAHs	土壤	3mL 乙腈	425W	10	98 ～ 99
PAHs	鱼肉	10mL 正己烷	129℃	17	85.8 ～ 98.3
PCBs 等	海洋沉积物	10mL 水	80℃、600W	20	86 ～ 110

注：1. 1psi=6.895kPa。

2.提取溶剂的配制比例为体积比。

2.微波辅助萃取农药残留

农药被广泛用于农作物的保护。但由于农药施用的不合理和过度使用，已经对人类和环境产生了一定的影响。因此，检测环境和食品中的农药残留问题受到了科研工作者的重视。其中研究较多的农药残留包括三嗪类除草剂（Triazines）、有机氯杀虫剂（OCPs）、拟除虫菊酯、有机磷杀虫剂（OPPs）、氨基甲酸酯、磺酰脲等[27,41,57]。微波辅助萃取技术已广泛地应用到农药残留的检测研究中（表5-6）。

表5-6　微波辅助萃取技术在农药残留方面的应用[37~65]

分析物	样品	提取溶剂	提取温度、压力或微波功率	提取时间 /min	回收率 /%
OCPs 等	沉积物	30mL 正己烷 - 丙酮(1:1)	115℃	10	85.2 ~ 135
OCPs	沉积物	2mL 异辛烷	—	5×30s	74.0 ~ 95.3
OCPs	植物	15mL 正己烷 - 丙酮(1:1)	100 ~ 800W	12	81.5 ~ 108.4
氨基甲酸酯类	土壤	30mL 甲醇	80℃	6	>95
OCPs	蔬菜	15mL 正己烷 - 丙酮(1:1)	100 ~ 800W	12	82 ~ 132
OCPs	芝麻	40mL 水 - 丙酮(5:95)	100℃	10	84 ~ 102
甲基硫菌灵、多菌灵	蔬菜	10mL 丙酮	550W	30s	69 ~ 75
OCPs	沉积物	50mL 四氢呋喃	100℃	30	74 ~ 99
OCPs	海洋沉积物	50mL 正己烷 - 丙酮(1:1)	120℃，190W	15	50 ~ 118
OCPs	沉积物	正己烷 - 丙酮(1:1)	100℃	10	70.6 ~ 90.6
三嗪类	土壤	25mL 水 - 甲醇(99:1)	105℃	3	76.1 ~ 86.2
三嗪类	土壤	30mL 水	0.1 ~ 0.5MPa	4	89.4 ~ 96.7
三嗪类、酰胺类	土壤	20mL 乙腈	80℃	5	83 ~ 109
三嗪类	绵羊肝脏	10mL 甲醇	70℃	6	90 ~ 102
三嗪类	婴儿营养麦片	20mL 甲醇	105℃	10	66.2 ~ 88.6
三嗪类	土壤	二氯甲烷 - 甲醇(9:1)	115℃，100psi，950W	20	89 ~ 103
三嗪类	土壤	20mL 乙腈	110℃，200psi	20	86.3 ~ 103.2
OPPs、OCPs 等	海水和自来水	10mL 丙酮	100℃	5	70.4 ~ 97.3

3.微波辅助萃取有机金属污染物

近些年，随着煤炭的大量燃烧和石油产品的生产，大气中汞的负荷逐渐增大，导致微生物和土壤沉积物中都存在甲基汞。另外，有机锡被广泛应用于海洋防污涂料及聚合物稳定剂等方面，进而不断地流入海洋，极大地威胁了鱼类、贝类等海洋生物的生存。因此对于这些具有高毒性、高污染性的有机金属污染物的检测越来越受到人们的重视。利用微波辅助萃取技术提取环境样品中的有机金属污染物也逐渐成为微波萃取的主要应用之一（表5-7）。

表5-7 微波辅助萃取技术在提取有机金属污染物方面的应用[31,48,71]

分析物	样品	提取溶剂	提取温度或微波功率	提取时间 /min	回收率 /%
有机锡	金枪鱼肉、贻贝	15mL 羟化四甲铵	120℃，250W	2 ~ 3	64.8 ~ 108.8
有机锡	鱼肉	羟化四甲铵	20 ~ 60W	3	93.8
有机锡	鱼肉	10mL HCl(0.5mol/L) 的甲醇溶液	60W	3	83.8
有机锡	鱼肉	5mL 乙酸 -1mL 壬烷 -3mL 2%NaBEt$_4$	130℃，40W	3	85.9 ~ 105.4
有机锡	沉积物	10mL 乙酸 (0.5mol/L) 的甲醇溶液	70W	3	84.4 ~ 132.1
有机锡	强化面粉	4.5mL 正己烷 - 乙酸 (8∶2)	100℃	3	88 ~ 101
有机锡	纺织品和塑料制品	30mL 60% 甲醇溶液	90℃	5	55 ~ 95
甲基汞	沉积物	0.4mL HCl(6mol/L)- 10mL 甲苯	120℃，950W	10	89 ~ 106

4.微波辅助萃取药物及天然产物中的有效成分

微波辅助萃取被广泛应用于提取药物和天然产物中的有效成分，比如黄酮类、苷类、生物碱、多糖、萜类、挥发油、有机酸等。

1990 年，Ganzler 等利用微波辅助萃取技术成功提取了鹰爪豆和大鼠粪便中生物碱的代谢产物，在家用微波炉的作用下，以甲醇 - 水 - 乙酸（50∶47.5∶2.5，体积比）的混合溶液作为提取溶剂，目标分析物的回收率达到 80% 以上。同时将本方法与其他提取方法进行比较，结果表明微波辅助萃取技术在提取效率、提取时间和实验消耗等方面都表现出了很大的优势[87]。杨解等[88]对灵芝中的有效组分进行微波萃取和微观结构研究时发现，与传统萃取方式相比，微波萃取会使灵芝的细胞壁发生破裂（图 5-10），提取时间更短，提取效率更高。

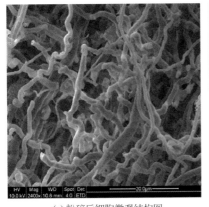

(a) 粉碎后细胞微观结构图   (b) 微波处理后细胞微观结构图

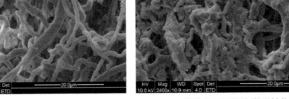

图 5-10　微波萃取对灵芝微观结构的影响

微波强化脱附过程

当流体（即吸附质）与多孔介质（即吸附剂）发生接触时，流体中某一组分或多个组分在多孔介质表面发生富集的现象，称为吸附。吸附操作广泛应用于生产和生活领域。吸附操作通常包括吸附和脱附两个相反的子过程。其中吸附质从吸附剂表面的有效脱附对于吸附剂再生，进而实现吸附剂的高效循环利用具有重要意义。目前，吸附剂再生方法主要包括传统加热法（TSR）、降压或真空解吸法（PSR）、蒸汽法、溶剂萃取法、臭氧氧化法、生物法和微波法。关于微波应用于吸附剂再生领域的文献报道始于 20 世纪 80 年代。Cherbański 等 [89] 分别于 1981 年和 1984 年发表两篇关于微波实现 13X 型沸石中水分脱附和分子筛中乙醇脱附的研究性论文。微波强化脱附过程具有脱附时间短、能耗低、脱附效率高、吹扫气消耗量少、再生效率高、吸附剂循环吸附性能持久等优点，成为吸附剂再生研发领域的热点技术。

一、微波强化脱附过程的特点

微波强化脱附过程主要是利用微波的热效应，通过极性分子在微波高频电场作用下反复快速取向转动而摩擦生热，或者离子在微波作用下发生振动而生热 [90]，最终实现吸附质的脱附和吸附剂的再生。

需要指出的是，大部分学者认为微波强化脱附过程主要是由于微波的热效应

（Thermal Effect），也有极少数学者提出了微波的热点效应（Hot Spot）和非热效应（Non-thermal Effect）[89] 问题。前者是指在微波加热的化学反应过程中经常会出现局部过热现象，而形成所谓的"热点"[91]。Zhang 等 [92] 认为形成"热点"通常需要具备以下 3 个条件：具有不同介电损耗的材料的非均匀分布；有非均匀分布的微波场；介质内存在不同的热传导速度。也有学者认为微波场与介质之间存在某种特殊的作用，进而能够改变介质的热力学性质 [93,94]，即微波具有非热效应。Pi 等 [95] 研究了微波对吸附 SO_2 的活性焦（AC）的再生过程（微波再生）。结果证实微波强化脱附过程中可能存在热点效应。如图 5-11 所示，微波场中（功率为 100W）的活性焦内部出现了烧红的现象，他们认为烧红现象主要是因为活性焦所含有的金属或者 Ca、Al、Fe 和 Mg 等的金属氧化物具有强烈的吸波能力；当有 O_2、H_2O 和 SO_2 存在时，会形成硫酸，吸附态的硫酸分子迅速吸收微波能并与周边的基质碳反应释放 SO_2、CO_2 和 CO 等气体；这个过程与普通加热再生过程是相同的，只是微波处理具有更高的再生速率和解吸效率。Yang 等 [96] 也通过实验证实微波强化脱附过程存在热点效应。

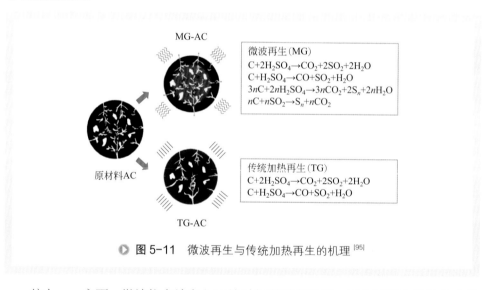

MG-AC

微波再生（MG）
$C+2H_2SO_4 \rightarrow CO_2+2SO_2+2H_2O$
$C+H_2SO_4 \rightarrow CO+SO_2+H_2O$
$3nC+2nH_2SO_4 \rightarrow 3nCO_2+2S_n+2nH_2O$
$nC+nSO_2 \rightarrow S_n+nCO_2$

原材料AC

传统加热再生（TG）
$C+2H_2SO_4 \rightarrow CO_2+2SO_2+2H_2O$
$C+H_2SO_4 \rightarrow CO+SO_2+H_2O$

TG-AC

▶ 图 5-11　微波再生与传统加热再生的机理 [95]

综上，一方面，微波热点效应主要针对化学反应体系，再生过程中微波热点效应的研究仅有个别文献报道；另一方面，由于难以精确测量微波场内颗粒物料内的温度，导致微波的非热效应仍存在很大争议。因此，微波热效应仍然被认为是微波强化脱附过程的主要机制。

1. 介质升温特性

微波场中被加热介质的吸波能力不同，呈现不同的温度变化规律 [97,98]。当微波频率以及介质的组成、温度和形状固定时，介质吸收微波的能力主要取决于介质的介电常数（反映电介质吸收微波能力的强弱，ε'）、介电损耗因子（反映介质耗散微波能的效率，ε''）。ε'与ε''的比值即为耗散因子（$\tan\delta$），其反映了介质将吸收的微波能转化为热能后释放热量能力的强弱。$\tan\delta$越大表示介质吸收微波能的能力越强。如表5-8所示[99]：三种沸石的损耗因子大小顺序分别为NaY>DAY>HY，因此在恒定微波辐照条件下，三种沸石的平衡温度大小顺序与耗散因子的顺序一致[100]。

表5-8　常规环境条件下（22～24℃，相对湿度32%～34%）
测得的三种沸石的介电特性（频率为2.45GHz）

沸石	ε'	ε''	$\tan\delta$
NaY	3.13～3.73	0.89～1.29	0.24～0.41
HY	1.87～2.10	0.12～0.35	0.06～0.19
DAY	2.18～2.55	0.30～0.58	0.12～0.27

此外，不同吸附质的介电特性不同，在微波辐照条件下的脱附效率也存在差异。Kim等[101]研究指出：因为甲基乙基酮（MEK）（极性）的介电常数大于甲苯（非极性），所以对HY901和ME13X两种沸石吸附剂进行微波再生（再生时间10min），MEK的解吸量（HY901和ME13X分别为11.58mmol/g和3.30mmol/g）均高于甲苯（HY901和ME13X分别为3.57mmol/g和1.83mmol/g）。

2.吸附剂再生能耗

对于吸波性能好的吸附剂，微波可实现强化脱附过程，降低吸附剂的再生能耗，具有显著的经济效益[102]。Mao等[99]研究分别在恒定功率（600W）和恒定微波加热温度两种条件下，利用微波对吸附苯和丙酮的活性炭进行再生。结果表明：恒定微波功率，吸附苯和丙酮的活性炭再生能耗分别为13.5kJ/g活性炭和4.5kJ/g活性炭；恒定微波加热温度，吸附苯和丙酮的再生能耗分别为27.0kJ/g活性炭和9.0kJ/g活性炭。上述能耗明显低于热传导加热再生能耗（60.8kJ/g活性炭和10.1kJ/g活性炭）。

冒海燕等[103]研究了恒定功率微波加热和恒定温度微波加热对于吸附甲苯后活化秸秆炭再生率为99%时，前者仅需1min，能耗为4.5kJ/g活性炭；后者需要10min，能耗为9kJ/g活性炭。Chowdhury等[104]分别研究了微波对吸附了C_2H_4/C_2H_6和CO_2/CH_4两种二元体系的钛硅分子筛（Engelhard Titanosilicate-10，Na-ETS-10）吸附剂的再生能耗。结果显示：微波作用条件下，脱附94%的C_2H_4/C_2H_6对应的Na-ETS-10再生能耗为0.7kJ/g；脱附70%的CO_2/CH_4对应的Na-ETS-10再生能耗为0.7kJ/g。相反，对于传统加热再生：脱附71%的C_2H_4/C_2H_6对应的Na-ETS-10再生能耗为7.7～7.9kJ/g；脱附57%的CO_2/CH_4对应的Na-ETS-10再生能耗为7.7～7.9kJ/g。

3.脱附效率

微波加热具有"体加热"和"内加热"特征，因此微波作用条件下，吸附质从吸附剂内部的脱附过程同样具有"体效应"特征[105]，进而强化脱附过程中的质量传递。因此，微波辐照能够提高吸附质的脱附效率[105]。

Salvador 等[106] 归纳了传统加热和微波加热时，不同有机物从活性炭吸附剂内部的脱附效率。发现与传统加热再生相比，吸附质在微波加热条件下的吸附质脱附效率高、吸附剂再生时间短（大多数吸附剂在 5 ～ 30min 内再生完毕）。

微波除了能够提高有机物从活性炭内部的脱附效率，对于其他吸附体系中吸附质的脱除效率同样具有强化效果。Kim 等[101] 对比研究了微波和传统加热对吸附甲苯和甲基乙基酮（MEK）的 MS-13X 型沸石的再生效果。结果发现：采用微波加热，甲苯和 MEK 从 MS-13X 型沸石的脱附效率均高于传统加热方式。

Chronopoulos 等[107] 研究了四种恒定温度下，微波加热和普通加热时 CO_2 从活性炭内部脱附的能力，发现微波作用下的 CO_2 脱附速度明显优于传统加热。

Bathen[105] 研究指出：对于吸附丙酮 - 乙醇的 DAY 沸石，传统加热再生时，乙醇解吸浓度增加缓慢，且最大解吸浓度为 $40g/m^3$。相反，微波再生时，乙醇解吸浓度递增较快，且最大解吸浓度可达 $130g/m^3$。

Leng 等[108] 系统研究了微波对从 $MgH_2/LiBH_4$ 复合材料内部的脱附 H_2 的效果。结果发现，传统加热再生时，H_2 从三种不同类型的 $MgH_2/LiBH_4$ 复合材料内部的脱附量均低于微波加热再生时的脱附量。

4.脱附动力学

研究证实微波处理能够强化吸附质从吸附剂内部脱附的动力学过程，即微波脱附条件下吸附质的脱附速率更大。

Pi 等[95] 对吸附 SO_2 的活性焦进行再生，发现微波处理时间仅 4min 时，SO_2 即可完全脱附；然而传统热传导需要耗时 30min。Cherbański 等[109] 研究指出：微波处理时，丙酮从 13X 分子筛内的脱附速率明显大于传统加热。

Mao 等[99] 研究证实微波能够显著提高甲苯和丙酮从菠萝基活性炭（PAC）内部的脱附速率，且微波对上述两种有机物的脱附速率的强化效果与操作条件有关，即在恒定功率下进行操作优于在恒定温度下。

5.微波再生对循环吸附性能的影响

对吸附体系进行吸附质的脱附操作，是为了恢复吸附剂的吸附能力，进而提高吸附剂的使用寿命。因此，吸附剂的循环吸附性能是评价脱附工艺的重要标准。针对微波再生后吸附剂的循环吸附性能的考察，国内外学者已开展了大量的研究工作。

Chronopoulos 等[110] 考察了微波再生后的活性炭循环吸附 CO_2 的性能。结果表明，新鲜活性炭对 CO_2 的吸附量为 8.55%，历经 10 次循环后的吸附量为 8.46%，历经 20 次循环后的吸附量为 8.32%。20 次吸附 - 解吸循环，活性炭的 CO_2 吸附量仅降低了 0.23 个百分点。

Pi 等[95] 对比了传统加热再生和微波再生时活性焦对 SO_2 的循环吸附性能。结果发现：①历经 10 次吸附 - 再生循环，微波再生后的活性焦对 SO_2 的吸附容量约为 94mg/g，约为传统热再生的 2 倍。②传统热再生时活性焦对 SO_2 的吸附容量随着循环次数的增多而不断降低；微波再生在保持活性焦最佳吸附性能的同时，还能在最初 5～6 次的循环内，强化活性焦对 SO_2 的吸附容量。

Mao 等[99] 在恒定微波功率（600W）的条件下，研究了微波再生菠萝基活性炭（PAC）和小麦基活性炭（WAC）对两种有机物（甲苯和丙酮）的循环吸附性能。结果表明：采用微波再生，两种活性炭吸附剂对甲苯和丙酮的循环吸附容量和产率较为稳定。Mao 等进一步指出，微波再生前后的活性炭吸附剂对上述两种有机物的吸附静力学行为符合 Dubinin-Radushkevich（D-R）等温吸附模型。因此，微波再生并未改变上述吸附体系所遵循的吸附机制。

综上，微波再生能够维持或强化吸附剂对无机吸附质和有机吸附质的循环吸附性能，进一步提升了微波技术在吸附剂再生领域内的应用前景。

6.吸附剂理化性质变化特征

研究表明，孔隙结构参数和表面化学性质（主要是指含氧官能团等）是影响吸附剂吸附性能的主要因素[111～114]。在微波处理条件下，吸附质从吸附剂表面脱附的同时，吸附剂孔隙结构参数和表面化学性质的变化是维持或强化吸附剂循环吸附性能的主要原因。

Ania 等[115] 利用微波再生吸附了水杨酸的活性炭，并测定了多次吸附 - 解吸循环后活性炭的孔隙结构参数。结果表明：经过多次微波再生吸附循环后，吸附剂的孔结构参数缓慢降低；需要指出，N_2 吸 / 脱附测定多孔介质的孔隙结构是在 -196℃ 条件下进行的。因此，基于活化扩散效应和孔隙收缩效应，N_2 分子通常不能进入多孔介质内更微小的孔隙内[116]。相反，由于 CO_2 吸附测定孔隙结构是在 0℃ 或者 25℃ 时进行的，CO_2 分子具有足够的能力进入多孔介质内更微小的孔隙内[117]，因此学术界认为 CO_2 吸附法是表征多孔材料微孔结构参数更为有效的方法[118]。结合上述结论和根据 CO_2 吸附法标定的孔容值（V_{CO_2}）发现：V_{CO_2} 的降幅明显小于 N_2 作为探针分子确定的微孔结构参数，即微波再生能够最大程度上维持吸附剂的微孔孔隙（微孔是决定吸附剂吸附容量的主要结构参数[118,119]），进而维持吸附剂的吸附容量；另外，由含氧量数据可知，所选活性炭样品的含氧量随着吸附 - 解吸循环次数的增加而不断降低，即样品的表面含氧官能团含量降低，表面化学性质也随之发生变化。

Pi 等[95] 研究了微波再生和传统热再生对吸附 SO_2 后的活性焦样品表面官能团

发现，其具有同样的规律，即微波再生后活性焦样品的氧含量降低、含氧官能团数目减少，然而传统热再生后的活性焦的含氧量升高。含氧官能团［主要包括羟基（—OH）、甲氧基（—OCH$_3$）、羧基（—COOH）、酯基（—COO—）和羰基（C=O）］大多为极性官能团，会降低吸附剂与 CH$_4$ 等某些非极性分子之间的相互作用力（色散力），进而削弱吸附剂对某些非极性分子的吸附能力[120]。综上，利用微波再生调控活性炭吸附剂的表面官能团，可以强化活性炭吸附剂对某些非极性分子的吸附能力。

Meng 等[121] 研究了微波再生对吸附苯后的亲水性甲基吡啶聚合物膜吸附剂表面形貌的影响，结果表明，微波再生并不会破坏聚合物膜的性状和表面形貌。

Liu 等[122] 发现，微波解吸某种柱状活性炭，第 7 次吸附 - 解吸循环后，柱状活性炭的比表面积和孔容积与原样品相比均有所增加（增幅分别为 10% 和 5%）。

Mao 等[99] 研究指出，相比传统加热再生，微波再生能够维持两种活性炭吸附剂（PAC 和 WAC）的孔隙结构参数和孔径分布，进而维持活性炭吸附剂对苯和丙酮的循环吸附容量。

二、微波强化脱附过程的影响因素

微波强化脱附过程的影响因素，包括内在因素（吸附剂和吸附质）和外在因素（水分含量、微波作用功率、微波作用时间、微波作用方式、吹扫气流量和脱附装置几何形式）。

1.吸附剂

由于吸附剂的介电常数和介电损耗因子会影响其对微波的吸收能力，因此会影响微波脱附效果。

Hashisho 等指出[123]，活性炭吸附剂的介电损耗因子对于微波脱附过程具有重要影响。然而，对于沸石类吸附剂，微波强化脱附效果与沸石亲水性和具有的可移动离子密切相关。一旦水分子从沸石内部脱附完毕，沸石内部交换位点的离子跃迁［可跃迁的离子数目取决于离子类型（尤其是大小和电位）和离子浓度］成为主要的吸收微波机制[100]。结果表明：微波处理对正己烷从 Si/Al 比为 40 的 DAY 型沸石上脱附的效果最为明显；由于 HY 型沸石对微波的吸收能力较弱（tanδ=0.06 ～ 0.19，太小），因此微波处理并不适用于 HY 型沸石的再生。

Polaert 等[124] 研究了微波场中，NaX 型沸石、NaY 型沸石、活性氧化铝和二氧化硅四种吸附剂的吸收功率以及水分子的脱附规律。结果表明：在有限的 50W 微波处理时间内，水分子从二氧化硅和 NaX 型沸石表面几乎完全脱附，然而从 NaY 型沸石和活性氧化铝表面却只是部分脱附。

吸附剂的介电常数和介电损耗因子除了会影响微波脱附效果，还会影响微波脱附机制。①对微波透过性好的吸附剂（如脱铝沸石）进行微波处理，极性分子可以直接吸收微波能量，使自身生热，最终从吸附剂表面脱除。因此，对于微波透过性吸附剂，微波处理对极性吸附质的脱附效果较好，而对非极性吸附质的脱附效果相对较差。一旦极性吸附质脱附完全，整个体系是微波透过性的，因此体系温度降低[105]。上述脱附机制称为微波选择性效应。②对于微波吸收性好的吸附剂，极性吸附质和非极性吸附质的脱附机理是相同的，且多元吸附质的脱附和其中任一组分的脱附行为类似。随着微波处理时间的延长，体系温度逐渐升高。上述脱附机制称为微波热效应[105,125]。③如果吸附剂的介电特性介于上述两类吸附剂之间，则上述两种脱附机制共存。当水分子选择性脱附时，温度增幅缓慢；当水分子从吸附剂完全逃脱时，吸附剂被持续加热。如丁烷的解吸分为两个部分，一部分随着水分子一起脱附，一部分热解吸。因此丁烷的解吸会呈现双峰[105,125]。

2.吸附质

微波作用条件下，不同吸附质从同种吸附剂内部的脱附规律存在差异。大多数研究证明，吸收微波能力强的吸附质升温更容易，脱附更完全。Ania 等[98]指出挥发性有机物（VOCs）一般都是极性分子，微波吸收能力较强。因此，微波能够有效实现 VOCs 从吸附剂内部的脱附。Mao 等[99]研究指出，微波作用条件下，吸附丙酮的菠萝基活性炭体系的升温速率高于吸附甲苯的菠萝基活性炭体系的升温速率。这主要是因为极性的丙酮分子吸收微波能力较强，因此升温更容易。Lopez 等[126]指出，微波作用对于极性吸附质分子从 NaY 型沸石内部的吸附/脱附过程的影响要强于非极性吸附质分子。

对于微波脱附效果，除了需要考察吸附质介电特性，还需要关注吸附质和吸附剂之间的微观作用机制。Nigar 等[100]研究了微波处理对二元混合组分（水分子和正己烷）从 DAY 型和 NaY 型两种沸石吸附剂内部的脱附行为。结果表明：微波处理时，正己烷先于水分子脱附完全。这主要与吸附质的动力学直径、吸附质与吸附剂孔壁和离子的作用关系以及沸石框架特征有关。正己烷的动力学直径为 5.9Å（1Å=0.1nm），只能吸附于沸石中的超级笼（Super Cage）中，因此与沸石间的作用力较弱。水分子动力学直径为 2.6Å，能够进入方钠石笼（Sodalite Cage）中，因此与沸石作用较强。水分子的介电常数为 79（25℃时），具有较强的吸波能力，然而正己烷分子的介电常数仅为 1.9（25℃时）。微波作用时，沸石吸附剂升温迅速，吸附于超级笼中的正己烷最先解吸；然而，采用传统加热再生，正己烷和水分子的脱附行为与微波再生明显不同，水分子脱附一半的时候，正己烷才开始脱附。由此可见，微波脱附机理和传统加热再生的机理是不同的，即固体吸附剂在微波场中升温较为迅速，因此能够促进吸附能力较弱的吸附质快速脱附。

3.水分含量

由于水分子吸收微波能力较强，因此水分含量也是影响微波脱附效果的重要因素。Legras 等[127] 通过测定吸附水分子后的沸石的介电特性发现：吸附水分子后的 NaX 型和 NaY 型沸石的相对介电常数（ε'_r）和相对介电损耗因子（ε''_r）随着水分子吸附量的增多而增大，因此具有更强的微波吸收能力。Kim 等[128] 研究表明，利用微波对吸附了乙烯和水的含钠丝光沸石进行再生，水分子的存在会削弱乙烯的吸附，但是会强化微波加热效果。

Meng 等[121] 在微波辐照功率为 600W，且在一定水分含量的条件下，考察了苯从磺化改性前后交联膜吸附剂内部的脱附行为。研究结果表明：未磺化改性交联膜吸附剂（代号 V503）的苯脱附效率只有 40%，磺化改性后的交联膜吸附剂的苯脱附效率达到 70%～74%，且脱附效率随着磺化度的升高而递增。Meng 等分析认为苯脱附效率的强化与以下因素有关：①磺化改性后交联膜吸附剂的亲水性能增加，因此对水蒸气吸附能力增强，能够吸收更多微波能。②对于未磺化改性的交联膜吸附剂，非极性的苯分子将牢牢吸附于 V503 的表面，因此很难从 V503 表面脱附。其原因为对于磺化改性后的交联膜吸附剂，吸附剂表面吸附态的水分子被微波加热并发生脱附，脱附的水分子伴随载气移动到预先被苯分子占据的吸附位。因此这些水分子将与苯分子竞争吸附，进而强化苯的脱附效率，提高脱附操作时的出口气中苯的浓度。

Meng 等[129] 还研究了微波作用对苯从亲水性甲基吡啶共聚膜吸附剂内部的脱附效果。研究表明，在含湿条件下，吸附剂中甲基吡啶含量从 0% 增加至 20%，苯吸附容量从 21mg/g 降低至 7mg/g；同时苯的脱附效率从 48% 增加至 87%。Meng 等认为苯脱附效率的强化主要由于吸附态水分子的作用。因为水分子吸收微波能力较强，能够将亲水性甲基吡啶共聚膜吸附剂迅速加热至高温，进而提高苯的脱附效率。

Mao 等[99] 在研究水分子对苯和丙酮从活性炭内的脱附作用时发现：水分子提高了苯和丙酮在 2 种活性炭吸附剂（PAC 和 WAC）表面的脱附效率。一方面，水蒸气分子能够加速扩散；另一方面，水分子存在时，活性炭吸附剂能够吸收更多微波能，升温速率提高，有利于苯的脱附。此外，相比于极性的丙酮分子，湿度对非极性苯分子的脱附效率的强化效果更为明显。

4.微波作用功率

微波作用功率越大，电场强度越强，因此特定介质吸收的微波功率密度（P，W/m³）越大，如式（5-2）。依据式（5-3）可知，P 越高，介质在微波场中的升温梯度越大。综上，微波作用功率将影响脱附过程。目前国内外学者的研究证实微波功率会影响吸附质从吸附剂内部的脱附时间和脱附效率。

$$P = 55.63 \times 10^{-12} \omega E^2 \varepsilon'' \qquad (5\text{-}2)$$

式中，ω 为微波频率；E 为电场强度，V/cm。

$$\frac{\mathrm{d}T}{\mathrm{d}t} = 0.239 \times 10^{-6} \frac{P}{C_p} \qquad (5\text{-}3)$$

式中，C_p 为介质的比热容。

Chen 等[130] 发现，随着微波作用功率的升高，正十二烷从活性炭（BAC）内部的脱附时间减少。Kuo[131] 研究发现活性红从碳纳米管内部的脱附，也有同样规律。

Polaert 等指出[124]，当微波作用功率为 150W 时，90% 的正己烷从 DAY 型沸石内部脱附耗时 70s；当微波作用功率降低至 60W 时，90% 的正己烷脱附耗时将增至 166s。

Mao 等[99] 发现，当微波作用功率从 60W 增大至 600W，载甲苯和丙酮活性炭吸附剂（PAC 和 WAC）的升温梯度增大，且甲苯和丙酮的脱附时间减少。Mao 等[99] 进一步研究发现甲苯和丙酮从载活性炭吸附剂内部的脱附效率随着微波作用功率的增加而增大。

微波作用功率对脱附过程的强化与功率范围有关。Mao 等[99] 发现当微波功率分别为 350W 和 500W 时，甲苯从活性炭内部的脱附效率分别为 58% 和 63%；当作用功率增大至 700W 时，甲苯的脱附效率却降至 40%。因此，实施微波脱附技术需要结合脱附效果和能耗两个方面，确定最佳微波作用功率。

5. 微波作用时间

采用微波脱附，5 ～ 30min 内，吸附质几乎完全脱附[116]。Kuo 等[131] 指出微波作用时间递增时（5 ～ 20min），再生后的碳纳米管对活性红 2 的吸附容量在一定范围内呈现增大的趋势。Kim 等[101] 指出甲苯和 MEK 从 MS-13X 型沸石内部的脱附效率随着微波作用时间的延长而不断增大。

6. 微波作用方式

研究表明，微波作用方式主要包括恒定功率、恒定温度、连续辐照、半连续辐照、直接辐照和间接辐照。

Mao 等[99] 指出：在恒定功率下进行微波辐照，甲苯和丙酮从 PAC 内部的脱附速率大于恒定温度下进行微波辐照的脱附速率。Meng 等[129] 发现，微波连续辐照和半连续辐照时苯从磺化交联膜内部的脱附效率分别为 61% 和 74%。Meng 等分析认为，半连续操作时，作为吹扫气的水蒸气能够在磺化交联膜表面发生吸附，进而与吸附态的苯分子发生竞争吸附，提高苯的再脱附效率。

Chowdhury 等[132] 研究了微波直接脱附和微波间接脱附对已吸附 CO_2/CH_4 二元组分的 Na-ETS-10 吸附剂的再生效果。微波直接辐照脱附，即在恒定功率条件下，利用微波辐照吸附体系；微波间接辐照脱附，即先采用注水的方法实现 CO_2/CH_4 的脱附，然后进行微波干燥。研究结果表明：微波直接辐照时，Na-ETS-10 吸附剂在

5 次脱附 - 吸附循环内的吸附容量维持在 0.7mmol/g，能耗为 0.32kJ；微波间接辐照时，Na-ETS-10 吸附剂的循环吸附容量维持在 0.3mmol/g，能耗为 2.46kJ。因此，采用上述微波直接辐照脱附的方式无论在维持吸附剂循环吸附性能，还是在能耗方面均优于间接辐照脱附。

7.吹扫气流量

Mao 等 [99] 指出，如表 5-9 所示，两种活性炭吸附剂的甲苯和丙酮吸附剂的再生时间随着吹扫气流量的增大而增大。

表5-9　微波辐照功率为60W、载气流量分别为0.5L/min和1.0L/min时，
菠萝基活性炭（PAC）和小麦基活性炭（WAC）的再生效果

活性炭吸附剂	流量 /（L/min）	脱附时间 /min	
		甲苯	丙酮
PAC	0.5	12	11
PAC	1.0	10	8
WAC	0.5	10	8
WAC	1.0	7	5

8.脱附装置几何形式

由于微波在介质内的穿透能力不同，因此脱附装置几何形式对于脱附能力具有潜在影响。微波在介质内的穿透能力通常用穿透深度（d_E）表示，具体计算方法见式（5-4）[36]

$$d_E \approx \frac{\lambda_0}{2\pi} \times \frac{\sqrt{\varepsilon'}}{\varepsilon''}$$ （5-4）

式中，λ_0 为微波作用的波长。

由表 5-10 可知，由于微波对很多吸附材料的穿透深度有限，容易导致材料内部出现加热过程不均匀现象。因此，在采用微波解吸吸附剂时，应当优先考虑采用穿透深度更为理想的长波，例如频率为（915±13）MHz 的微波。而对于吸附器的选择，则应优先考虑采用流化床吸附器或吸附反应器类的装置。具体的，流化床微波解吸过程中吸附剂处于流态化状态，几乎每个吸附剂颗粒都能良好地获得微波辐照而被加热，目标吸附质的解吸是以单个吸附剂颗粒为单位进行的。相较而言，固定床则是以整个床层为单位进行的，加热过程由外及内，床层升温速率和温度分布均匀性都不够理想。流化床微波解吸排除了固定床中吸附剂颗粒之间的干扰，避免了解吸、吸附、再解吸情况的发生，也就保证了目标吸附质能在短时间内迅速从吸附剂内部释放出来并且被载气带走，从而大大提高了解吸速率。因此，流化床微波解吸过程具有解吸迅速、解吸率高的特点。同时，微波对物质加热的非接触性、流

化床微波解吸中吸附剂颗粒的流动性以及较高的传质速率是保证流化床微波解吸高效性的关键因素。

表5-10 利用式（5-4）计算得到的微波（2.45GHz）穿透深度

介质	温度 /℃	穿透深度 /cm
空气	25	∞
水（蒸馏）	25	1.42
甲醇	25	0.64
四氯化碳	25	3210
NaX 型沸石	20	15.71
DAY 型沸石	20	>100
铝	25	0.02
氧化铝	25	656

三、微波强化脱附过程的应用

1.环境污染控制

如表 5-11 所示，微波强化脱附已广泛应用于气体和水中有机物的脱除和净化的研究领域。此外，微波强化脱附还可应用于含油废水处理、石油污染土壤的修复、油气吸附剂再生等领域。

需要指出的是，尽管微波辅助再生技术在环境污染控制领域体现出明显优势，但文献中所描述的研究多数局限于实验室规模。因此，未来需要进一步提升微波强化脱附技术的商业化进程。

表5-11 微波强化脱附在环境污染控制领域中的应用

序号	过程	吸附剂	文献来源	评述
1	脱附 VOCs（乙醇 - 丙酮，乙醇 - 甲苯，乙醇 - 水）	脱铝沸石（DAY 型）和 Envisorb B+ 硅胶复合吸附剂	[106]	依据多元吸附质特性，选择合适的吸附剂
2	脱附 VOCs（甲醇，环己烷及其混合物）	DAY 型 和硅质岩沸石	[126]	相比于传统脱附，微波辐照能够改变吸附质的脱附选择性
3	基于固定床，利用微波辐照从空气中脱除水蒸气、MEK 和四氯乙烯（VOCs/HAPs）	活性炭纤维织物（ACFC）	[133]	证实利用微波再生 ACFC 的可行性

序号	过程	吸附剂	文献来源	评述
4	脱附 MEK、四氯乙烯和丙酮，并实现 VOCs 的催化氧化	柱状活性炭（GAC）	[124,134]	微波再生时，GAC 能够保持原始的吸附容量和表面积
5	再生应用于工业领域和吸附了芳香物质的多种吸附剂	活性炭（AC）、硅胶、氧化铝和改性膨润土	[135]	相比于超声、超声雾化水和水三种再生方式，微波能够实现吸附质的完全再生
6	脱附乙烯并催化氧化	发光沸石（MORs）	[136]	乙烯从 Na 型发光沸石（NaMOR）内部的脱附效率是质子型发光沸石（HMOR）的 9 倍
7	脱附并分解废水中的苯酚	GAC	[137]	相比于生物降解，微波辐照更为有效
8	从有机溶剂中脱除 VOCs	多种吸附剂	[138]	对于低介电损耗因子的聚合物吸附剂，低压操作能够实现吸附质的完全脱附
9	比较间歇和连续操作条件下，微波脱附 VOCs 的脱附效果	多种吸附剂	[139]	微波强化脱附适用于以下情形：溶剂昂贵且用量大；水溶液体系；低浓度排放
10	用于分离空气中的 VOCs 并使用微波脱附的装置	GAC	[140]	为了验证工业化的可行性
11	真空条件下，微波脱附 VOCs	聚合物吸附剂（PAs）	[141]	研究了固定床和流化床两种吸附器

注：HAPs 为有害空气污染物。

2.非常规天然气开采

非常规天然气主要包括煤层气、深盆气（致密砂岩气）和页岩气。非常规天然气的勘探与开发对于优化能源消费结构、缓解能源对外依存度和减少温室气体排放均具有重要意义。

以我国煤层气的开采为例，因为我国煤层地质条件复杂、含气量和渗透率较低等客观因素严重制约了煤层气开采技术的有效实施。目前，提高煤层气采收率技术主要包括预裂爆破法、采掘卸压法、造穴增缝法、水力压裂与水力割缝法、物理化学法、置换解吸（注气驱替）法、煤层注热作用法、细菌（微生物）处理法和物理场激励技术。从这些方法和技术的实际应用效果来看，由于各个矿井的煤层赋存条件存在差异，有些方法在很多矿区未能得到推广应用，亟待探寻其他新的技术方法和理论。

微波作用具有整体性和选择性加热等特点，在煤矿的磨矿、浮选、水煤浆制浆等领域已有应用。然而，利用可控微波场促进煤层气和页岩气的脱附与渗流进而强化煤层气的采收率将是一个全新的探索。

已有研究表明[142]，煤体是一种可吸收微波的材料，煤体吸收微波后能产生热效应，使得煤体温度快速上升，且初始升温速率较大，随后升温速率略有下降并保持基本稳定。微波的穿透性与选择性吸收的特性导致了微波对煤体结构具有明显的损伤作用，使煤体出现失水收缩、矿物界面剥离与碎裂、裂隙张开和形成孔洞等形式的破坏，引起煤体中孔隙扩展和新裂隙的形成。从微观角度来看，可控源微波辐射能够促进煤体中甲烷的解吸的机理为：①在可控源微波辐射作用下，煤体能够产生一种不同于其他电磁波段、体加热式的热效应，从而提高煤体的平均温度；由于煤样中甲烷解吸是一个吸热过程，因此，持续的微波辐射作用引起的煤样温度升高会加速煤体中甲烷的解吸。②在上述可控源微波对煤体的热效应的影响下，由于煤体中各矿物成分吸收微波的能力各异，煤体内部出现局部温差，使之形成热应力，从而产生煤体的损伤作用。上述作用会使煤体的孔隙结构发生变化、吸附容积比例降低，从而有利于煤体中甲烷的解吸与扩散。

3.工业化应用实例

目前微波强化脱附技术已有工业化案例，包括加拿大 Hydro Technologies 公司研发的利用微波再生流态化洗选金矿中活性炭工艺（图 5-12）、美国 Arrow Pneumatics 公司研发的用于干燥 / 洁净空气的小型吸附装置（图 5-13）和德国

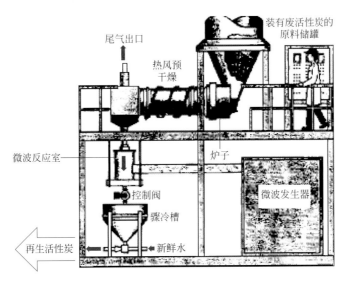

● 图 5-12 微波再生流态化洗选金矿中活性炭工艺

Plinke GmbH & Co.公司研发的流化床吸附耦合移动床微波脱附VOCs工艺（图5-14）

图5-13用于干燥/洁净空气的小型吸附装置。吸附装置尺寸与标准气瓶的大小相近。

▶ **图 5-13** 小型吸附装置

▶ **图 5-14** 流化床吸附耦合移动床
微波脱附 VOCs 工艺

第三节 微波强化干燥过程

几乎所有工业领域都涉及干燥过程，物料干燥属于高能耗行业，据不完全统计，全球10%～25%的能源用于工业热力干燥。在我国，干燥所用能源占国民经济总能耗的12%左右。提高干燥热效率是目前干燥行业面临的主要难题[143,144]。

目前干燥技术主要有回转式干燥、流化床干燥、气流干燥、闪蒸干燥、喷雾干燥、滚筒干燥、回转盘架式干燥等。微波干燥始于20世纪40年代，在国外迅速发展，到20世纪60年代，已广泛应用于粮食、茶叶、木材等领域的干燥[138]。

一、微波强化干燥过程及其特点

1.微波强化干燥过程简述

在一定温度下，任何含水湿物料都有一定的蒸气压，当此蒸气压大于周围气体中的水汽分压时，湿物料的水分将被蒸发汽化。含水湿物料的蒸气压与水分在物料中的存在方式有关。物料所含水分可分为非结合水和结合水，非结合水即自由水，是指附着在固体表面和孔隙中的水分，它的蒸气压与纯水相同，排除这种水分只需克服流体流经物料骨架的流体阻力即可。结合水又称结晶水，指以化学键力与离子或分子相结合的、数量一定的水分子，汽化时还需要克服水分子与固体间的结合作用力，其蒸气压低于纯水，且与水分含量有关。物料的水分蒸气压 p 同物料含水量 x 之间的关系曲线称为平衡蒸气压曲线，如图 5-15 所示。

当湿物料与同温度的气流接触时，物料的含水量和蒸气压下降，系统达到平衡时，物料所含的水分蒸气压与气体中的水汽分压相等，相应的物料含水量 x^* 称为平衡水分。平衡水分取决于物料性质、结构以及与之接触的气体的温度和湿度。

将湿物料置于温度、湿度和气速都恒定的气流中，物料中的水分将逐渐降低。通过实验可以测得干燥速率与含水量之间的关系（图 5-16）。

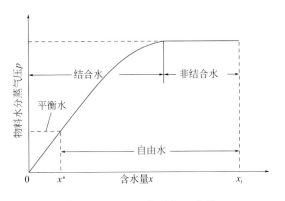

▶ 图 5-15　平衡蒸气压曲线

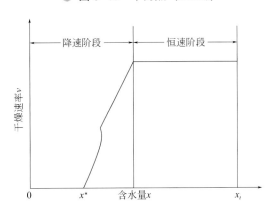

▶ 图 5-16　干燥速率与含水量的关系曲线

水是典型的极性分子，湿物料因为含有水分而成为半导体，对于此类物料，除取向极化外，还发生离子传导（一般地，水中溶解有盐类物质）。在微波频率范围内，偶极子转动占主要地位；在高频范围内，离子传导占主导地位。因此单位体积内产生的热量为

$$Q_V = 2\pi f \varepsilon_0 \varepsilon''_{\text{eff}} |E|^2 \tag{5-5}$$

式中，$\varepsilon''_{\text{eff}}$ 为有效损耗因子，$\varepsilon''_{\text{eff}} = \varepsilon''_r + \sigma/(\omega\varepsilon_0)$；$\omega$ 为圆频率，$\omega = 2\pi f$。

可见，物质的微波损耗与 $\varepsilon''_{\text{eff}}$ 有密切的关系。研究表明有效介电常数是温度的函数，水的 $\varepsilon''_{\text{eff}}$ 随温度变化的关系为

$$\text{d}\varepsilon''_{\text{eff}}/\text{d}T = -320/T \quad (21℃ < T < 75℃) \tag{5-6}$$

许多固体物质具有正的 $\dfrac{\text{d}\varepsilon''_{\text{eff}}}{\text{d}T}$，$\varepsilon''_{\text{eff}}$ 随 T 的变化可用图 5-17 表示。

图 5-17 中临界温度 T_c 指在该温度时，$\varepsilon''_{\text{eff}}$ 将急剧增加。介质在微波场中的升温速率正比于 $\varepsilon''_{\text{eff}}$

$$\frac{\text{d}T}{\text{d}t} \propto \varepsilon''_{\text{eff}} \tag{5-7}$$

因此，

$$\frac{\partial\left(\dfrac{\text{d}T}{\text{d}t}\right)}{\partial T} \propto \frac{\text{d}\varepsilon''_{\text{eff}}}{\text{d}T} \tag{5-8}$$

式（5-8）表明，$\varepsilon''_{\text{eff}}$ 随温度的变化将直接影响升温速率 $\text{d}T/\text{d}t$ 的变化，由此我们就不难理解，对于具有正的 $\text{d}\varepsilon''_{\text{eff}}/\text{d}T$ 的物质，在达到某一温度时，将会出现升温速率急剧增加，即热失控现象。

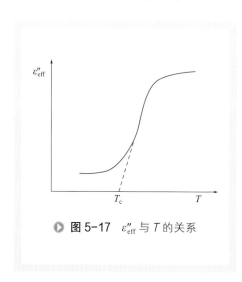

▶ 图 5-17　$\varepsilon''_{\text{eff}}$ 与 T 的关系

2.微波强化干燥过程的特点

微波加热由于其体加热特性，改变了传统加热干燥过程中某些迁移势及梯度方向，形成了独特的微波干燥机理[134]。由于水的介电损耗较大，能大量吸收微波能并将其转化为热能，物料升温和蒸发同时进行。在物料表面，由于蒸发冷却的缘故，物料表面温度略低于里层温度，同时由于物料内部产生热量，以致内部蒸汽迅速产生，形成压力梯度；而且物料中温度梯度、传热和蒸气压迁移方向均一致，明显改善了干燥过程中的水分迁移条件，优

于传统加热干燥。同时，由于压力迁移动力存在，使微波干燥具有由内向外的干燥特点，即对物料整体而言，将是物料内层首先干燥。尤其当干燥对象为黏度高、热导率低的物料时，在传统加热干燥中因物料外层首先干燥而板结形成硬壳，阻碍内部水分继续外移，而微波干燥则可克服上述问题。因此，微波干燥被称为一种新型的绿色、高效干燥技术[145]。

二、微波干燥原理

与常规对流、红外、真空干燥技术相比，微波干燥被认为是效率最高的干燥技术。对于介电型物料来说，其干燥效率至少是其他干燥方式的 2 倍[133]。这主要是由于微波对于高损耗物料（尤其是湿物料中的水）具有高选择性和强相互作用。而且，微波干燥过程还具有独特的能量传输模式，从而产生一个与水蒸气排出方向一致的良好的内部温度梯度和蒸汽压力梯度[135]。目前，微波干燥已经被成功应用到了很多不同物料的处理过程中，例如食品、水果、木材、陶瓷、油品和矿物等[136,137]。

微波加热用于干燥领域的研究由来已久，也已建立了多种模型用于解释微波干燥的原理。Rattanadecho 和 Makul[133]综述了微波干燥及其数学模型。由于微波涉及多种物理场及热量传输形式，因此其中包含很多随时间变化的物理量参数。

Rattanadecho 和 Suwannapum[133,139]推导了一种微波与不同湿度物料作用时，微波吸收进入物料后的电场变化情况。模型中，将一个厚度为 30mm 的单层固定床放置到一个方形的波导谐振腔中，在干燥开始和结束阶段的电场分布情况分别如图 5-18（a）和图 5-18（b）所示。

从图 5-18 可以看出，当微波进入到高含水的物料中，其波长和电场强度都会降低，由经典的微波加热 Debye 方程可知，微波加热在局部输入的功率与电场的平

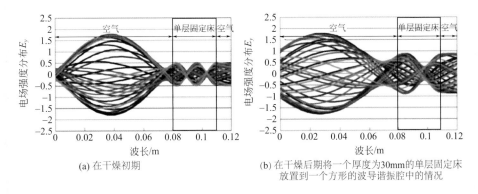

(a) 在干燥初期

(b) 在干燥后期将一个厚度为30mm的单层固定床放置到一个方形的波导谐振腔中的情况

▶ 图 5-18　物料中的电场强度分布及微波波长情况

方成正比，因此每个波长范围内可以产生两个加热点。这两个加热点之间的物料主要靠热传导而被加热，从而使得目标物料内的热场比较均匀。而当微波进入低含水的物料中时，其波长相对较长且电场强度相对较强，从而使得目标物料内的微波加热变得不均匀。

Rattanadecho 和 Suwannapum[133,139] 还在计算模型中考虑了热焓传输、热传导、潜热传输、微波产生的体加热热量问题。根据他们的研究，微波干燥时物料内微区热平衡分析如图 5-19 所示。

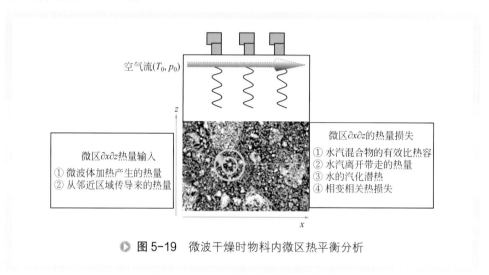

空气流(T_0, p_0)

微区$\partial x \partial z$热量输入
① 微波体加热产生的热量
② 从邻近区域传导来的热量

微区$\partial x \partial z$的热量损失
① 水汽混合物的有效比热容
② 水汽离开带走的热量
③ 水的汽化潜热
④ 相变相关热损失

▶ 图 5-19 微波干燥时物料内微区热平衡分析

对于一个微区 $\partial x \partial z$，其热量输入项主要包括两项：微波体加热产生的热量和从邻近区域热传导来的热量。它们分别可由下面的两个公式表示。

$$Q = 2\pi f E_y^2 \varepsilon_0 \varepsilon'' \tag{5-9}$$

$$q = \frac{\partial}{\partial x}\left(\lambda_{\text{eff}} \frac{\partial T}{\partial x}\right) + \frac{\partial}{\partial z}\left(\lambda_{\text{eff}} \frac{\partial T}{\partial z}\right) \tag{5-10}$$

式中，E_y 为沿 y 轴方向的电场强度；λ_{eff} 为有效电导率，W/（m·K）。

而该区域的热量损失项则包括以下四个部分。

（1）水汽混合物的有效比热容

$$q_{\text{IT}} = \frac{\partial}{\partial t}(\rho C_p T) \tag{5-11}$$

（2）该区域水汽离开带走的热量

$$q_{\text{lg}} = \frac{\partial}{\partial x}\left\{\left[\rho_1 C_{pl} u_1 + \left(\rho_a C_{pa} + \rho_v C_{pv}\right) u_g\right]T\right\} + \frac{\partial}{\partial z}\left\{\left[\rho_1 C_{pl} w_1 + \left(\rho_a C_{pa} + \rho_v C_{pv}\right) w_g\right]T\right\}$$

$$\tag{5-12}$$

式中，ρ 为密度；T 为温度；C_p 为比热容；u 为 x 轴方向上的流速分量；w 为 z 轴方向上的流速分量；下标 v 为水蒸气；下标 g 为气体；下标 l 为液体。

（3）汽化潜热

$$q_{lv} = H_v m \qquad (5\text{-}13)$$

式中，H_v 为水蒸气的汽化潜热。

（4）相变相关热损失

$$m = \frac{\partial}{\partial t}\left[\rho_v \phi(1-s)\right] + \frac{\partial}{\partial x}\left(-D_m \frac{\partial \rho_v}{\partial x}\right) + \frac{\partial}{\partial z}\left(\rho_v \frac{KK_{rg}}{u_g}\rho_g g_z - D_m \frac{\partial \rho_v}{\partial z}\right) \qquad (5\text{-}14)$$

式中，m 为相变项，kg/（$m^3 \cdot s$）；K 为渗透率，m^2，下标 r 为相对的，g 为气体；D_m 为有效分子质量扩散率；s 为含水饱和度。

这样，这个微区 $\partial x \partial z$ 内的总的热量平衡就可以用下式进行计算

$$\frac{\partial}{\partial x}\left\{\left[\rho_l C_{pl} u_l + \left(\rho_a C_{pa} + \rho_v C_{pv}\right)u_g\right]T\right\} + \frac{\partial}{\partial z}\left\{\left[\rho_l C_{pl} w_l + \left(\rho_a C_{pa} + \rho_v C_{pv}\right)w_g\right]T\right\} +$$

$$H_v m + \frac{\partial}{\partial t}\left[\rho C_p T\right] = 2\pi f E_y^2 \varepsilon_0 \varepsilon'' + \frac{\partial}{\partial x}\left(\lambda_{eff}\frac{\partial T}{\partial x}\right) + \frac{\partial}{\partial z}\left(\lambda_{eff}\frac{\partial T}{\partial z}\right) \qquad (5\text{-}15)$$

这个模型适合于描述大多数微波干燥过程。更加详细具体的计算微波干燥模型可查看 Rakesh 和 Datta 的文章[140]。

Perré 等早在 1995 年就对微波干燥与热风传导干燥时物料内部的压力和温度进行了详细的对比。他们采用一种可插入到被干燥物料内部的测量计同时测量其内部的温度和压力。如图 5-20 所示为热风传导干燥和微波加热干燥时所测得的内部

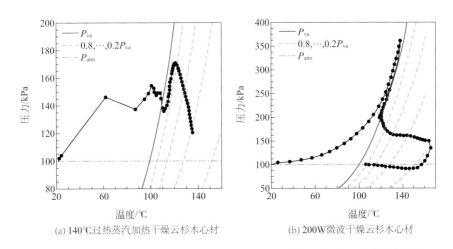

(a) 140℃过热蒸汽加热干燥云杉木心材　　　　(b) 200W微波干燥云杉木心材

● 图 5-20　热风传导干燥和微波加热干燥所测得内部压力随温度的变化曲线

P_{va}—饱和度为1时水蒸气饱和温度和压力关系图；0.8，…，$0.2P_{va}$—饱和度为80%，60%，40%，20%的水蒸气饱和温度压力关系图；P_{atm}——个大气压线

压力随温度变化的曲线。其中，图5-20（a）是140℃下热风传导干燥云杉木心材时测得的曲线；图5-20（b）是200W微波干燥云杉木心材时所测得的曲线。从图中可以清楚地看出，两种加热方式获得的物料内部的最大温度都是140℃。然而，与热风干燥在140～180kPa的内部压力相比，微波干燥时的内部压力最高可达到350kPa。理论上，更高的蒸汽压力表示更高的干燥驱动力和速度。

三、微波强化氯化钠干燥过程的应用

目前微波干燥已广泛应用于工业领域。下面以氯化钠干燥作为应用实例进行探讨。

1.小试研究

选定对氯化钠干燥效果影响较大的干燥时间、物料量和微波功率为主要因素，考察各因素对氯化钠脱水率或脱水量的影响规律，结果见图5-21。

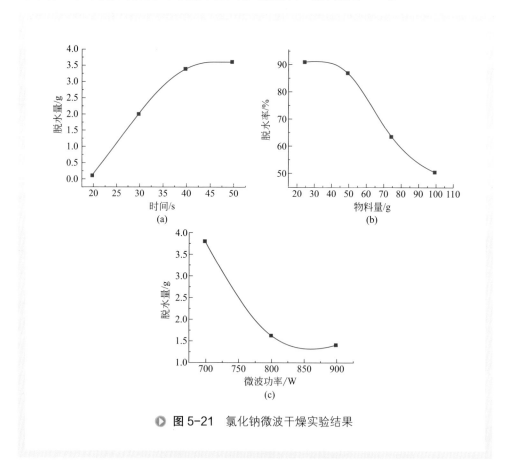

▶ 图5-21　氯化钠微波干燥实验结果

由图 5-21 可以看出，在一定微波功率下，干燥时间越长，水分挥发的越多，样品的含水量也越小；随着物料量的增加，样品脱水率逐渐减小。

通过对微波干燥氯化钠的实验结果进行多元回归拟合，得到含水率和失水速率分别符合线性和二次方程模型，其拟合方程分别如式（5-16）及式（5-17）所示。

$$Y_1=0.72-0.15\chi_1-0.088\chi_2+0.16\chi_3+0.02\chi_1\chi_2-0.068\chi_1\chi_3-0.065\chi_2\chi_3-0.15\chi_1^2-0.087\chi_2^2-0.14\chi_3^2$$

（5-16）

$$Y_2=0.33+0.20\chi_1-0.44\chi_2+0.14\chi_3-0.19\chi_1\chi_2+0.11\chi_1\chi_3+0.038\chi_2\chi_3+0.23\chi_1^2+0.36\chi_2^2-0.037\chi_3^2$$

（5-17）

运用上述回归模型优化工艺参数，得到微波深度干燥氯化钠的最佳工艺参数，结果见表 5-12 所示。

表5-12　微波深度干燥氯化钠模型的最佳工艺参数

干燥温度 χ_1/℃	干燥时间 χ_2/s	物料量 χ_3/g	含水率 /%		失水速率 /（g/min）	
			预测值	验证值	预测值	验证值
90	10	26	0.22	0.25	1.42	1.37

由表 5-12 可以看出，响应曲面预测值与验证值相接近，偏差较小，表明预测模型是合适的，优化工艺条件可行。

2.产业化研究

在微波功率 77kW、物料厚度 2cm 的条件下，含水率 1% 的氯化钠其含水率、脱水率和干燥能效比随干燥时间的变化关系见图 5-22 ～图 5-24。

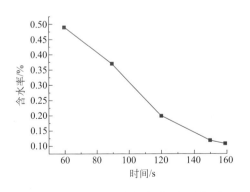

▶ 图 5-22　氯化钠含水率随干燥时间的变化关系

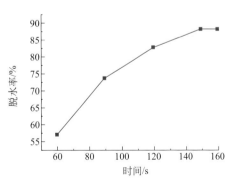

▶ 图 5-23　氯化钠脱水率随干燥时间的变化关系

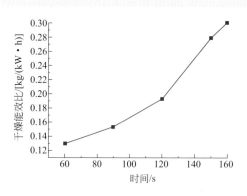

◎ **图 5-24   氯化钠干燥能效比随干燥时间的变化关系**

由图 5-22 ~ 图 5-24 可以看出，随着干燥时间的延长，氯化钠含水率越来越小。前 150s 内脱水率变化明显，之后变化趋于平缓。同时，从研究结果可以看出，随着微波干燥时间的延长，干燥能效比呈逐渐增大的趋势，其主要原因在于任何含水湿物料都有一定的蒸气压，当蒸气压大于周围气体中的水汽分压时，水分被蒸发汽化。由于氯化钠为弱吸波物质，初期微波照射氯化钠时，水吸收的微波能量尚不足以汽化排出，所以干燥能效比较小；微波照射一段时间后，大量的水汽化排出，干燥能效比增大。

微波干燥氯化钠生产线经连续运行、系统优化后，在微波功率 77kW、物料厚度 2cm、传动电机频率 35Hz 条件下，含水率 1% 的氯化钠经微波干燥后，物料含水率为 0.23%，满足后续工艺要求，此时氯化钠产量为 6.6t/h，能耗为 14.7kW·h/t，均满足相关考核指标要求。表 5-13 给出了三种不同干燥方式（脉冲气流干燥、红外干燥和微波干燥）将氯化钠含水率从 1% 干燥至 0.5% 时的技术经济指标对比。

表5-13   三种不同干燥方式干燥氯化钠技术经济指标对比（含水率从1%干燥至0.5%）

项目	脉冲气流干燥器	红外干燥器	微波干燥器
能源	2.5MPa，400℃（蒸汽）	380V（电）	380V（电）	380V（电）
能耗 /（kW·h/t）	17.33	73.33	14	10
功率 /kW	14.3（蒸汽 140kg/h）	14.3+3×42	24	24（实际微波功率为 18，其他功率为 6）
操作温度 /℃	进气 200，出气 80 ~ 100	进气 200，出气 80 ~ 100	120	70 ~ 80

启动时间 /h 及能耗 /（kW·h）	0.5，7（电），70kg（蒸汽）	0.5，28（电）	3～5min	0
收料率 /%	收料 90，除尘系统 9.5，尾气中含 0.5	收尘 90，除尘系统 9.5，尾气中含 0.5	基本上为 100	基本上为 100
运行成本 /（元/t）	27.37（蒸汽价：100）	36.67	7	5［电价：0.5 元/（kW·h）］
每班操作工人数/人	1	1	1	1
班制/（班/d）	2	2	2	1
劳动量	大	大	小	小
环保	扬尘大，噪声大	扬尘大，噪声大	扬尘小，噪声小	扬尘小，噪声小

对于氯化钠的干燥总结如下。

（1）红外干燥通过热传导方式将物料由外向内加热，存在温度梯度，从而导致物料结块，沿气体扩散方向的阻力增大，干燥速率慢，时间长。

（2）通过调研现场生产实际情况可知，由于微波的选择性加热特性，与脉冲气流干燥（电）相比，微波干燥能耗低，干燥成本低。

第四节　微波蒸馏

蒸馏是利用混合液体中各组分沸点的不同，控制加热量，使液体中的低沸点组分先行蒸馏再冷凝以分离每个组分的单元操作过程。

沸点差异是传统蒸馏操作的前提，影响沸点的非结构因素为大气压强，结构因素主要是分子电荷总量（通常以分子量代）、分子间作用力、分子接触面大小、分子的极性和氢键等。组成和结构相似的分子，一般分子量越大，分子间作用力越强，其沸点越高；对于分子量相同的分子，如同分异构体，一般支链数越多，沸点越低；分子越对称，沸点越高，如正戊烷、异戊烷、新戊烷在常压下的沸点分别为 36.07℃、27.9℃和 9.5℃，呈依次递减，即为"异构体沸点的支链下降作用"；极性大的分子相互之间出现偶极 - 偶极引力，沸腾更难；若分子间有氢键，则分子间作用力比结构相似的其他同类物质强，沸点相对高。

针对不同的物系，加热使某组分或某些组分达到其沸点形成气相，收集气相，从而得到混合物质的初步分离。该过程是蒸馏操作应用的重要方面，尤其在天然产物活性成分分离中的应用最为突出。

传统蒸馏过程存在传热速率慢、能耗高、温度作用时间长（导致不稳定化合物由于热效应和水解作用而发生化学改质）、产品质量低等缺点。近年来，在寻求节省能源、缩短耗时、提高收率和获得优质产物的新方法中，微波强化作用与蒸馏过程耦合为该单元操作在环境友好、减时节能、操作简单化等方面开拓了空间。

微波蒸馏采用微波加热取代传统加热，不仅使加热方式及手段改变，而且使传统蒸馏以沸点差异为分离依据改为以介电常数作为优先分离依据，利用微波选择性加热的特点，即不同特性分子对微波响应不同，进而实现不同物质的分离。已有研究证实[141,146]，微波强化蒸馏过程可以提高混合物的分离效率，而且微波作用于共沸体系有望改变共沸组成及其共沸点，这将为共沸物的分离提供一种新的途径。

本节将从微波蒸馏的特点、影响微波蒸馏的因素和微波蒸馏的应用进行介绍。

一、微波蒸馏的特点

微波强化蒸馏过程，可以明显加快传热速率，大大降低能耗，其独特性就是微波加热产生的连锁效应在蒸馏单元操作中得到了系列性的体现。

在微波蒸馏过程中，微波对物质进行迅速的整体性和选择性加热，易吸波的挥发性物质会迅速升温达到其沸点，由液相转变为气相的同时，内部气压的增加有助于挥发性物质从液相移出，相间传质速率增加；而不易挥发、吸波能力弱的物质温度上升有限，低于其沸点，仍以液态形式保留于溶液中，从而达到蒸馏分离目的。

1. 微波蒸馏适宜的体系

微波加热是物质将接受的电磁能转化为热能的过程，其能量转化的效率与待蒸馏分子的可极化性能紧密相关[147]，也就是说，在微波的交变电磁场中，极性分子的正负电荷受外电场的影响会伴随电磁场方向的转换而产生偏转，使偶极子趋向于电场的方向有序排列。若在高频电磁场，即微波的作用下，偶极子会随高频交变电磁场方向不断重排，产生反复振荡。这样就实现了能量的转换，分子摩擦和介电损耗消耗的能量以热量的形式释放出来。而非极性分子则不随交变电磁场重排方向的改变发生振荡，也就没有能量损耗和热量产生。然而，蒸馏处理的物质极性呈多样性，微波作用机理要复杂得多。

微波蒸馏的应用可根据需要有两种方式。第一种是纯粹加热手段，即微波加热为蒸馏提供快速加热，提高热效率的同时大幅度缩短物料受热时间，可降低物质被分解变质的概率，这是一种极有发展潜力的节能替代方法；也可用于对微波响应弱的物系，此时需要添加吸波介质，如极性物质水或磁性颗粒 Fe_2O_3 等。第二种是微波蒸馏分离，利用微波对被分离物系各组分的不同效应，优先蒸馏出微波热效应强的组分。采用微波蒸馏时，不仅需要针对物系的上述两个条件来判断是否适宜于该物系的分离，还需要关注微波的作用方式。

2.蒸馏中的普通加热与微波加热

与普通加热方法相比较，微波加热应用于蒸馏单元操作有以下特点。

① 微波对物质加热具有整体性，微波能直接作用于物质的所有分子，依据分子的极性，不同程度地转化为热能，这种作用在物质表面和物质中心同时发生，是一种"体加热"的形式。

② 微波加热速度快，远远大于普通加热方式。微波同时作用于整个物质体，其加热过程为能量转化过程，且对物质进行整体加热，不再是由物质表面到内部的热传导，没有热传导阻力的限制，不存在普通热量传递的速率问题。

③ 微波具有选择性加热的特点，依据物质介电特性、吸波能力的不同，加热效应不同。在微波作用于蒸馏过程中时，易吸波的挥发性物质迅速升温汽化，而吸波能力弱的物质将留在液相中，有利于介电常数相差大的物系的蒸馏分离。

④ 微波加热高效节能。对于介电物质，微波可以不被反射地进入物质内部，并在由介电物质表面进入其内部的过程中，介电物质不断吸收微波能，通过自身的介电损耗，使微波能转化为热能或者其他形式的能量而全部耗散掉。

⑤ 物料的介电损耗越大，微波穿透深度就越短。微波加热对分子而言具有同时性，但非空间上的均一性，因为随着微波进入物质内部的深度增加，微波能也在不断衰减，即物质内部微波能的分布并不均匀。因此，在应用微波对物料加热时，物料需选取合适的厚度或液层深度，消除或减弱微波能分布不均匀的问题，以防物料内部受微波作用不同而产生较大的温度梯度，导致加热效率下降。

⑥ 针对吸波能力弱的物系，根据微波作用机理，可辅助吸波效应强的介质，利用微波辐射提高热效率。

3.微波改变物系汽液相平衡状态

物系的汽液相平衡数据是蒸馏的基础数据，该数据是评价能否可以通过蒸馏达到组分间的分离，以及蒸馏分离难易的重要依据。研究表明，微波可以改变二元体系的相平衡和共沸物的沸点。

Rizmanoski[148]，Nakashima[149]，Katrib[150] 等研究提出，微波仅对介电损耗角正切 $\tan\delta$ 值足够大的物质有加热作用。Binner[151] 指出，物质的 $\tan\delta$ 值越大，其吸波能力越强，越容易将微波能转换为热能。在二元体系中，当一种物质的 $\tan\delta$ 值大于另一种物质时，微波更容易加热 $\tan\delta$ 值大的物质。与此同时，被加热的分子会与 $\tan\delta$ 值小的分子发生相互碰撞而传递能量。当 $\tan\delta$ 值大的分子转换的微波能量远大于分子间碰撞消耗的能量时，经过足够的能量累积，即可增加从液相逃逸到汽相的分子数，进而影响相平衡，改变传质终点。这种效应是多方面的，若微波作用使平衡相图中的汽相线和液相线拉开，则会使蒸馏分离变得更容易；如果微波作用使相平衡中的汽相线和液相线靠得更近，则会加大分离难度；当然也有可能是微波作用不会改变体系的相平衡关系，或相平衡改变极小。因此，微波辐射作用对不同物系相平衡的改变效应依具体的组成而定。

Altman[152] 等研究了微波作用对精馏分离效果的影响，考察了微波对二元体系相平衡的影响规律。实验结果发现微波只有在汽液相界面发生作用时，才能提高二元混合物的分离效率；若微波仅在混合物的液相发生作用，对分离基本无影响。李洪[153] 系统地研究了微波作用下汽液相平衡变化规律。针对不同体系，通过考察微波作用各因素对汽液相平衡的影响，探究了微波场强化蒸馏过程的机理。对于乙醇 - 苯体系，微波作用下体系的相平衡曲线发生了明显变化，如图 5-25 所示，微波功率越大，曲线变化越显著。在共沸点左侧，微波功率越大越利于乙醇 - 苯体系的分离；在共沸点右侧，微波功率越大越不利于分离。

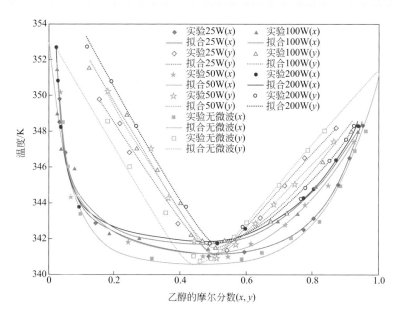

图 5-25 常压下乙醇 - 苯体系的 T-x-y 相图（x 为液相，y 为气相）

然而对于某些体系，这种分离方法的效果并不明显。例如，高鑫[154] 针对异辛醇 - 邻苯二甲酸二辛酯（DOP）体系的实验结果如图 5-26 所示。

由图 5-26 可以看出，微波对异辛醇 -DOP 体系的相平衡基本没有影响。Werth[155] 等研究了微波辐射对乙醇/碳酸二甲酯（DMC）、乙醇/碳酸甲乙酯（EMC）和乙醇/碳酸二乙酯（DEC）体系精馏分离的影响，实验结果表明，微波介入对这三个体系均无明显影响。

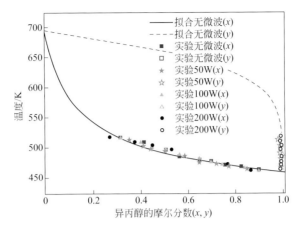

▶ 图 5-26　常压下异辛醇 –DOP 体系的 T–x–y 相图[154]

二、影响微波蒸馏的因素

影响微波蒸馏的因素比较多，主要有物系介电常数、微波功率、微波作用时间、液膜厚度和系统压力。

1.物系介电常数的影响

罗立新等[156] 通过对不同介电常数组成的二元混合物体系进行了微波减压蒸馏（Microwave Vacuum Distillation，MWVD）分离结果的比较，揭示了物系介电常数的差异对蒸馏分离的影响。实验装置如图 5-27 所示。

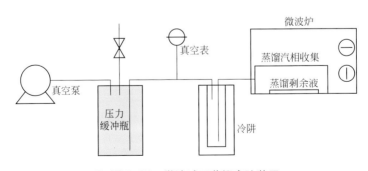

▶ 图 5-27　微波减压蒸馏实验装置

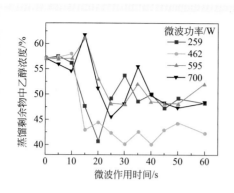

▶ 图5-28　不同微波功率下微波作用时间与蒸馏剩余物中乙醇浓度的关系

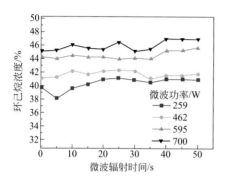

▶ 图5-29　不同的微波功率下微波作用时间与蒸馏剩余物中环己烷浓度的关系

介电常数均较大的二元乙醇-异丙醇体系的MWVD实验结果表明，异丙醇（介电常数为19.3）和乙醇（介电常数为24.5）都是极性分子，两者都极易吸收微波能，导致两者的分子平均运动自由程都变大，同时都从蒸发面逸出。从不同微波功率下，微波作用时间与蒸馏剩余物中乙醇浓度的关系曲线得知（图5-28），乙醇在原料最初目标含量处上下波动，分离效果不好。

从介电常数均较小的二元苯-环己烷体系的MWVD分离效果上看，苯（介电常数为2.28）和环己烷（介电常数为2.02）两者都是弱极性分子，均不响应微波。因此，两者都不能获得足够的能量从蒸发面逸出。从图5-29上曲线可以看出，随着蒸馏时间的延长，微波功率的增大，目标产品的浓度几乎与初始浓度一样，无分离效果。

对介电常数差异较大的组分——乙醇-环己烷体系进行了MWVD分离研究，乙醇（介电常数为24.5）和环己烷（介电常数为2.02）是强-弱极性分子混合物，结果表明，在操作压力1kPa、微波功率462W和微波作用时间20s下，环己烷的浓度从80.11%提高到99.794%。所以，MWVD适合于介电常数差异较大的组分间的分离。

2.微波功率的影响

罗立新课题组[156]研究了乙醇-环己烷体系在操作压力为16kPa、微波作用时间为20s时，微波功率对环己烷分离的影响。随着微波功率的增大，环己烷浓度先增大后减小。在微波功率462W时，环己烷浓度最高为96.586%。乙醇分子吸收足够的微波能并转化为热能，增大了乙醇的分子平均运动自由程，足以使其迅速从蒸发面逃逸。但当微波功率达到462W后，随着微波功率的进一步增大，环己烷含量逐渐减小，这意味着随着微波功率的增大，乙醇分子吸收了更多的微波能并转化为热能，在迅速从蒸发面逃逸的同时，乙醇分子也将越来越多的热量传递给了环己烷分子，致使环己烷内部因热量不断积累达到沸点而从蒸发面逸出。

3.微波作用时间的影响

微波作用时间是影响蒸馏传质传热和分离效率的重要因素。罗立新课题组在操作压力为16kPa、微波功率为462W的条件下，研究了微波作用时间对环己烷的浓度的影响。结果表明，随着微波作用时间的增加，环己烷浓度先增大后减小，15~20s时，环己烷浓度最高；随着微波作用时间的增加，乙醇分子吸收微波能转化为热能并迅速从蒸发面逸出。但20s后，随着微波作用时间的延长，环己烷浓度会逐渐减小，这意味着乙醇分子优先借助能量转化从蒸发面逃逸的同时，还将部分热量传递给了环己烷分子，所以随着微波作用时间的延长，环己烷内部热量不断积累，部分环己烷获得足够能量从蒸发面逸出。

4.液膜厚度对微波蒸馏效果的影响

微波有穿透深度的问题，故而涉及微波蒸馏中物料液膜厚度的控制。在压力为16kPa、微波功率为462W、微波作用时间为20s的条件下，该课题组进一步考察了液膜厚度范围为0.5~5mm时，微波蒸馏对乙醇-环己烷组分中环己烷浓度的影响，如图5-30所示。

如图5-30所示，随着液膜厚度的增加，环己烷浓度逐渐减小，乙醇浓度相应增大。说明微波场穿透深度问题在蒸馏过程中不容忽视，微波穿透至某深度的能量密度为表面处能量密度的1/e倍；此外，若液膜太厚，乙醇在从液相主体向蒸发面迁移过程中会逐层将能量传递给液相中的环己烷，导致最后没有足够的能量逸出蒸发面。所以，液膜越薄对提纯环己烷效果越好，本实验选择了1mm的液膜厚度。

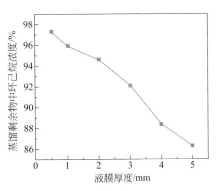

▶ **图5-30** 液膜厚度对环己烷浓度的影响

5.系统压力的影响

系统压力是影响真空蒸馏的关键因素之一，在微波功率为462W、微波作用时间为20s、液膜厚度为1mm的条件下，罗立新等[156]考察了乙醇-环己烷体系在系统压力为1~100kPa范围内蒸馏剩余物中环己烷浓度的变化情况。结果表明，随着压力的增大，目标组分环己烷浓度在下降。系统压力的升高意味着系统内残余气体的分压高，残余气体分子与所蒸发的组分分子之间的碰撞概率增大，势必影响组分分子的顺利逸出，可能导致组分分子返回蒸发面，从而降低物料的蒸发速率，使分离系数下降。系统的压力越小，环己烷浓度越大，越有利于环己烷的提纯。当系统压力为1kPa时，环己烷浓度达到99.79%（质量分数）。

三、微波蒸馏的应用

随着人们对微波蒸馏机理的深入研究，其应用越来越广泛，在天然植物活性成分的提取、无溶剂微波蒸馏、分析检测中的样品前处理方面的贡献尤为突出。

1.天然植物活性成分提取

微波辅助蒸馏过程应该是一个萃取和蒸馏耦合的过程。首先溶剂将活性成分溶出，然后通过蒸馏将介质汽化，带出活性成分，最终提取目标产物。微波作用同时强化了萃取和蒸馏操作，该过程使用的溶剂更少，甚至在无溶剂情况下，利用原位水，在更短的时间内，有效提取活性成分。天然植物活性成分往往是热敏性物质，会在高温下降解，不能长时间处于被加热状态，近年来，在寻求温和条件下的高效提取方法中，微波辅助蒸馏技术受到普遍关注。

微波加热是利用分子极化或离子导电效应直接对物质进行加热，热效率高，升温快，有利于极性和热敏性物质的提取，避免了长时间高温引起的热分解，同时挥发油成分更容易随水蒸气一起蒸馏出来，可得到更高的挥发油收率。对于目标产物挥发油来说，微波辅助水蒸气蒸馏所得的挥发油成分和直接水蒸气蒸馏所得的挥发油成分因体系性质不同而有所不同，但并没有因为微波而破坏其主要成分。微波蒸馏的另一个突出优势是，可以不添加任何溶剂，仅利用植物自身内部所含水分实现能量转换和流动循环，是一种具有商业前景的天然植物挥发油提取新技术。表 5-14 例举了近些年来微波蒸馏技术在天然植物挥发油提取领域的研究现状。

表5-14　微波蒸馏技术在天然植物挥发油提取领域的研究现状

微波辅助技术	微波作用步骤	微波过程	非微波过程	微波强化效果	植物体系	参考文献
MAHD	同步法：微波蒸馏	微波功率450W；微波时间35min；挥发油收率1.15%	蒸馏时间360min；水：料=1：1；挥发油收率0.96%	不添加溶剂，快速、简便、收率高	樟树叶与精油	[157]
MAHD	同步法：微波蒸馏	微波功率300W；水：料=3：1；微波时间90min；检出成分66个	水：料=3：1；蒸馏时间40min；检出成分22个	更高收率，更多化学成分	走马胎根茎与走马胎油	[158]
MAHD	同步法：微波蒸馏	微波功率450W；水：料=5：1；微波时间35min；挥发油收率2.55%	蒸馏时间180min；挥发油收率2.13%	添加极少量水，快速、简便、收率高	沙姜根茎与沙姜精油	[159]

微波辅助技术	微波作用步骤	微波过程	非微波过程	微波强化效果	植物体系	参考文献
MAHD	同步法：微波蒸馏	微波功率300W；水：料=10：1；微波时间60min；挥发油收率6.9%	水：料=10：1；蒸馏时间150min；挥发油收率6.3%	提取率高，耗时短	肉豆蔻与精油	[160]
MAHD	同步法：微波蒸馏	微波功率750W；水：料=50mL：150g；微波时间30min；56个组分	水：料=2000mL：150g；蒸馏时间180min；76个组分	少量样品，少量溶剂，但组分数减少	野豌豆与精油	[161]
MAHD	同步法：微波蒸馏	微波功率750W；水：料=50mL：65g；微波时间40min；44个组分；挥发油收率0.86%	物料65g；蒸馏时间240min；45个组分；挥发油收率0.16%	分离方法不同，得到的产物组分比例不同	金盏花	[162]
MAHD	同步法：微波蒸馏	微波功率800W；水：料=100mL：100g；微波时间15min；10个组分	乙醚：料=200mL：200g；蒸馏时间240min；14个组分	水作为溶剂，而非有机溶剂，但组分数减少	千屈菜与精油	[163]
MAHD	同步法：微波蒸馏	微波功率300W；水：料=24：1；微波时间17min；提取率0.647%	蒸馏时间182min；提取率0.621%		板栗花与精油	[164]
MAHD	二步法：1.微波辐射处理；2.水蒸气蒸馏	微波功率800W；微波时间20s；水：料=25：1；蒸馏时间60min	蒸馏时间120min	缩短提取时间，提取率增加	肉桂皮与肉桂油	[165]
MD-SDE	二步法：1.微波蒸馏；2.有机溶剂萃取	MD：微波功率450W；微波时间30min；物料450g；萃取己烷10mL，92种成分；CO_2排放量70g/g精油	（水+己烷）：料=（2000+200）mL：450g；蒸馏时间180min；121种成分；CO_2排放量3.464kg/g精油	简单、快速、少溶剂、环境友好、节能	蒺藜与精油	[166]

微波辅助技术	微波作用步骤	微波过程	非微波过程	微波强化效果	植物体系	参考文献
MA+HD	二步法：1.微波辐射处理；2.水蒸气蒸馏	微波功率530W，料液比=1∶12；蒸馏时间132min；提取率0.615%	蒸馏时间240min；挥发油收率0.41%	提取率高，耗时短	腊梅花与精油	[167]
MA+HD	二步法：1.微波辐射处理；2.水蒸气蒸馏	微波功率350W；微波时间3min；蒸馏时间80min	蒸馏时间110min	缩短提取时间	柠檬果皮与柠檬精油	[168]
MA+HD	二步法：1.微波辐射处理；2.水蒸气蒸馏	微波功率270W；微波时间2.1min；蒸馏时间63min；挥发油提取率2.88%		提取率高，耗时短	乳香药材与乳香挥发油	[169]
ILMSED	MAHD同步法：微波蒸馏	微波功率230W；水∶料=200mL∶20g；微波时间15min；挥发油收率1.24%	水∶料=200mL∶20g；蒸馏时间240min；挥发油收率1.22%	不使用有机溶剂	肉桂皮与精油	[170]
EAMHD	二步法：1.微波辐射处理（水解酶+500W+25min）；2.水蒸气蒸馏：700W+35min；挥发油收率3.27%；含氧单贴24.50%；CO_2排放量0.75kg/mL精油	MAHD：微波功率700W；水∶料=200mL∶20g；蒸馏时间80min；挥发油收率2.35%；含氧单贴20.63%；CO_2排放量1.59kg/mL精油	HD：水∶料=200mL∶20g；蒸馏时间160min；挥发油收率2.25%；含氧单贴14.84%；CO_2排放量3.31kg/mL精油	提取率高，耗时短	连翘与精油	[171]
MD-HS-SDME	一步法：微波+蒸馏+微萃取	微波功率300W；水∶料=3∶5；微波时间4min；物料5g；53个组分	蒸馏时间90min；物料200g；53个组分	少量样品、少量溶剂	桔梗与精油	[172]

微波辅助技术	微波作用步骤	微波过程	非微波过程	微波强化效果	植物体系	参考文献
MN-MD-HS-SPME	一步法：分离＋萃取＋浓缩	微波功率230W；微波时间2min；物料1g；0.1g AMN；48成分	HS-SPME：蒸馏时间40min；物料1g；37成分	简单、快速、无溶剂	紫苏与精油	[173]
FMMS-HS-MAD	一步法：分离＋萃取＋浓缩	微波功率300W；（癸水＋己烷）：料＝2μL：1g；微波时间2min；0.1g FMMS；52成分	（癸水＋己烷）：料＝（500mL+5mL）：50g；蒸馏时间360min；31成分	简单、快速、无溶剂、利用植物中的原位水	花椒与精油	[174]
MD-SPME	一步法：分离＋萃取＋浓缩	微波功率400W；微波时间3min；物料2g；49成分（含HD的26成分）	水：料＝500mL：50g；蒸馏时间360min；26成分	简单、快速、无溶剂	藜蒿与精油	[175]
MD-SPME	一步法：分离＋萃取＋浓缩	微波功率400W；微波时间2min；物料1g；29成分	水：料＝500mL：80g；蒸馏时间360min；29成分	简单、快速、无溶剂	石菖蒲根茎与精油	[176]
MD-SPME	一步法：分离＋萃取＋浓缩	微波功率400W；微波时间2min；物料1g；54成分	HS-SPME：30min；物料1g；39成分	简单、快速、无溶剂	姜与精油	[177]
MD-HS-SPME	一步法：微波蒸馏	微波功率400W；水：料＝0.5mL：5g；微波时间5min；53个组分	水：料＝500mL：50g；蒸馏时间360min；35个组分	少样品、少时间、简化样品前处理过程	益智仁果与精油	[178]

注：水蒸气蒸馏（Hydro-distillation，HD）；微波辅助水蒸气蒸馏（Microwave Assisted Hydro-distillation，MAHD）；微波蒸馏顶空单滴微萃取（Microwave Distillation-head-space Single Drop Microextraction，MD-HS-SDME）；离子液体微波同步辅助萃取与精馏（Ionic Liquid-based Microwave-assisted Simultaneous Extraction and Distillation，ILMSED）；酶辅助微波水蒸气蒸馏（Enzyme-assisted Microwave Hydro-distillation，EAMHD）；磁性微球顶空微波蒸馏［（Fe₂O₃ Magnetic Microshere）-HS（Head-space）-MAD，FMMS-HS-MAD］；微波蒸馏固相微萃取（Microwave Distillation Solid-phase Microextraction，MD-SPME）；磁性纳米颗粒辅助微波蒸馏同步顶空固相微萃取（Magnetic Nanoparticle-assisted Microwave Distillation and Simultaneous Headspace Solid-phase Microextraction，MN-MD-HS-SPME）；蒸馏萃取（Simultaneous Distillation Extraction，SDE）。

当微波技术用于蒸馏植物挥发油时，植物根茎、果皮经过微波的辐射，从细胞破碎的微观角度看，微波加热导致细胞内的极性物质尤其是水分子吸收微波能，产生大量的热量，使细胞内物质的温度迅速上升，液态水汽化产生的压力将细胞膜和细胞壁冲破，形成微小的孔洞；进一步加热导致细胞内部和细胞壁水分减少，细胞收缩，表面出现裂纹、孔洞，更容易释放出细胞内物质，从而缩短了蒸馏时间，有效地提高了挥发油收率。Jiao[171]借助水解酶的作用，破坏细胞结构，促进细胞内的成分释放，在微波和酶的双重作用下，进一步缩短精油的萃出时间。如图 5-31 所示为天然植物经过 HD、MAHD、EAMHD 不同提取过程后，植物微观结构的受损程度，经 HD 后，与处理前［图 5-31（a）］相比，只在表面有些碎片［图 5-31（b）］；经 MAHD 后，部分形态受损，如图 5-31（c）所示；经 EAMHD 后，植物内外细胞均被严重破坏，如图 5-31（d）所示。

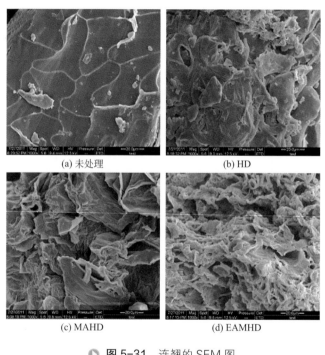

(a) 未处理　　　　　　　　　　(b) HD

(c) MAHD　　　　　　　　　　(d) EAMHD

▶ 图 5-31　连翘的 SEM 图

含氧单萜化合物具有较高的极性，可以与微波发生剧烈作用，从而提高萃取效率。相反，芳香化合物（弱极性）如单萜碳氢化合物不易萃出，所以 EAMHD 得到的精油中含氧单萜多一些。

大部分研究结果均显示，微波辅助蒸馏与传统水蒸气蒸馏相比有明显优势，其加热效率高、节省能源、大大缩短提取时间、提取率高、使用溶剂量少或无溶剂加入，是一种环境友好的易于操作的高效节能提取天然植物活性成分的方法。但由于物性等特点，有时微波辅助蒸馏效果不明显。

2. 无溶剂微波蒸馏

微波蒸馏技术使溶剂的用量大幅度下降，而且针对新鲜植物的精油提取，可以利用其自身的原位水吸收微波进行蒸馏，这一过程结合了微波和干蒸馏技术，可实现无溶剂提取。Deng 等[175]应用微波蒸馏固相微萃取新鲜藜蒿的精油，与无微波作用情况相比，MD 用时 3min，无需溶剂，得到 49 种化合物；HD 用时 360min，用了 10 倍于物料质量的水，得到 26 种化合物。而且 MD 的 49 种化合物涵盖了 HD 的 26 种，说明微波对植物中的化合物没有破坏作用。Ye 等[176]研究了从新鲜石菖蒲根茎提取精油的无溶剂微波蒸馏固相微萃取工艺，MD 与 HD 两种方法比较，均得到 29 种化合物，但 MD 更简单、快速、节能，且无需溶剂。Yu 等[177]应用微波蒸馏固相微萃取鲜姜的精油，与无微波作用情况相比较，发现 MD 用时 2min，无需溶剂，得到 54 种化合物；HD 耗时 30min，得到 39 种化合物。

从干植物中提取挥发性组分是更为常见的情况，由于干植物中没有足够的水吸收微波，不能被加热，也就无法进行蒸馏提取挥发性物质。此时，若加入具有良好吸波能力的固相介质，则能解决吸波转能问题，而磁性物质是很好的吸波介质。Ye 等[173,174]引入磁性微球，实现了无溶剂一步法分离提取浓缩紫苏和花椒精油过程。

3. 分析检测中的样品前处理

近年来，微波在精油分析方面的应用得到广泛的关注，微波辅助溶剂萃取精油主要优势在于提取时间和有机溶剂的大幅度减少。固相微萃取直接与气相色谱连接进行成分分析，MD-HS-SPME-GC-MS 分离提取浓缩检测一步完成。微波对湿物料的瞬间加热，挥发出的组分被固相萃取柱收集，使降解程度最小化，所以 MD-SPME 比 HD 更适合低沸点化合物的提取。

微波蒸馏与顶空、固相萃取耦合，形成一种新的分离萃取浓缩同步前处理技术。该技术简单、快速、样品消耗少、使用溶剂量少或无溶剂、节能环保；与 GC-MS 结合，可实现复杂物系的快速定性定量，在天然产物活性成分提取与分析领域有极好的应用前景。大量文献报道了天然植物中精油快速提取与检测的研究与应用。

陈泽智等[179]采用微波蒸馏预处理代替传统的电炉蒸馏法，利用异烟酸-吡唑啉酮分光光度法测定废水中总氰化物。经实际样品测定，并与电炉蒸馏法进行了实验比对，对检测结果进行 F 检验，结果表明，这两种方法的实验结果数据无显著性差异，精密度和准确度均符合监测分析的要求。

张玲等[180]将微波蒸馏法用于水样中氨氮的前处理分析，大大缩短了样品前处理时间，建立了一种水样中氨氮快速检测方法。

传统蒸发技术包括多级蒸发、多级闪蒸、机械蒸汽再压缩蒸发等，这些方式都需要多级处理，且设备多、流程长、占地大，生产加热用蒸汽还会造成环境污染。尤其是当蒸发对象为高黏性、低导热性或强腐蚀性溶液时，传统技术面临着能耗高、结垢、腐蚀、产品杂质含量高等难题，同时由于蒸汽换热器耐热、耐压的限制，蒸发所需要的热量只能通过多次换热提供，造成传统设备级数多、流程长[181~183]。图 5-32 所示为三效蒸发设备连接图，可见该系统中泵、阀和罐数量多而且连接非常复杂。

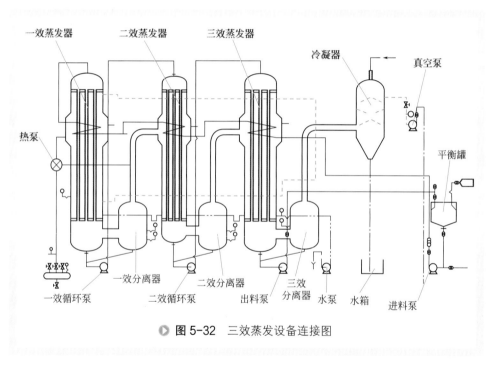

图 5-32　三效蒸发设备连接图

昆明理工大学据此开发了微波闪蒸新技术[184,185]，是将闪蒸腔与微波谐振腔进行统一优化设计为闪蒸谐振腔。使微波能通过馈口进入到闪蒸谐振腔内被溶液吸收，实现溶液温度原位快速提升，供给足够能量使得溶液持续沸腾，从而达到微波强化蒸发过程的目的，实现微波加热强化条件下的短流程及高效蒸发。

一、微波闪蒸的原理

微波闪蒸过程是通过将微波加热技术引入到闪蒸过程中，将传统闪蒸过程的压力容器与微波加热过程的微波谐振腔进行结合设计，将微波谐振腔与闪蒸压力容器结合后所得到的新型腔体定义为闪蒸谐振腔[186,187]。

微波闪蒸过程工艺流程原理图如图 5-33 所示。进入闪蒸腔中的液体由于过热，部分液体吸收所释放的潜热而蒸发。在液体释放蒸发潜热的过程中，由于同时向闪蒸谐振腔内原位馈入了微波，液体快速吸收微波能并将其迅速转化为自身热能，从而保持持续的沸腾蒸发。蒸发所产生的蒸汽通过冷凝塔冷凝回收，蒸发后的浓缩液通过闪蒸罐底部的管道和阀门流入浓缩液罐中收集处理。

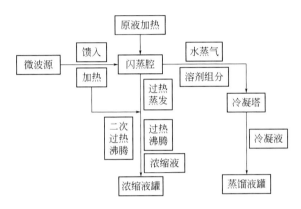

◑ **图 5-33　闪蒸过程工艺流程原理图**

二、微波闪蒸过程的影响因素

1.液体状态

液体状态的因素主要包括液体流速、液体温度、过热度、液体向闪蒸腔内的进入状态。液体流速的大小控制了单位流速的液体进入闪蒸腔中总热流量的大小；液体温度的高低控制了单位时间内液体向闪蒸腔中带入总热流量的大小；液体的过热度由闪蒸腔的压力及液体温度共同控制，过热度越高，表示液体在闪蒸过程中所能转化的多余显热量越多，过热度越低，表示所能转化的多余显热量越少；液体向闪蒸腔的进入状态通过减压阀及进口位置的设计控制，设计状态可以为平流流入、喷射进入、液滴滴入以及喷淋进入，不同进入结构需要对应不同的进口设计，不同的进入状态下所能产生的温度分布以及闪蒸强度是不同的。

2.闪蒸腔环境

闪蒸腔环境包括闪蒸腔的压力设置、闪蒸腔内的流体流动状态、闪蒸腔的体积以及外形设计。闪蒸腔的压力设置控制了液体进入闪蒸腔后所能对应的饱和状态，闪蒸腔的压力越低，与外界环境的压力差越大，液体所能够提供的过热显热量就越大，闪蒸的蒸发效果及分离效果就越好。

在闪蒸过程中采用真空供给系统作为闪蒸腔的压力控制源，一般通过在闪蒸罐体和真空系统之间设置节流阀，通过控制节流阀的工作状态控制闪蒸腔内的压力变化，从而进一步控制闪蒸腔的流体流动状态。采用节流阀调配闪蒸腔压力变化从而实现更好的汽液分离效果。

3.微波输入功率和频率

将微波馈入闪蒸谐振腔内部，需要考虑到加热谐振腔与闪蒸腔的结合，两者的协同优化设计是实现微波在闪蒸过程中有效发挥作用的关键。在工作过程中，一般通过控制微波输入功率实现微波热供给的调节。功率的变化将引起物料内部电磁场强度与分布状态的改变，功率的增加将会导致液体所吸收热量的提升，但同时需要考虑微波的吸收效率。

三、微波闪蒸设备

微波闪蒸设备结构原理可参见第一章图1-7，由原液罐、闪蒸罐、冷凝塔、蒸馏液罐、浓缩液罐、微波源等组成，在各个罐体之间设置阀门进行流量控制，在蒸馏液罐上设置真空系统接口，在浓缩液罐上设置真空系统控制阀门。

如图5-34所示，微波强化闪蒸系统由高位原液加热罐体、进液阀门、流量计、微波闪蒸腔、液滴承载分布盘、微波源、波导、浓缩液罐体、冷凝塔、冷凝液罐

▶ 图5-34 微波闪蒸系统实物图

体、真空抽吸口、真空泵以及系统控制电柜、对应的连接管道等构成。

四、微波闪蒸的热量平衡分析

闪蒸作为液体的一种相变过程，当溶液所处的环境压力下降且低于泡点温度对应的压力时，溶液从饱和区开始汽化，且随着压力的不断下降，溶液的汽化程度变高。闪蒸过程中，汽液两相从初始饱和状态变化至结束饱和状态，两相在新的压力环境中达到新的汽液平衡。根据两相状态及质量变化，忽略闪蒸过程中由于闪蒸腔中的热耗散造成的热损失，作出以下基本假设[188～191]。

（1）闪蒸罐体积一定，且闪蒸罐与外界不存在热量交换。闪蒸过程蒸发潜热主要来源为不同背压下的液体总焓差。

（2）假设 t 时刻进入闪蒸罐体的液体质量稳定为 m，温度为 T，热焓为 H，在 $t+\Delta t$ 时刻离开罐体的液体质量为 m'，温度为 $T-\Delta T$，热焓为 H'，闪蒸液在罐体中停留时间为 Δt。

（3）在环境压力为 p 的闪蒸罐体，Δt 时间内产生质量为 Δm、温度为 $T-\Delta T$ 的蒸汽。在整个闪蒸流程中，汽液两相的蒸发潜热及热焓等热物理基本参数随环境压力而变化。

（4）忽略蒸汽的产生对罐体整体环境产生的冲击，在闪蒸结束前后忽略罐体的压力差异。

根据以上假设，建立微波闪蒸过程的简易物理数学模型如下。

（1）质量平衡方程

$$\Delta m = m - m' \tag{5-18}$$

（2）热量平衡方程

$$mH = m'H' + \Delta m H'' \tag{5-19}$$

（3）相平衡方程（Clapeyron 方程）

$$\frac{\mathrm{d}p}{\mathrm{d}T} = \frac{r}{T\Delta V} \tag{5-20}$$

考虑到罐体中液体的流动性，假设闪蒸罐体进口水量为 m_{in}，闪蒸后的出口浓缩水量为 m_{out}，单位时间内产生蒸汽的量为 m_{vap}，闪蒸时间为 t，那么得到连续状态下的质量平衡方程为

$$\int_t^{t+\Delta t} m_{in}\mathrm{d}t = \int_t^{t+\Delta t} m_{out}\mathrm{d}t + \int_t^{t+\Delta t} m_{vap}\mathrm{d}t \tag{5-21}$$

热量平衡方程为

$$\int_t^{t+\Delta t} m_{in}H\mathrm{d}t = \int_t^{t+\Delta t} m_{out}H'\mathrm{d}t + \int_t^{t+\Delta t} m_{vap}H''\mathrm{d}t \tag{5-22}$$

闪蒸时间内产生的蒸汽总量为

$$\int_{t}^{t+\Delta t} m_{\text{vap}} \mathrm{d}t = \int_{t}^{t+\Delta t} m_{\text{in}} \left[1 - \exp\left(\frac{\Delta H}{r} \right) \right] \mathrm{d}t \qquad (5\text{-}23)$$

根据热力学第一定律，对于密闭的微波谐振腔体加热系统，热量平衡方程表示为

$$Q = Q_{\text{M}} + W + \Delta U \qquad (5\text{-}24)$$

其中，Q_{M} 可以表示为

$$Q_{\text{M}} = \nabla(k\nabla T) + q(x, y, z, t) \qquad (5\text{-}25)$$

式中，k 为介质的传热系数；$q(x,y,z,t)$ 为热源密度，微波加热在单位体积介质中所产生的热转化量为热源密度，可以表示为

$$q(x, y, z, t) = 2\pi f \varepsilon_0 \varepsilon'' E^2 \qquad (5\text{-}26)$$

根据以上方程并结合实际工况进行分析，微波闪蒸条件腔内充满驻波，闪蒸原液自上向下运动，在发生闪蒸的同时，微波加热腔体内部的整个气(汽)液相体系。微波闪蒸过程中在腔体内部发生的热质传递过程可用图 5-35 来表示。

微波闪蒸过程系统热流过程如图 5-36 所示。

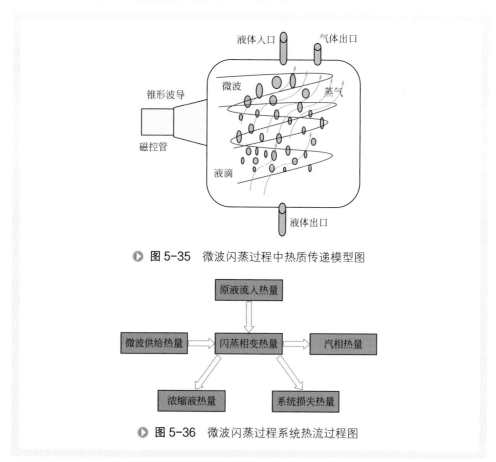

▶ **图 5-35** 微波闪蒸过程中热质传递模型图

▶ **图 5-36** 微波闪蒸过程系统热流过程图

图 5-36 表明，闪蒸过程中微波及原液向系统中供给了热量；液体的部分显热向汽化潜热转化，从而使得部分液相蒸发产生汽相，汽相热量向外流出；闪蒸后的浓缩液带走余热。为了综合考虑微波加热对闪蒸过程的影响，需以闪蒸过程中的液相及汽相焓值进行热量衡算。

原液带入的热量为

$$Q_L = m_L H'_L \tag{5-27}$$

微波供给的热量为

$$Q_W = Pt\zeta \tag{5-28}$$

浓缩液的热量为

$$Q_C = m_C H'_C \tag{5-29}$$

汽相热量为

$$Q_S = m_S H'' \tag{5-30}$$

考虑系统的热量损失为 ΔQ，微波闪蒸过程的热量平衡表示如下。

$$Q_L + Q_W = Q_S + Q_C + \Delta Q \tag{5-31}$$

式中，Q_L 为液体供的热量；Q_W 为微波供给的热量；Q_S 为汽相的热量；Q_C 为浓缩液的热量；ΔQ 为损失的热量；m_L、H'_L、m_C、H'_C、m_S、H'' 分别为液体流量、液体热焓、浓缩液流量、浓缩液热焓、汽相流量、汽相热焓；P、t、ζ 分别为微波功率、加热时间、电热转化效率。

五、微波闪蒸的优势及应用前景

微波闪蒸技术在理论上，引入微波能强化蒸发过程，使微波穿透高黏度、低导热性、强腐蚀性浓磷酸物料进行体加热；在装备上将闪蒸腔体按照微波加热理论设计为多模谐振腔，采用衬聚四氟乙烯金属材料作为主体材质，避免了蒸发过程的腐蚀问题；在短流程工艺上，采用微波单级闪蒸一次获得高纯度的浓缩液，取消昂贵的强制循环泵等高耗能、易腐蚀部件。

1.微波闪蒸静态浓缩含重金属离子废水

研究人员开展了微波加热静态闪蒸含重金属离子废水的浓缩实验。配制 Zn^{2+}、Cu^{2+}、Mg^{2+}、Na^+ 含量为 1g/L 的水溶液，采用聚四氟乙烯罐装 500mL 置于闪蒸器内进行闪蒸蒸发实验，以求获得微波加热静态闪蒸含重金属离子废水的工艺优化条件，实验的操作条件为罐体系统初始压力 10kPa、溶液初始体积 500mL、微波功率 1000W，以不同的离子组合方式进行实验，得到实验结果如表 5-15 所示。

表5-15　不同组别含金属离子溶液闪蒸后离子浓度变化　　　　　　　　单位：g/L

组别	离子体系	Zn^{2+}	Cu^{2+}	Mg^{2+}	Na^+
1	Zn、Cu	1.9	2.2		
2	Zn、Cu、Mg	1.4	1.5	1.5	
3	Zn、Cu、Mg	1.6	1.6	1.6	
4	Zn、Cu、Mg、Na	1.7	1.7	1.7	1.8

采用微波加热浓缩组别为1、2、3的三种溶液体系，加热时间和浓缩后体积如表5-16所示。

表5-16　微波闪蒸浓缩含金属离子溶液体积变化

组别	离子体系	原液体积/mL	浓缩后体积/mL	加热时间/min	电耗/kW·h
1	Zn、Cu	500	225	30	0.5
2	Zn、Cu、Mg	500	345	20	0.4
3	Zn、Cu、Mg、Na	500	330	20	0.3

采用微波加热浓缩组别为1、3的三种溶液体系，从表5-15及表5-16的结果可知，微波使得溶液中的水蒸发后，离子浓度约提高了1.5倍以上，同时得到了相应体积的纯水。按照不同的加热时间和溶液体系，获得的浓缩体积不一致。采用微波加热静态闪蒸含重金属离子废水，按照优化的实验结果计算，每浓缩得到500mL浓缩液，所需要耗费的电能为1kW·h。由于小规模实验其热损失比例较大，而在大规模实验时可采用保温措施，控制热损失量，其能耗指标有望进一步下降。

2.微波闪蒸静态浓缩湿法磷酸制备聚磷酸

采用微波闪蒸工艺处理湿法磷酸，脱除湿法磷酸中的自由水和结合水，使得磷酸聚合生成聚磷酸，实验中所使用的湿法磷酸总磷含量为44.25%。采用功率为1.2kW的微波在降压条件下加热处理120～180min，最终磷酸温度达到210℃以上，完成湿法磷酸的浓缩及其聚合，得到的聚磷酸总磷含量达到75%以上。处理前后的湿法磷酸对比图如图5-37所示。

3.微波闪蒸工艺应用前景及展望

今后，微波闪蒸工艺有望应用到废水处理、海水淡化、液体蒸发浓缩、化工溶液浓缩结晶、杀菌、溶液除油、不同有机混合溶液蒸馏分离、天然植物挥发油提取、除油、有机物脱除和干燥等领域。

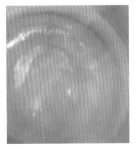

(a) 处理前液态湿法磷酸　　　　　(b) 处理后固态聚磷酸

▶ 图 5-37　微波闪蒸处理湿法磷酸前后对比图

参考文献

[1] Ganzler K，Salgó A，Valkó K. Microwave extraction：A novel sample preparation method for chromatography [J]. Journal of Chromatography A，1986，371：299-306.

[2] Onuska F I，Terry K A.Extraction of pesticides from sediments using a microwave technique[J]. Chromatographia，1993，36：191-194.

[3] Pare J R J.Microwave assisted generation of volatiles of supercritical fluid and apparatus therefore：US 5377426 A[P].1995-1-3.

[4] Garca-Ayuso L E，Castro M D L D. A multivariate study of the performance of a microwave-assisted Soxhlet extractor for olive seeds [J]. Analytica Chimica Acta，1999，382（3）：309-316.

[5] Budzinski H，Letellier M，Thompson S. Combined protocol for the analysis of polycyclic aromatic hydrocarbons（PAHs）and polychlorobiphenyls（PCBs）from sediments using focused microwave assisted（FMW）extraction at atmospheric pressure [J]. Fresenius' Journal of Analytical Chemistry，2000，367：165-171.

[6] Melanie K，Andersson J T. Microwave-assisted extraction of polycyclic aromatic compounds from coal [J]. Fresenius' Journal of Analytical Chemistry，2001，370：970-972.

[7] Craveiro A A，Matos F J A，Alencar J W. Microwave oven extraction of an essential oil[J]. Flavor and Fragrance Journal，1989（4）：43-44.

[8] Chen S，Sand Spiro M. Study of microwave extraction of essential oil constituents from plant materials [J]. Journal of Microwave Power and Electromagnetic Energy，1994，29（4）：231-241.

[9] Lucchesi M E，Chemat F，Jacqueline S. Solvent free microwave extraction：An innovative

tool for rapid extraction of essential oil from aromatic herbs and spices[J]. Journal of Microwave Power and Electromagnetic Energy，2004，39（3-4）：135-139.

[10] 谢永荣，腾莉丽，余月荣.微波法提取柑橘皮中天然色素 [J].赣南师范学院院报，1994，2：34-37.

[11] 姚中铭，吕晓玲，褚树成.天然色素栀子黄提取、精制工艺及稳定性的研究 [J].天津轻工业学院学报，2001，4：20-24.

[12] Majors R E.Practical aspects of solvent extraction[J]. LC GC North America，2008，26（12）：1158-1166.

[13] Routray W，Orsat V. Microwave-assisted extraction of flavonoids：A review[J]. Food and Bioprocess Technology，2011，5（2）：1-16.

[14] Eskilsson C S，Björklund E. Analytical-scale microwave-assisted extraction[J]. Journal of Chromatography A，2000，902：227-250.

[15] Thostenson E T，Chou T W. Microwave processing：Fundamentals and applications[J]. Composites Part A：Applied Science and Manufacturing，1999，30（9）：1055-1071.

[16] Metaxas A C，Meredith R J. Industrial microwave heating[M]. London：Peter Peregrinus，1983：28-31.

[17] Kingston H M，Jassie L B.Introduction to microwave sample preparation[J]. Washington，DC：American Chemical Society，1988，（18）：1048A.

[18] Acierno D，Barba A A，D'Amore M. Heat transfer phenomena during processing materials with microwave energy[J]. Heat Mass Transfer，2004，40：413-420.

[19] Mandal V，Mohan Y，Hemalath S.Microwave assisted extraction-an innovative and promising extraction tool for medicinal plant research[J]. Pharmacognosy Reviews，2007，1（1）：7-18.

[20] Jassie L，Revesz R，Kierstead T，et al. In：Kingston HM，Haswell SJ（eds）microwave-enhanced chemistry[J]. Washington，DC：American Chemical Society，1997：569.

[21] Zlotorzynski A. The application of microwave radiation to analytical and environmental chemistry[J]. Critical Reviews in Analytical Chemistry，1995，25（1）：43-76.

[22] Jain T，Jain V，Pandey R，et al. Microwave assisted extraction for phytoconstituents：An overview[J]. Asian Journal of Chemistry，2009，2（1）：19-25.

[23] Buffler C R. Microwave cooking and processing：Engineering fundamentals for the food scientist[M]. New York：Van Nostrand Reinhold，1993.

[24] Chen M，Siochi E J，Ward T C，et al. Basic ideas of microwave processing of polymers[J]. Polymer Engineering and Science，1993，33：1092-1109.

[25] Abhayawick L，Laguerre J C，Tauzin V，et al. Physical properties of three onion varieties

as affected by the moisture content[J]. Journal of Food Engineering，2002，55：253-262.

[26] Pare J R J，Belanger J M R.Microwave-assisted process（MAP）: A new tool for the analytical laboratory[J]. Trends in Analytical Chemistry，1994，13：176-184.

[27] Al-Harahshed M，Kingman S W. Microwave-assisted leaching：A review[J]. Hydrometallurgy，2004，73：189-203.

[28] Datta A K.Porous media approaches to studying simultaneous heat and mass transfer in food processes.I：Problem formulations[J]. Journal of Food Engineering，2007，80：80-95.

[29] Datta A K. Porous media approaches to studying simultaneous heat and mass transfer in food processes.II：Property data and representative results[J]. Journal of Food Engineering，2007，80（1）：96-110.

[30] Takeuchi T M，Pereira C G，Braga M E M，et al. Low-pressure solvent extraction（solid-liquid extraction，microwave assisted，and ultrasound assisted）from condimentary plants[M]//Extracting Bioactive Compounds for Food Products. CRC Press，2008：150-231.

[31] Navarrete A，Mato R B，Cocero M J. A predictive approach in modeling and simulation of heat and mass transfer during microwave heating.Application to SFME of essential oil of lavandin super[J]. Chemical Engineering Science，2012，68：192-201.

[32] Sihvola A.Mixing rules with complex dielectric coefficients[J]. Subsurface Sensing Technologies and Applications，2000，1（4）：393-415.

[33] Chen L，Song D，Tian Y，et al. Application of on-line microwave sample-preparation techniques[J]. Trends in Analytical Chemistry，2008，27：151-159.

[34] 刘传斌，白凤武，冯朴荪，等.酵母胞内海藻糖的微波破细胞提取 [J].化工学报，2000，51（12）：810-813.

[35] 杨屹，侯翔燕，郭振库.微波辅助萃取新鲜芦荟叶中芦荟苷的研究 [J].高等学校化学学报，2005，26（9）：1627-1630.

[36] 郝金玉，韩伟，邓修.新鲜银杏叶经微波辅助提取后微观结构的变化 [J].中草药，2002（08）：117-120.

[37] Spigno G，Faveri D M D.Microwave-assisted extraction of tea phenols：A phenomenological study[J]. Journal of Food Engineering，2009，93（2）：210-217.

[38] Chan C H，Yusoff R，Ngoh G C，et al. Microwave-assisted extractions of active ingredients from plants[J]. Journal of Chromatography A，2011，1218（37）：6213-6225.

[39] Tatke P，Jaiswal Y. An overview of microwave assisted extraction and its applications in herbal drug research. Journal of Medicinal Plant Research 5，2011：21-31

[40] 韩伟，郝金玉，薛勇.微波辅助提取青蒿素的研究 [J].中成药，2002，24（2）：83-86.

[41] 王娟，沈平嬢，沈永嘉，等.葛根中有效成分的微波辅助萃取研究 [J].中国医药工业杂志，2002，33（8）：382-384.

[42] Brachet A，Christen P，Veuthey J L.Focused microwave-assisted extraction of cocaine and benzoylecgonine from coca leaves[J]. Phytochemical Analysis，2002，13：162-169.

[43] Zhou H Y，Liu C Z.Microwave-assisted extraction of solanesol from tobacco leaves[J]. Journal of Chromatography A，2006，1129：135-139.

[44] Zigoneanu I G，Williams L，Xu Z，et al. Determination of antioxidant components in rice bran oil extracted by microwave-assisted method[J]. Bioresource Technology，2008，99：4910-4918.

[45] Talebi M，Ghassempour A，Talebpour Z，et al. Optimization of the extraction of paclitaxel from Taxus baccata Lby the use of microwave energy[J]. Journal of Separation Science，2004，27：1130-1136.

[46] Song J，Li D，Liu C，et al. Optimized microwave-assisted extraction of total phenolics（TP）from Ipomoea batatas leaves and its antioxidant activity[J]. Innovative Food Science and Emerging Technologies，2011，12：282-287.

[47] Pan X，Niu G，Liu H.Microwave assisted extraction of tea polyphenols and tea caffeine from green tea leaves[J]. Chemical Engineering and Processing-Process Intensification，2003，42：129-133.

[48] Eskilsson C S，Björklund E，Mathiasson L，et al. Microwave assisted extraction of felodipine tablets[J]. Journal of Chromatography A，1999，840：59-70.

[49] Llompart M P，Lorenzo R A，Cela R，et al. Phenol and methylphenol isomers determination in soils by in-situ microwave-assisted extraction and derivatisation[J]. Journal of Chromatography A，1997，757：153-164.

[50] Lu Y，Ma W，Hu R，et al. Ionic liquid-based microwave-assisted extraction of phenolic alkaloids from the medicinal plant nelumbo nucifera Gaertn[J]. Journal of Chromatography A，2008，1208：42-46.

[51] Chen Y，Xie M Y，Gong X F.Microwave-assisted extraction used for the isolation of total triterpenoid saponins from Ganoderma atrum[J]. Journal of Food Engineering，2007，81：162-170.

[52] Wang Y，You J，Yu Y，et al. Analysis of ginsenosides in Panax ginseng in high pressure microwave-assisted extraction[J]. Food Chemistry，2008，110（1）：161-167.

[53] Jairton D.Ionic liquid（molten salt）phase organometallic catalysis[J]. Chemical Review 2002，102：3667-3692.

[54] Pino V，Anderson J L，Ayala H J，et al. The ionic liquid 1-hexadecyl-3-methylimidazolium bromide as novel extracting system for polycyclic aromatic hydrocarbons contained in sediments using focused microwave-assisted extraction [J]. Journal of Chromatography A，2008，1182（2）：145-152.

[55] Gao S，You J，Zheng X. Determination of phenylurea and triazine herbicides in milk by microwave assisted ionic liquid microextraction high-performance liquid chromatography [J]. Talanta，2010，82：1371-1377.

[56] Yan M M，Liu W，Fu Y J，et al. Optimisation of the microwaveassisted extraction process for four main astragalosides in radix astragali[J]. Food Chemistry，2010，119（4）：1663-1670.

[57] Chemat S，Ait-Amar H，Lagha A，et al. Microwave-assisted extraction kinetics of terpenes from caraway seeds[J]. Chemical Engineering and Processing-Process Intensification，2005，44：1320-1326.

[58] Khajeh M，Akbari Moghaddam A R，Sanchooli E.Application of Doehlert design in the optimization of microwave assisted extraction for determination of zinc and copper in cereal samples using FAAS[J]. Food Analytical Methods，2009，3（3）：133-137.

[59] Alfaro M J，Belanger J M R，Padilla F C，et al. In fluence of solvent，matrix dielectric properties，and applied power on the liquid-phase microwave-assisted processes（ MAP ™ ） 1 extraction of ginger（ Zingiber of fi cinale ）[J]. Food Research International，2003，36：499-504.

[60] Marcato B，Vianello M，Microwave-assisted extraction by fast sample preparation for the systematic analysis of additives in polyolefins by high-performance liquid chromatography[J]. Journal of Chromatography A，2000，869：285-300.

[61] Ruan G H，Li G K J. The study on the chromatographic fingerprint of Fructus xanthii by microwave assisted extraction coupled with GC-MS[J]. Journal of Chromatography B，2007，850：241-248.

[62] Kovács Á，Ganzler K，Simon-Sarkadi L.Microwave-assisted extraction of free amino acids from foods[J]. Z Lebensm Unters Forsch A，1998，207：26-30.

[63] Michel T，Destandau E，Elfakir C.Evaluation of a simple and promising method for extraction of antioxidants from sea buckthorn（ Hippophaë rhamnoides L. ）berries：Pressurized solvent-free microwave-assisted extraction[J]. Food Chemistry，2011，126：1380-1386.

[64] Alfaro J M，Bélanger M R J，Padill C F，et al. Influence of solvent，matrix dielectric properties，and applied power on the liquid-phase microwave-assisted processes（ MAP ™ ）¹ extraction of ginger（ Zingiber officinale ）[J]. Food Research International，2003，36（5）：499-504.

[65] Nyiredy S.Separation strategies of plant constituents：Current status[J]. Journal of Chromatography B，2004，812：35-51.

[66] Yuan L，Li H，Ma R，et al. Effect of energy density and citric acid concentration on

anthocyanins yield and solution temperature of grape peel in microwave-assisted extraction process[J]. Journal of Food Engineering, 2012, 109: 274-280.

[67] Li J, Zu Y G, Fu Y J, et al. Optimization of microwave-assisted extraction of triterpene saponins from defatted residue of yellow horn (Xanthoceras sorbifolia Bunge.) kernel and evaluation of its antioxidant activity [J]. Innovative Food Science & Emerging Technologies, 2010, 11 (4): 637-643.

[68] Cecilia S E, Erland B.Analytical-scale microwave-assisted extraction[J]. Journal of Chromatography A, 2000, 902: 227-250.

[69] Mengal P, Mompon B.Method and apparatus for solvent free microwave extraction of natural products[J]. European Patent P EP, 1996, 698: 076 B1.

[70] Virot M, Tomao V, Colnagui G, et al. New microwave-integrated Soxhlet extraction: An advantageous tool for the extraction of lipids from food products[J]. Journal of Chromatography A, 2007, 1174 (1): 138-144.

[71] Clayton B.Heating with microwaves[J]. Engineering World, 1999, 4-6.

[72] Shima K, Nour H, Yvan G, et al. Screening the microwave-assisted extraction of hydrocolloids from Ocimum basilicum L.seeds as a novel extraction technique compared with conventional heating-stirring extraction [J]. Food Hydrocolloid, 2018, 74: 11-22.

[73] Chemat F, Abert-Vian M, Visinoni F.Microwave hydrodiffusion for isolation of natural products[J]. European Patent EP, 2008, 955 (1): 749.

[74] Grigonis D, Venskutonis P R, Sivik B, et al. Comparison of different extraction techniques for isolation of antioxidants from sweet grass (Hierchloë odorata) [J]. Journal of Supercritical Fluids, 2005, 33: 223-233.

[75] Hao J Y, Han W, Huang S D, et al. Microwave-assisted extraction of artemisinin from artemisia annua L[J]. Separation and Purification Technology, 2002, 28 (3): 191-196.

[76] Yu Y, Chen B, Chen Y, et al. Nitrogen-protected microwave-assisted extraction of ascorbic acid from fruit and vegetables [J]. Journal of Separation Science, 2009, 32: 4227-4233.

[77] Pan X, Liu H, Jia G, et al. Microwave-assisted extraction of glycyrrhizic acid from licorice root[J]. Biochemical Engineering Journal, 2000, 5: 173-177.

[78] 肖谷清, 龙立平, 王姣亮, 等.微波、超声及其联用萃取黄连中总生物碱的对比研究 [J]. 光谱实验室, 2010, 27 (3): 844-849.

[79] Chemat F, Lucchesi M, Smadia J. Solvent-free microwave extraction of volatile natural substances: US 10/751, 988[P]. 2004-9-30.

[80] Casazza A A, Aliakbarian B, Mantegna S, et al.Extraction of phenolics from Vitis vinifera wastes using non-conventional techniques [J]. Journal of Food Engineering, 2010, 100: 50-55.

[81] Cabrera C，Madrid Y，Camara C. Determination of lead in wine，other beverages and fruit slurries by flow injection hydride generation atomic absorption spectrometry with on-line microwave digestion [J]. Journal of Analytical Atomic Spectrometry，1994，9（12）：1423-1426.

[82] Cresswell S L，Haswell S J.Evaluation of on-line methodology formicrowave-assisted extraction of polycyclic aromatic hydrocarbons（PAHs）from sediment samples[J]. Analyst，1999，124，1361-1366

[83] Gürleyük H，Tyson J F，Uden P C. Determination of extractable arsenic in soils using slurry sampling-on-line microwave extraction-hydride generation-atomic absorption spectrometry [J]. Spectrochim ACTA B，2000，55（7）：935-942.

[84] Gao S，You J，Wang Y，et al. On-line continuous sampling dynamic microwave-assisted extraction coupled with high performance liquid chromatographic separation for the determination of lignans in Wuweizi and naphthoquinones in Zicao[J]. Journal of Chromatography B，2012，887：35-42.

[85] Ericsson，Colmsjo A.Dynamic microwave-assisted extraction[J]. Journal of Chromatography A，2000，877（1）：141-151.

[86] Morales-Muñoz S，Luque-Garcia J L，De Castro M D L. Continuous microwave-assisted extraction coupled with derivatiozation and fluorimetric agents from soil samples [J]. Journal of Chromatography A，2004，1059（1-2）：25-31.

[87] Kapás Á，András C D，Dobre T G，et al. The kinetic of essential oil separation from fennel by microwave assisted hydrodistillation（MWHD）[J]. UPB Sci Bull Ser B，2011，73（4）：113-120.

[88] 杨解 . 真空微波预处理辅助浸提植物有效成分的研究 [D]. 无锡：江南大学，2009.

[89] Cherbański R，Molga E. Intensification of desorption processes by use of microwaves-an overview of possible applications and industrial perspectives[J]. Chemical Engineering and Processing：Process Intensification，2009，48（1）：48-58.

[90] Wei M C，Wang K S，Lin I C，et al.Rapid regeneration of sulfanilic acid-sorbed activated carbon by microwave with persulfate[J]. Chemical Engineering Journal，2012，193：366-371.

[91] 吴欣华，杨晓庆，黄卡玛 . 微波辐射下 $CaSO_4$ 生成反应过程中的热点特性 [J]. 化工学报，2009，60（2）：299-303.

[92] Zhang X L，Hayward D O，Mingos D M P.Microwave dielectric heating behavior of supported MoS2 and Pt catalysts[J]. Industrial & Engineering Chemistry Research，2001，40（13）：2810-2817.

[93] Lidstrom P，Tierney J，Wathey B，et al.Microwave assisted organic synthesis-a review[J]. Tetrahedron，2001，57（45）：9225-9283.

[94] De La Hoz A，Diaz-Ortiz A，Moreno A.Microwaves in organic synthesis.Thermal and non-thermal microwave effects[J]. Chemical Society Reviews，2005，34（2）: 164-178.

[95] Pi X X，Sun F，Gao J H，et al. Microwave irradiation induced high-efficiency regeneration for desulfurized activated coke : A comparative study with conventional thermal regeneration[J]. Energy & Fuels，2017，31（9）: 9693-9702.

[96] Yang Z Y，Yi H H，Tang X L，et al. Potential demonstrations of "hot spots" presence by adsorption-desorption of toluene vapor onto granular activated carbon under microwave radiation[J]. Chemical Engineering Journal，2017，319: 191-199.

[97] Foo K Y，Hameed B H.A cost effective method for regeneration of durian shell and jackfruit peel activated carbons by microwave irradiation[J]. Chemical Engineering Journal，2012，193: 404-409.

[98] Ania C O，Parra J B，Menendea J A，et al.Effect of microwave and conventional regeneration on the microporous and mesoporous network and on the adsorptive capacity of activated carbons[J]. Microporous and Mesoporous Materials，2005，85（1-2）: 7-15.

[99] Mao H Y，Zhou D G，Hashisho Z，et al.Constant power and constant temperature microwave regeneration of toluene and acetone loaded on microporous activated carbon from agricultural residue[J]. Journal of Industrial and Engineering Chemistry，2015，21: 516-525.

[100] Nigar H，Navascués N，De La Iglesia O，et al.Removal of VOCs at trace concentration levels from humid air by microwave swing adsorption，kinetics and proper sorbent selection[J]. Separation and Purification Technology，2015，151: 193-200.

[101] Kim K J，Kim Y H，Jeong W J，et al.Adsorption-desorption characteristics of volatile organic compounds over various zeolites and their regeneration by microwave irradiation，in studies in surface science and catalysis[R]. Amsterdam : Elsevier，2007: 223-226.

[102] Kim K J，Ahn H G. The effect of pore structure of zeolite on the adsorption of VOCs and their desorption properties by microwave heating[J]. Microporous and Mesoporous Materials，2012，152: 78-83.

[103] 冒海燕，周定国，Zaher H，等.新型微波技术再生载甲苯活化秸秆炭[J].长安大学学报（自然科学版），2012，32（6）: 23-26.

[104] Chowdhury T，Shi M，Hashisho Z，et al.Regeneration of Na-ETS-10 using microwave and conductive heating[J]. Chemical Engineering Science，2012，75: 282-288.

[105] Bathen D. Physical waves in adsorption technology-an overview[J]. Separation and Purification Technology，2003，33（2）: 163-177.

[106] Salvador F，Martin-Sanchez N，Sanchez-Hernandez R，et al.Regeneration of carbonaceous adsorbents.Part I : Thermal regeneration[J]. Microporous and Mesoporous Materials，2015，202: 259-276.

[107] Chronopoulos T，Fernandez-diez Y，Maroto-valer M M，et al.CO$_2$ desorption via microwave heating for post-combustion carbon capture[J]. Microporous and Mesoporous Materials，2014，197：288-290.

[108] Leng H Y，Wei J，Li Q，et al. Effect of microwave irradiation on the hydrogen desorption properties of MgH$_2$/LiBH$_4$ composite[J]. Journal of Alloys and Compounds，2014，597：136-141.

[109] Cherbański R，Komorowska-Durka M，Stefanidis G D，et al.Microwave swing regeneration vs temperature swing regeneration-comparison of desorption kinetics[J]. Industrial & Engineering Chemistry Research，2011，50（14）：8632-8644.

[110] Chronopoulos T，Fernandez-Diez Y，Maroto-Valer M M，et al.Utilisation of microwave energy for CO$_2$ desorption in post-combustion carbon capture using solid sorbents[J]. Energy Procedia，2014，63：2109-2115.

[111] Yang R T.Adsorbents：Fundamentals and applications[M]. New York：John Wiley and Sons Inc，2003.

[112] Wang Q Q，Zhang D F，Wang H H，et al. Influence of CO$_2$ exposure on high-pressure methane and CO$_2$ adsorption on various rank coals：Implications for CO$_2$ sequestration in coal seams[J]. Energy & Fuels，2015，29（6）：3785-3795.

[113] Wang Q Q，Li W，Zhang D F，et al. Influence of high-pressure CO$_2$ exposure on adsorption kinetics of methane and CO$_2$ on coals[J]. Journal of Natural Gas Science and Engineering，2016，34：811-822.

[114] 王倩倩，张登峰，王浩浩，等.封存过程中二氧化碳对煤体理化性质的作用规律[J].化工进展，2015，34（1）：258-265.

[115] Ania C O，Parra J B，Menéndez J A，et al.Microwave-assisted regeneration of activated carbons loaded with pharmaceuticals[J]. Water Research，2007，41（15）：3299-3306.

[116] Zhang D F，Zhang J，Huo P L，et al.Influences of SO$_2$，NO，and CO$_2$ exposure on pore morphology of various rank coals：Implications for coal-fired flue gas sequestration in deep coal seams[J]. Energy & Fuels，2016，30（7）：5911-5921.

[117] Clarkson C R，Bustin R M.The effect of pore structure and gas pressure upon the transport properties of coal：A laboratory and modeling study.1.Isotherms and pore volume distributions[J]. Fuel，1999，78（11）：1333-1344.

[118] Amarasekera G，Scarlett M J，Mainwaring D E. Micropore size distributions and specific interactions in coals[J]. Fuel，1995，74（1）：115-118.

[119] Toda S，Aizawa K，Takahashi N，et al.Regeneration of a used molecular separator for the gas chromatograph-mass spectrometer method by microwave plasma[J]. Analytical Chemistry，1974，46（8）：1150-1151.

[120] 张锦，张登峰，霍培丽，等．煤基质表面官能团对二氧化碳及甲烷吸附性能作用规律的研究进展 [J]．化工进展，2017，36（6）：1977-1986.

[121] Meng Q B，Yang G S，Lee Y S. Synthesis of 4-vinylpyridine-divinylbenzene copolymer adsorbents for microwave-assisted desorption of benzene[J]. Journal of Hazardous Materials，2012，205：118-125.

[122] Liu X T，Quan X，Bo L，et al. Simultaneous pentachlorophenol decomposition and granular activated carbon regeneration assisted by microwave irradiation[J]. Carbon，2004，42（2）：415-422.

[123] Hashisho Z，Rood M，Botich L. Microwave-swing adsorption to capture and recover vapors from air streams with activated carbon fiber cloth[J]. Environmental Science & Technology，2005，39（17）：6851-6859.

[124] Polaert I，Estel L，Huyghe R，et al.Adsorbents regeneration under microwave irradiation for dehydration and volatile organic compounds gas treatment[J]. Chemical Engineering Journal，2010，162（3）：941-948.

[125] Reuss J，Bathen D，Schmidt-Traub H. Desorption by microwaves：Mechanisms of multicomponent mixtures[J]. Chemical Engineering & Technology，2002，25（4）：381-384.

[126] Alonso Lopez E，Diamy A，Legrand J，et al. Sorption of volatile organic compounds on zeolites with microwave irradiation[J]. Studies in Surface Science and Catalysis，2004，154，Part B：1866-1871.

[127] Legras B，Polaert I，Estel L，et al. Mechanisms responsible for dielectric properties of various faujasites and linde type a zeolites in the microwave frequency range[J]. Journal of Physical Chemistry，2011，115（7）：3090-3098.

[128] Kim S I，Aida T，Niiyama H. Binary adsorption of very low concentration ethylene and water vapor on mordenites and desorption by microwave heating[J]. Separation and Purification Technology，2005，45（3）：174-182.

[129] Meng Q B，Yang G S，Lee Y S. Sulfonation of a hypercrosslinked polymer adsorbent for microwave-assisted desorption of adsorbed benzene[J]. Journal of Industrial and Engineering Chemistry，2014，20（4）：2484-2489.

[130] Chen M S，Huang J，Wang J H，et al. Thermal behaviors and regeneration of activated carbon saturated with toluene induced by microwave irradiation[J]. Journal of Chemical Engineering of Japan，2009，42（5）：325-329.

[131] Kuo C Y. Desorption and re-adsorption of carbon nanotubes：Comparisons of sodium hydroxide and microwave irradiation processes[J]. Journal of Hazardous Materials，2008，152（3）：949-954.

[132] Chowdhury T，Shi M，Hashisho Z，et al.Indirect and direct microwave regeneration of Na-ETS-10[J]. Chemical Engineering Science，2013，95：27-32.

[133] Rattanadecho P，Makul N. Microwave-assisted drying：A Review of the State-of-the-Art[J]. Drying Technology，2016，34（1），1-38.

[134] Coss P M，Cha C Y. Microwave regeneration of activated carbon used for removal of solvents from rented air[J]. Journal of the Air and Waste Management Association，2000，50（4）:529-535.

[135] Metaxas A C，Meredith R J. Industrial microwave heating. Institution of Electrical Engineers，London，1988.

[136] Li Y，Lei Y，Zhang L，et al. Microwave drying characteristics and kinetics of ilmenite[J]. Transactions Nonferrous Metals Society of China，2011，21，202-207.

[137] Niu H，Li Y，Lei Y，et al. Microwave drying of anthracite：A parameter optimized by response surface methodology. Arabian Journal for Science and Engineering，2012，37，65-73.

[138] 桂江生，应义斌. 微波干燥技术及其应用研究 [J]. 农机化研究，2003，（4）: 153-154.

[139] Suwannapum N，Rattanadecho P. Analysis of heat-mass transport and pressure buildup induced inside unsaturated porous media subjected to microwave energy using a single （TE10）mode cavity. Drying Technology，2011，29：1010-1024.

[140] Rakesh V，Datta A K. Microwave puffing：Determination of optimal conditions using a coupled multiphase porous media-large deformation model. Journal of Food Engineering，2011，107：152-163.

[141] Gao X，Li X，Zhang J，et al.Influence of a microwave irradiation field on vapor-liquid equilibrium[J]. Chemical Engineering Science，2013，90（10）: 213-220.

[142] 朱怡然 . 可控源微波辐射下煤体甲烷解吸特性研究 [D]. 徐州：中国矿业大学，2017.

[143] 张璧光 . 太阳能干燥——太阳能热利用中不可忽视的领域 [J]. 太阳能，2008，（1）: 11-13.

[144] 祝圣远，王国恒 . 微波干燥原理及其应用 [J]. 工业炉，2003，25（3）: 42-45.

[145] Sun H，Zhu H M，Zhang J，et al. Review of microwave freeze drying technology[J]. Vacuum & Cryogenics，2004.

[146] 孙宏伟，陈建峰 . 我国化工过程强化技术理论与应用研究进展 [J]. 化工进展，2011，30（1）: 1-15.

[147] Metaxas A C，Meredith R J. Industrial microwave heating[M]. IET，1983.

[148] Rizmanoski V，Jokovic V. Synthetic ore samples to test microwave/RF applicators and processes[J]. Journal of Materials Processing Technology，2015，230：50-61.

[149] Nakashima Y，Shirai T，Takai C，et al. Synthesis of aluminum oxycarbide（Al$_2$OC）by selective microwave heating[J]. Journal of the Ceramic Society of Japan，2016，124(1): 122-124.

[150] Katrib J，Folorunso O，Dodds C，et al. Improving the design of industrial microwave processing systems through prediction of the dielectric properties of complex multi-layered materials[J]. Journal of Materials Science，2015，50（23）: 7591-7599.

[151] Binner E R，Robinson J P，Silvester S A，et al. Investigation into the mechanisms by which microwave heating enhances separation of water-in-oil emulsions[J]. Fuel，2014，116（1）: 516-521.

[152] Altman E，Stefanidis G D，Gerven T V，et al. Process intensification of reactive distillation for the synthesis of n-propyl propionate : The effects of microwave radiation on molecular separation and esterification reaction[J]. Industrial & Engineering Chemistry Research，2010，49（21）: 1773-1784.

[153] 李洪，崔俊杰，李鑫钢，等. 微波场强化化工分离过程研究进展 [J]. 化工进展，2016，35（12）: 3735-3745.

[154] 高鑫. 微波强化催化反应精馏过程研究 [D]. 天津：天津大学，2011.

[155] Werth K，Lutze P，Kiss A A，et al. A systematic investigation of microwave-assisted reactive distillation : Influence of microwaves on separation and reaction[J]. Chemical Engineering & Processing，2015，93: 87-97.

[156] 罗立新，姚国军，阳卉. 共沸体系的微波蒸馏分离工艺 [A]. 中国化学会第 27 届学术年会. 第 18 分会场摘要集 [C]，中国化学会，2010: 1.

[157] 李祖光，朱国华，曹慧，等. 微波辅助水蒸气蒸馏樟树叶挥发油的研究 [J]. 浙江工业大学学报，2008，36（6）: 597-601.

[158] 娄方明，李群芳，张倩茹，等. 微波辅助水蒸气蒸馏走马胎挥发油的研究 [J]. 中药材，2010，33（5）: 815-819.

[159] 凌育赵，刘经亮. 微波辅助水蒸气蒸馏提取沙姜挥发油的研究 [J]. 中国调味品，2010，35（6）: 57-59.

[160] 李荣，姜子涛. 微波辅助水蒸气蒸馏调味香料肉豆蔻挥发油化学成分的研究 [J]. 中国调味品，2011，36（3）: 102-104.

[161] Kahriman N，Yayli B，Yücel M，et al. Chemical constituents and antimicrobial activity of the essential oil from vicia dadianorum extracted by hydro and microwave distillations[J]. Records of Natural Products，2012，6（1）: 49-56.

[162] Tosun G，Yayli B，Arslan T，et al. Comparative essential oil analysis of calendula arvensis L.extracted by hydrodistillation and microwave distillation and antimicrobial activities [J]. Asian Journal of Chemistry，2012，24（5）: 1955-1958.

[163] Manayi A，Saeidnia S，Shekarchi M，et al. Comparative study of the essential oil and hydrolate composition of lythrum salicaria L.obtained by hydro-distillation and microwave distillation methods [J]. Research Journal of Pharmacognosy，2014，1（2）: 33-38.

[164] 邵明辉，王雪青，宋文军，等.响应面法优化微波辅助水蒸气蒸馏提取板栗花精油工艺 [J].食品工业科技，2015，36（10）：233-236.

[165] 宋贤良，吴雪辉，高强，等.微波辅助水蒸气蒸馏提取肉桂油的研究 [J].食品科技，2007（11）：93-96.

[166] Ferhat M A，Tigrine K N，Chemat S，et al. Rapid extraction of volatile compounds using a new simultaneous microwave distillation : Solvent extraction device[J]. Chromatographia，2007，65（3-4）：217-222.

[167] 沈强，潘科，申东，等.腊梅花精油提取工艺研究 [J].西南大学学报（自然科学版），2010，32（11）：20-24.

[168] 侯滨滨，李悦.微波辅助水蒸气蒸馏提取柠檬精油 [J].食品研究与开发，2010，31（4）：57-59.

[169] 姜叶青，王梅平.响应面方案优化微波辅助水蒸气蒸馏法提取乳香挥发油工艺研究 [J].浙江中医杂志，2016，51（6）：457-458.

[170] Liu Y，Yany L，Zu Y G，et al. Development of an ionic liquid-based microwave-assisted method for simultaneous extraction and distillation for determination of proanthocyanidins and essential oil in cortex cinnamomi[J]. Food Chemistry，2012（35）：2514-2521.

[171] Jiao J，Fu Y J，Zu Y G，et al. Enzyme-assisted microwave hydro-distillation essential oil from Fructus forsythia，chemical constituents，and its antimicrobial and antioxidant activities[J]. Food Chemistry，2012（134）：235-243.

[172] Gholivand M B，Abolghasemi M M，Piryaei M，et al. Microwave distillation followed by headspace single drop microextraction coupled to gas chromatography-mass spectrometry（GC-MS）for fast analysis of volatile components of echinophora platyloba DC[J]. Food Chemistry，2013（138）：251-255.

[173] Ye Q，Zheng D G. Rapid analysis of the essential oil components of dried *Perilla frutescens*（L.）by magnetic nanoparticle-assisted microwave distillation and simultaneous headspace solid-phase microextraction followed by gas chromatography-mass spectrometry[J]. The Royal Society of Chemistry，2009（1）：39-44.

[174] Ye Q. Rapid analysis of the essential oil components of dried Zanthoxylum bungeanum Maxim by Fe_2O_3-magnetic-microsphere-assisted microwave distillation and simultaneous headspace single-drop microextraction followed by GC-MS[J]. Journal of Separation Science，2013（36）：2028-2034.

[175] Deng C H，Xu X Q，Yao N，et al. Rapid determination of essential oil compounds in artemisia selengensis turcz by gas chromatography-mass spectrometry with microwave distillation and simultaneous solid-phase microextraction[J]. Analytica Chimica Acta，2006（556）：289-294.

[176] Ye H，Ji J，Deng C H，et al. Rapid analysis of the essential Oil of acorus tatarinowii schott by microwave distillation，SPME，and GC-MS[J]. Chromatographia，2006，63（11-12）：591-594.

[177] Yu Y J，Huang T M，Yang B，et al. Development of gas chromatography-mass spectrometry with microwave distillation and simultaneous solid-phase microextraction for rapid determination of volatile constituents in ginger[J]. Journal of Pharmaceutical and Biomedical Analysis，2007（43）：24-31.

[178] Wu D，Chen K，Xu M，et al. Rapid analysis of essential oils in fruits of Alpinia oxyphylla Miq by microwave distillation and simultaneous headspace solid-phase microextraction coupled with gas chromatography-mass spectrometry[J]. Analytical Methods，2014，6（24）：9718-9724.

[179] 陈泽智，杨金兰，翁柱，等.微波辅助蒸馏测定废水中总氰化物 [J].化学工程与装备，2015（5）：189-190.

[180] 张玲，吴建刚，杨立辉.微波蒸馏法用于水样中氨氮的前处理分析 [J].化学工程与装备，2015（2）：214-217.

[181] 侯炳毅，冯文洁，卫津萍.降低氧化铝生产中蒸发汽耗的有效途径 [J].湿法冶金，2004，23（3）：163-164.

[182] 刘绍策.拜耳法氧化铝生产蒸发效率的强化技术研究 [D].西安：西安建筑科技大学，2010：1-6.

[183] 郑平友，余劲松，张淑萍，等.蒸发结晶系统传热传质规律的研究 [J].科学技术与工程，2006，6（8）：1671-1815.

[184] 巨少华，郭战永，刘超，等.一种微波-蒸发装置、应用及应用方法：CN104857734A[P].2017-08-25.

[185] 张瑾，陈华，樊则宾，等.微波加热均匀性改善及微波闪蒸多模腔体优化研究 [J].昆明理工大学学报：自然科学版，2016（6）：68-75.

[186] 巨少华，郭战永，彭金辉，等.一种微波净化处理含重金属离子废水的设备及应用方法：CN201510210815.7[P].2017-07-07.

[187] 陈华，巨少华，张瑾，等.一种用于重金属废水处理的胶囊圆柱形微波闪蒸装置：CN105481038A[P].2018-5-25.

[188] J.M. 史密斯.化工热力学导论 [M].第 7 版.化学工业出版社，2008.

[189] 吴浩宇.降压闪蒸传热传质实验研究 [D].哈尔滨：哈尔滨工程大学，2014.

[190] 彭珊凤.循环喷雾闪蒸中液滴闪蒸的机理与实验研究 [D].济南：山东大学，2016.

[191] 季璨.高参数水喷雾闪蒸的理论分析与实验研究 [D].济南：山东大学，2017.

第六章

微波诱导等离子体的基本原理和应用

　　微波等离子体在化学研究中的应用，可以追溯到 20 世纪 50 年代，之后科学家们在这方面的深入研究为其在化学工业领域的应用开辟了一个新的天地。

　　1951 年，Cobine 和 Wilbur 发明了电容耦合微波等离子体（Capacitively Coupled Microwave Plasma，CMP）[1]，装置中利用中心电极与大地形成电容，微波能量通过电极尖端释放，形成火焰状等离子体。后来得益于无线电技术的发展，发现可以在微波谐振腔内诱导和维持等离子体。这些工作大都先应用于化学物质的分析和测试。1985 年中国吉林大学金钦汉改进了电容耦合微波等离子体装置，形成了等离子体炬（Microwave Plasma Torch，MPT），通过对引入的湿气溶胶快速分解，在测试分析上得到很好的应用 [2]。

　　由于微波等离子体不存在电极污染的问题，同时电子密度高，在材料领域获得了较好的应用。特别是在近期，利用微波等离子体的这一特点产生高浓度的原子氢，可有效抑制石墨的沉积，提高金刚石沉积速率，获得大尺度的金刚薄膜，制造出各种廉价的高硬度材料，在加工领域获得了广泛的应用。不仅如此，它还在化学气（汽）相合成、物质热解、无机和高分子材料表面改性、表面成膜等方面得到了进一步发展。

　　此外，微波等离子体还有望在以下两个国际前沿领域实现应用。

　　第一，可控核聚变的磁性约束方式。为了解决世界未来的能源问题，具有前沿科研能力的国家都在从事可控核聚变的研究。实现可控核聚变的途径目前主要有两类，即磁性约束和惯性约束。前者是采用磁场将等离子体约束在环形空间内，用微波等离子体馈送能量，也称为托卡马克系统。中国参加了国际托卡马克系统 ITER 的研究工作，并且我国合肥的全超导托卡马克装置 EAST 于 2013 年初已成功点火，实现了 100s 长脉冲的运行。在 EAST 电磁场屏蔽的环形室中，等离子体被控制在一种高效稳态（高约束模式，H-mode），温度达到 $5 \times 10^7 K$ [3]。这一突破领先于世界水平，并且有望建设世界上第一座试验型可控聚变堆。

第二，深空飞船和卫星控制所采用的发动机。深空飞船和卫星控制所采用的发动机最有可能率先实现的方式之一就是电子回旋共振离子推力器，即微波等离子体模式。该推力器是一种无阴极静电型推进装置，具有比冲高、无电极烧蚀和寿命长的优点。其放电室内存在着静磁场、微波电磁场和等离子体流场，等离子束被引出、聚焦和加速，从而实现飞行器的运行 [4]。

第一节　微波等离子体简介

一、等离子体诱发过程

等离子体应该是宇宙间最早出现的物态之一，它伴随着恒星的演化呈现出神秘而壮观的图景。随着空间物质温度的下降，才出现了凝聚态现象中呈现的气态、液态和固态。在地球上所能观察到的等离子体现象，可以由多种电离过程诱发 [5]。

（1）放电过程，即通过从直流到交流，从微波到射频等形式的放电，可以产生不同的电离状态。

（2）可见光、X 射线、γ 射线照射产生电离。

（3）燃烧使气体发生热电离，由火焰中的高能粒子相互碰撞，或某些热化学反应放出的能量也能提供热电离的能量。

（4）激光照射可使物质瞬间蒸发产生电离过程。

（5）气体急剧压缩形成的高温气体冲击波，可产生热电离。

（6）碱金属蒸气与高电离能的高温金属材料相接触时，也易发生电离。

气体电离后可形成等离子体，其基本成分有电子、离子和中性粒子。通常定义 n_e 为电子密度，n_i 为离子密度，n_g 为未电离的中性粒子密度，量纲均为单位体积中粒子数（本书中单位个 /cm^3）。对于等离子体，$n_e=n_i=n$，简称为等离子体密度 [6]。

等离子体的电离度可定义为

$$\alpha=n_e/(n_g+n_e),\ 0<\alpha\leqslant 1 \tag{6-1}$$

其中，α 为无量纲数。非平衡等离子体的电离度 α 可通过测量确定，热平衡等离子体的 α 可通过平衡计算得到。

电离过程是一个动态过程，电离过程中生成的电子和正离子处于不断产生和再结合过程中。此时系统中的一部分能量就以电磁波、再结合粒子的动能、分子的离解能的形式被消耗掉。这一过程中会产生多种激发状态，因此等离子体是电子、正负离子、激发态的原子和分子以及自由基等多种粒子的复混状态。

等离子体一般分为高温等离子体和低温等离子体。对于高温等离子体，其 $T_p > 10^6 K$；对于低温等离子体，其 $T_p \leqslant 10^4 K$。对于低温等离子体，又可分为热等离子体和冷等离子体。热等离子体是平衡等离子体，它的粒子温度等于电子温度；而冷等离子体是非平衡等离子体，粒子和电子间没有达到热力学平衡，因此电子温度远大于粒子温度或中性气体温度，$T_e \geqslant T_i$，或 $T_e \geqslant T_g$。

二、微波等离子体的基本特点

微波等离子体因其具有能量转化效率相对较高、压强范围宽、不会产生电极污染等一系列优势，正被应用于许多工业领域。目前在低气压条件下产生大尺度微波等离子体相对比较容易，因此其在真空镀膜、材料合成与刻蚀、表面清洗等领域得到了一些应用。与低压微波等离子体相比，常压微波等离子体有许多优势，如粒子密度更大、无需配置真空设备等，但常压微波等离子体的形成更为困难。目前，常压微波等离子体在射流方面已有较好的应用，在喷嘴结构优化与高强电场分布等问题上取得了很好的进展。

微波场对等离子的激发，大都作为非磁化微波等离子体来考虑，主要由于微波场在局域的能量值超过了气体的电离能量阈值。换句话说，当微波电场的均方根值达到击穿电场强度时就会产生微波气体击穿，从而引起粒子电离并激发等离子体[7,8]，击穿电场强度的均方根值为 $E_b = E_{ob} / \sqrt{2} = \tilde{E}$，其中 E_{ob} 是电场辐射的峰值电场强度；$\tilde{E}$ 为均方根电场强度，V/m。决定微波气体击穿的 4 个参量为微波的自由空间波长 λ_0，由微波频率决定；电子的平均自由程 l，通常正比于电子温度的慢变化函数与中性气体的压强比值；气体的电离能量 V_i，它确定了产生电离需要的能量；特征扩散长度 Λ，它是一个粒子在等离子体中产生到消失所经过的距离。因此，函数关系式可写为

$$E_b = E(\lambda_0, V_i, l, \Lambda) \tag{6-2}$$

根据理想气体状态方程，在 300K 的实验室温度下，不同气体具有相同的中性粒子密度且与本底中性气体压强成正比，即

$$N = 4.29 \times 10^{24} p \tag{6-3}$$

式中，p 为中性气体压强，Pa；N 为中性粒子密度，个 $/m^3$。在工作气压相对较高，一般大于 1333.2Pa 时，碰撞频率远大于激励频率。为了使气体击穿，设想单个电子在两次碰撞之间必须从电场中吸收足够的能量，方能使本底中性气体电离。根据单个电子在高频电场中所吸收的功率计算，可得击穿临界电场的均方根值为

$$\tilde{E}_c = E_{oc} / \sqrt{2} = m v_c \sqrt{2 V_i / (eM)} \approx C_1 p \tag{6-4}$$

式中，m 为电子的质量；v_c 为电子的碰撞频率；e 为单位电荷；M 为中性粒子的质量；这里引入了系数 C_1，表示微波击穿电场与电压函数关系中的系数。

$$C_1 = 4.29 \times 10^{24} m(v_c / N)\sqrt{2V_i / (eM)} \qquad (6\text{-}5)$$

表 6-1 为不同工作气体的相关参数。

表6-1 不同工作气体的相关参数

气体	$(v_c/N)/(10^{-14}\mathrm{m}^3/\mathrm{s})$	$M/(10^{-27}\mathrm{kg})$	V_i/eV	$m/(10^{-31}\mathrm{kg})$
N_2	0.594	46.833	15.580	9.109
O_2	0.286	53.521	12.080	9.109
Ne	0.070	33.753	21.600	9.109
Ar	0.220	66.737	15.755	9.109
CO_2	10.050	76.958	13.770	9.109
H_2O	77.900	30.114	12.590	9.109

从表 6-1 中可以看出，H_2O 和 CO_2 是多原子分子，其分子半径较大，因而其碰撞频率较大。如果仅从提高碰撞频率的角度来考虑，选用多原子分子构成的气体更为有利。但是，多原子分子的稳定性相对较差，在等离子体中会加剧电荷的消失，不利于等离子体的维持。故通常选用惰性气体作为放电气体。根据表中电子的碰撞频率与中性粒子密度比值、中性粒子的质量等相关参数，计算并比较表中各种气体的微波击穿电场强度对应的系数 C_1，可以得出击穿电场由高到低的顺序为 $H_2O>CO_2>N_2>O_2>Ar>Ne$。其中：在标准大气压下，氩气的理论击穿电场值为 $2.7 \times 10^5 \mathrm{V/m}$，远低于大气击穿电场强度 $3 \times 10^6 \mathrm{V/m}$。因此实验中通常采用氩气为工作气体。

在尝试进行微波放电时，可以先用工作气体放电，如未成功则可以依据以上顺序，选择易放电气体与工作气体混合后放电。

实验室中要考察微波等离子体对固体物料的影响，可以先采用真空条件下的微波等离子体进行作用，然后对固体物质进行分析，当达到一定预期效果后，即可采用常压微波等离子体对固体物料进行作用，以进一步考察微波等离子体对固体物料的影响。

第二节 微波等离子体的基本激励方式

一、微波单模腔诱导等离子体

（1）特殊矩形波导的常压微波等离子体炬装置 在矩形波导的常压微波等离子体炬装置的研制过程中，常采用压缩矩形波导窄边尺寸的方式来达到增加喷嘴处电场强度的目的，常见的压缩窄边尺寸的方式有连续渐变式压缩和阶梯渐变式压缩两种。

图 6-1 为 Hong 等[9] 设计的一套阶梯型矩形波导常压微波等离子体炬装置示意图。其原理为从频率 2450MHz 磁控管产生的微波通过定向耦合器、三销钉调节器，再经过一个阶梯型的渐变型波导，进入反应区石英管。管中电场可由三销钉调至最大化，并将反射功率调至几乎为零。等离子体由外部电火花系统点火。石英管内产生的等离子体通过输入含氧的涡旋气体来稳定。涡旋气体由四个小孔切向进入等离子体炬。Hong 等用此系统来处理含氟气体，输入的微波功率为 1kW，最高温度可达 1850～6550K。该系统存在的主要问题为能耗较大。

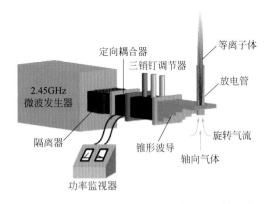

◎ 图 6-1 阶梯型矩形波导常压微波等离子体炬装置图

（2）表面波系统的常压微波等离子体装置 表面波等离子体是微波在电介质表面激发的一种特殊表面现象。最初的表面波装置是采用两个同心圆导体构成的类似于同轴线的结构，利用同轴腔的电磁模式特性产生表面波，由此形成等离子体炬。这种形式微波馈送采用标准同轴电缆或矩形波导耦合，结构较复杂，体积也较大。现经改进大都采用普通波导管与喷嘴直接耦合形成表面波，以增强喷嘴处电场强度而形成等离子体炬。

英国利物浦大学 Alshamma'A 等[10] 研制的喷射系统兼有喷嘴和微波天线的功能，研究发现采用铜合金为原料时效果好、寿命长［图 6-2（a）］。喷嘴的喷孔方向与喷管轴线的角度为 10°，喷孔直径根据气流在 0.3～2mm 间变化。喷管组件由两个独立的部分组成，较粗的柱体直径为 25mm，用螺纹安装在腔体上，可进行精细调节；柱体中心较细的喷管外径为 13mm，用螺纹固定在柱体上可上下调整，使喷嘴的下端处在波导管开孔的理想位置，由此激发表面波等离子体。气体由喷管上端送入，由下端喷出。螺纹部件都有锁紧螺帽，使其与波导连接紧密，防止螺纹间打火。研究者对系统的电磁性能进行了计算机模拟，从图 6-2（b）的模拟图中可以看出喷嘴端点附近的电场强度非常高。

武汉工程大学刘繁等[7]研究设计了一种常压微波等离子体炬设备，其喷嘴结构如图 6-3 所示。

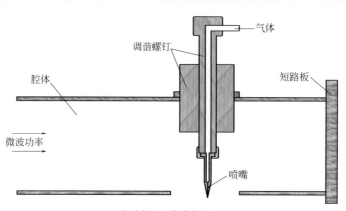
(a) 微波等离子体喷嘴剖面图

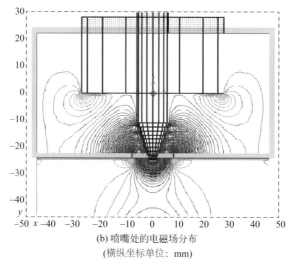
(b) 喷嘴处的电磁场分布
(横纵坐标单位：mm)

▷ **图 6-2**　由利物浦大学开发的微波等离子体喷射系统

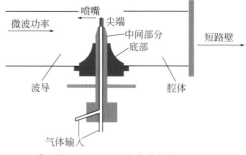
▷ **图 6-3**　表面波喷嘴结构示意图

从图 6-3 可以看出，表面波喷射系统较利物浦大学的作了改进。他们在矩形波导的上壁和下壁各开一个直径相同的圆孔，下壁开孔处焊接了一个伞状收缩器作为天线，有利于能量的收集与压缩。气体从下部输入，从上部输出。实验采用氩气、氮气等多种气体，发现微波能量以主模 TE10 模式通过 WR340 矩形波导传输到等离子体耦合腔中，在腔体电场最强处插入喷嘴，以尽量减小微波源的反射功率；当氩气流量为 0.25L/s 时，输入功率为 500W 时即可直接激发出等离子体。结果表明，喷嘴伸出矩形波导 1mm 时，其尖端处的电场强度在 1.2×10^6V/m 以上，远大于氩气的击穿电场强度。

（3）其他综合方式强化激发的喷嘴方案　日本爱知工业大学的 Takamura 提出的研究方案结合了波导压缩和表面波两者的特点[11]，其常压微波等离子体炬装置图如图 6-4 所示。

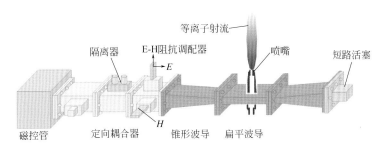

● **图 6-4　爱知工业大学的常压微波等离子体炬装置图**

其特点在于连续渐变式波导从两个窄边面同时向波导中心收缩。其原理是频率为 2450MHz 的磁控管将 1kW 的微波能量通过能量耦合器输出到波导系统；同时选用 E-H 阻抗调配器和短路活塞对整个系统进行阻抗调节；在金属钼制成的 TIAGO 喷嘴处形成表面波传播至喷嘴尖端附近；工作介质从直径 1mm 的喷嘴吹出，经电场点燃激发出等离子体炬。

图 6-5 是四川大学与我国成都华宇微波技术有限公司合作开发的一种 2450MHz，输出功率连续可调的射流式微波等离子体反应器，主要采用了表面波原理。

该系统主要由微波源、波导传输系统、微波火炬反应腔体、样品反应保温腔体、样品台和样品台升降装置等部分组成，可实现全密闭。系统采用了 1.5kW 微波源，输出功率在 300 ～ 1500W 连续可调。该装置具有能量分布合理，损失小、操作灵活稳定等优点。所形成的等离子炬焰最长约 150mm，等离子体温度大于 3000℃。

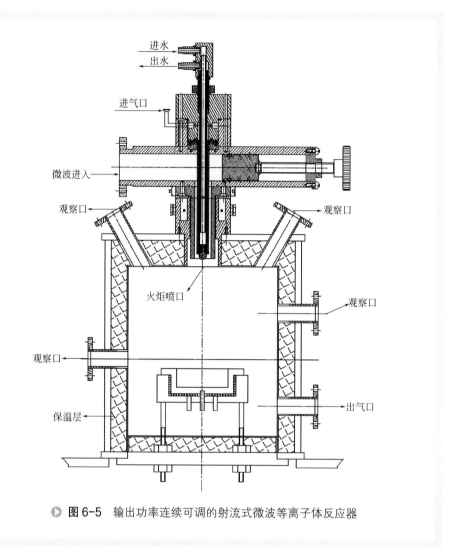

进水

出水

进气口

微波进入

观察口

观察口

观察口

火炬喷口

观察口

保温层

出气口

○ **图 6-5** 输出功率连续可调的射流式微波等离子体反应器

二、大空腔等离子体反应器

1.环形波导的大尺度等离子体

微波等离子体的应用已日渐广泛。在国际上，Kirjushin[2,12] 提出的结构是常规矩形波导管连接着一个环形波导，环形波导腔侧面上有对称分布的缝隙和孔，这些缝隙和孔能从环形波导中耦合微波能。Slan、Conrads 等技术 [13] 就是采用的这种原理。图 6-6（a）和图 6-6（b）所示分别是德国 Iplas 公司的 CYRANNUS 系列产品外形和计算机模拟所得到的环形波导管及反应器空间内电磁场的分布情况，该装置可用于人造金刚石的生产。

该系统利用表面波技术，在环形波导管周边小尺度开槽形成大空腔等离子体。其工作原理为微波通过狭缝天线耦合进入真空室内，在狭缝的正下方击穿气体放电，形成高密度等离子体；如果入射功率足够大，表面波将在腔室内来回反射；在表面波电场作用下，电子被加速，为等离子体提供了能量，即可产生大面积高密度等离子体。

(a) 德国Iplas公司CYRANNUS系列产品外形

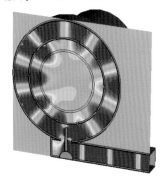

(b) 大空腔等离子体计算机模拟图像

▶ **图 6-6** 德国 Iplas 公司的 CYRANNUS 产品情况

从上述研究可以看出，对于产生大面积均匀电场的等离子体反应腔体，完全依靠人工设计很难，并且过程复杂，且结果精确性和可靠性都较差，一般需要仿真工具的支持和计算机模拟来完善工艺方案。在这方面，中国科学院等离子体物理研究所、中国科技大学、清华大学和电子科技大学等单位都开展了卓有成效的研究工作[14,15]。

清华大学刘亮等[14]设计和制造了一台用环形波导和狭缝天线传输微波能量的类似装置 APMPS（Atmospheric Pressure Microwave Plasma System）。通过专业仿真软件对反应腔内的电场、功率密度和装置结构开展优化计算，运用实验仪器对实际反应器的相关参数进行实测，并观察了等离子体的基本现象，可以为反应器的正确设计提供参考。

该 APMPS 装置主要包含 4 大系统，分别为能量输入系统、能量传输系统、能量调谐系统和反应腔系统。其中，能量输入系统主要由 1 台 0 ~ 10kW 连续可调的微波功率源和 2450MHz 的磁控管组成；能量传输系统主要由规格为 WR430 的矩形波导、配套的 T 形波导和转换波导（方波 TE_{10} 转圆波 TE_{11} 模式）组成；能量调谐系统主要由环流器和水阻、四销钉调谐器和短路活塞构成；反应腔系统是装置运行的关键部件，为保证微波馈入反应腔的均匀性、对称性和加工的便利性，反应腔体设计为圆柱形，用以激发等离子体。该装置的反应腔结构如图 6-7 所示。

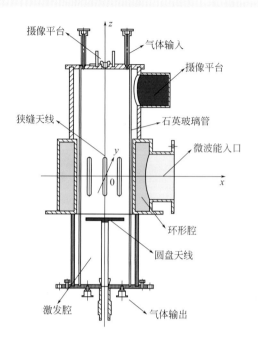

摄像平台
气体输入
摄像平台
狭缝天线
石英玻璃管
微波能入口
环形腔
圆盘天线
激发腔
气体输出

> **图 6-7** 清华大学 APMPS 装置反应腔结构

APMPS 激发等离子体主要依靠微波产生的电场强度，磁场效应不明显，属于非磁化等离子体装置。非磁化等离子体的不同工作气体在不同的气压下，有固定的最小击穿场强。在较高的气压范围内，此击穿电场强度与气压近似成正比。表 6-2 所示为经理论计算得出的常用工作气体在一定气压范围内的近似最小击穿场强，可供参考，其中氦气的数据已考虑了潘宁效应的影响。

表6-2 几种常用工作气体在一定气压范围内的近似最小击穿场强

p/kPa	$E/(kV/m)$			
	氦气	氩气	氮气	空气
1.01	2.7	3.0	33	29
10.1	27	30	330	290
101	270	300	3300	2900

根据实验得到的大气压下 APMPS 中维持氦等离子体需要 1kW 的有效输入功率，可推算出腔体核心部位的平均电场强度在 170 ~ 200V/m，与仿真结果相似。氦等离子体在狭缝内侧全面激发，蔓延到腔体中部，分布十分均匀，体积为 1.3L 左右，为明亮的粉红色。

电子科技大学和成都华宇微波技术有限公司也做了类似的工作，由环形波导诱发的等离子体在真空下激发后可发出均匀的等离子体光辉，实现了大空腔等离子体过程，如图6-8所示。

▶ 图6-8　环形腔耦合等离子体反应器发射的粉红光辉

2.大尺度等离子体的改进和矩形平面扩展

从德国 Iplas 公司的 CYRANNUS 系统产生的等离子体模拟结果［图6-6（b）］可知，环形波导形成的电磁场分布并不是非常均匀，呈现出中间弱、周边强的趋势。我国许多学者也得出了类似的研究结果[15]。为了解决环形波导产生的等离子体密度径向均匀性差的问题，研究者提出一些新方法。主要包括：由环形波导开槽天线改为顶部开槽天线，形成上千的狭缝或开孔阵列（天线阵列）；采用内置同轴能量耦合器结构和梳状慢波周期结构等。

除了圆形腔体外，实际应用中也需要大尺度的矩形截面反应系统，而顶部开槽形成狭缝天线的思路也用于矩形系统。中国工程物理研究院蓝朝晖等建立了大面积矩形表面波等离子体（SWP）源[16]，如图6-9所示。

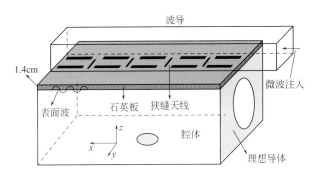

▶ 图6-9　上端狭缝天线的矩形腔大面积等离子体反应器

其原理为：2450MHz 的微波从波导的一端注入，波导另一端通过活塞控制短路位置；电磁波从右端注入，经狭缝天线向下辐射电磁波并在正下方产生等离子体；如果电磁波足够强，等离子体将沿着石英板扩展开来；同时在等离子体和石英介质交界面产生表面波以维持稳态的均匀表面波等离子体。他们还用数值模拟的方法研究了 SWP 源的电性特点，发现均匀放电的 SWP 源功率沉积本质是由表面波等离子体的性质决定的，等离子体密度太大或太小都不利于功率吸收。在正常工作气压下，SWP 源通过碰撞机理即可以实现微波功率的有效沉积，微波吸收率可达 80% 以上。天线阵列激发的表面波模式越紧凑，强度越大，越有利于微波的吸收。

可以看出，这种矩形面大尺度等离子体可以通过并列扩展，形成大规模生产装置。并且可以不局限于真空下操作，特别是可以在常压和有压液相操作中发挥独特作用的特性，已开辟出新的应用领域。

三、电子回旋谐振微波等离子体

1. 电子回旋谐振微波等离子体的基本原理

电子回旋谐振（ECR）微波等离子体是指当输入的微波频率等于电子回旋频率时，电子与微波发生共振，微波能量通过共振耦合给电子，获得能量的电子电离中性气体而放电，形成稳定的等离子体[17,18]。

在微波等离子体中，电子回旋频率 ω_c 由磁感应强度确定

$$\omega_c = \frac{eB}{m} \qquad (6\text{-}6)$$

式中，e 为电子电荷；m 为电子质量；B 为磁感应强度。当 ω_c 与微波角频率 ω_m 一致时，电子回旋谐振条件成立。若微波频率为 f，则微波角频率 ω_m 与 f 有如下关系

$$\omega_m = 2\pi f \qquad (6\text{-}7)$$

如果微波频率为 2450MHz，电子回旋谐振就在感应强度为 0.0875T 的地方发生。此时电子可以有效地吸收微波能量并与中性气体分子发生大量的电离碰撞。利用电子回旋谐振可以在 0.02Pa 以下的低气压下获得很高电子密度的等离子体。

根据应用需要，ECR 等离子体可以在发散磁场位形或收敛磁场位形中产生，所需的磁场位形一般由线圈绕组来产生。微波功率一般通过天线匹配，穿过石英或陶瓷窗后到达谐振面。这里磁场中的电子回旋频率与输入的微波频率相等，电子共振地从微波场中吸收能量，使得工作气体被击穿产生等离子体。当采用发散磁场位形时，离子向下输运的过程中垂直于磁场方向的运动能量会向平行于磁场的方向转化，从而得到方向性较好的平行离子束。当采用收敛磁场位形时，则有利于得到具有回旋特征的离子束。

图 6-10 所示为武汉工程大学马志斌等[18] 研制的 ECR 微波等离子体装置，微波由矩形波导传输，经天线耦合到圆波导，并通过石英窗口馈入到真空室内。磁场系统由三组沿轴向分布的线圈和相关直流电源组成。在真空室的侧壁上设置了多个可以用于安放探针或环电极的窗口。真空系统由机械泵和 400L/s 的涡轮分子泵组成。

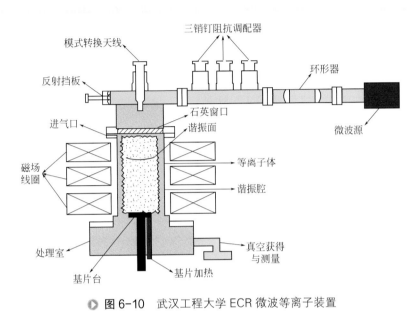

● **图 6-10** 武汉工程大学 ECR 微波等离子装置

2. ECR微波等离子体的改进和基本特点

近年来为了提高 ECR 微波等离子体的工艺性能，研究者进行了大量改进研究。

首先是针对其内加热系统。制作出高效的电磁加热系统不仅能够提高 ECR 微波等离子体的离子温度，还能改善离子的径向和轴向分布，促进 ECR 微波等离子体在化学气相沉积刻蚀中的应用。图 6-11 中的卧式 ECR 系统中将电磁加热系统中的圆环电极改进为圆筒电极[19]。结果表明，在同一阳极偏压下，圆筒电极比圆环电极更有利于提高离子温度；圆筒电极加热时各径向位置的离子温度升高的幅度较大，其内部的离子温度径向分布差异较大，而圆筒下游的离子温度径向分布比较均匀；电磁加热对离子密度的影响很小。因此采用圆筒电极加热时，有利于离子沿轴向输送，改善了离子的轴向均匀性。

其次是改善了微波的馈送方式。微波与等离子体的耦合方式有表面波耦合、波导直接耦合和天线耦合，金属腔体可采用波导直接耦合及天线耦合的方式。微波能量通过波导直接耦合进入等离子体的吸收效率较低，通常在 20% 以下。近年来研究发现，采用对称振子天线、锥形喇叭天线、对称振子天线配合缝隙天线及锥形喇

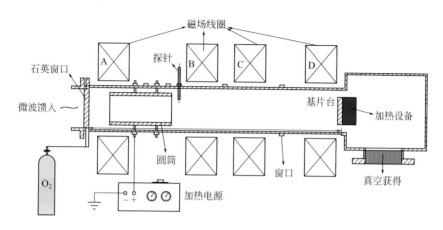

● 图 6-11　具有筒形加热电极的 ECR 系统

叭天线配合缝隙螺旋天线进行能量耦合时，可以获得比直接波导耦合更高密度的等离子体。有学者研究发现采用锥形喇叭天线配合缝隙螺旋天线的耦合方式，其效率可达 90% 左右。除此之外，还有对称振子耦合、对称振子与缝隙天线相结合的耦合方式，效率也比较高 [20]。

　　再次是在靶方向加上负偏压。大连理工大学雷明凯等制作的 ECR 系统在同轴波导外导体上沿螺旋线均匀分布方式开设缝隙辐射窗口，同轴线和栅网电极之间获得了均匀的能量微波，在直流线圈产生的 0.0875T 磁场作用下，产生轴向和周向均匀分布的 ECR 微波等离子体；同时向管壁施加 -2kV 的脉冲负偏压，加速管内壁鞘层内的离子运动，实现低能离子注入 [21]。而在通常情况下，负偏压是加在基片台上的。

　　综上所述，ECR 微波等离子体与其他类型等离子体相比有以下优点。

　　（1）具有较低的中性气体压力和较长的离子和中性离子平均自由程，这对于各向异性的刻蚀加工非常重要。

　　（2）电离度高。活性粒子如离子、激发态原子或自由基占有较高比例，利于在低温下高速沉积优质薄膜。

　　（3）工件污染低。ECR 微波等离子体源本身对反应性气体是稳定的，系统中无放电电极，杂质的混入及微粒的产生极少。

　　（4）可得到低损伤、方向好、工作区均匀的等离子体流。由于靠发散磁场引出等离子体，便于实现限定区域的沉积。

　　（5）工艺的可控性好。可根据需要添加偏置射频电场，实现离子能量的高精度控制。

第三节 微波等离子体的应用

一、微波等离子体分解全氟化碳气体

由于等离子体中有许多高活性物种，可以有效地与一些难以在常规条件下反应的物质进行相互作用，因而加速了反应过程，提高了转化率。在众多温室气体中，全氟化碳（PFCs）因其具有低毒、化学性质稳定等特点，被广泛应用于工业生产。事实上，PFCs 的分解非常困难，在大气中具有较长的存在年限和强烈的红外吸收能力，直接排放到大气中将引起强烈的温室效应。

大连海事大学解宏端和孙冰采用了斜边连续渐变的单模腔激发微波等离子体射流技术分解 PFCs[22]。在大气压下激发并维持稳定的微波等离子体，如图 6-12 所示。

其整体操作流程见图 6-13。微波发生器选自德国 IBF 公司，型号 PGEN2KW2450-380-10W，微波频率 2450MHz，功率输出范围 200 ～ 2000W。诊

▶ 图 6-12 斜边连续渐变的单模腔激发的微波等离子体射流

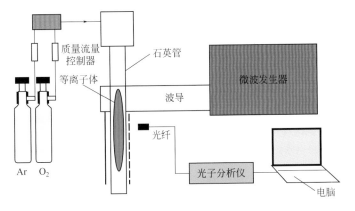

▶ 图 6-13 微波等离子体处理 CF₄ 流程图

断设备采用日本 HAMAMATSU 公司的光谱分析仪，型号 PMA-11。

实验运行时以氩气为载气，CF_4 初始浓度 5000mL/m³，气体总流量为 4L/min，微波输入功率从 400W 至 1200W。结果表明，CF_4 的去除率随着微波输入功率的增加而提高。特别在反应初始阶段去除率随微波功率的增加而上升，效果非常明显，而当微波功率达到 800W 之后，去除率达 94.4%，上升趋势变得平缓，在 1200W 时，CF_4 去除率达 98.42%。这是由于等离子体中的电子能量和密度随微波功率的增加而增加，电子与 CF_4 分子之间碰撞的概率和传递的能量同时增加，导致 CF_4 分解率上升，所以微波功率的增加导致 CF_4 的去除率提高。

对于 CF_4 在大气压微波等离子体中分解的机理，可以作如下解释。CF_4 分子主要是由于高能电子碰撞逐次失去一个 F 原子，形成 CF_i 中间产物和 C 及 F_2 最终产物。当等离子体中有 ·O 等自由基存在时，这些自由基可以与 CF_i 发生反应，形成 CO_2 等稳定分子，阻止 CF_i 与 F 的复合，有利于提高 CF_4 的分解率。然而过多的电负性气体（O_2 和 H_2O）通入等离子体中，在形成自由基时，捕获和消耗大量高能电子，这不利于 CF_4 的分解，因此气体的添加量存在一个最佳值。由于大气压微波等离子体中气体的温度没有达到 CF_4 热分解的最低温度，所以热分解不是 CF_4 分解的主要原因。

二、微波等离子体对气固相系统的处理

1.浸没式气固处理与碳材料合成

微波等离子体在金刚石、石墨烯、碳管等前沿材料的合成应用方面发展得较快。传统的金刚石合成方法是采用高温高压法，目前制造金刚石薄膜可采用化学气相沉积法（CVD）和物理气相沉积法（PVD），其中热丝 CVD 是工业上应用较为成熟的方法。微波等离子体化学气相沉积法（MPCVD）由于可提高沉积速度和形核密度，成为目前研究和应用较好的方法之一。

在 CH_4/H_2 气源化学气相沉积系统中，形成金刚石薄膜的总化学反应方程可表示为

$$CH_4(g) \rightarrow C(金刚石)+2H_2(g) \qquad （6-8）$$

周健等[23]在实验操作中以（１００）单晶硅薄片作为沉积基片，采用去离子水超声清洗，用 0.5μm 细颗粒金刚石粉研磨进行预处理，再用去离子水清洗。再将预处理后的基片放入反应器，运行中的金刚石沉积条件为微波功率 2kW，气体压强 6.0kPa，氢气体积流量为 200sccm（1sccm= 标准状态下 1L/min），甲烷体积流量为 1.5sccm，即 CH_4/H_2 的体积流量比 0.75%，反应温度为 800℃，沉积时间 1h。他们还在类似的操作条件下，通过延长沉积时间到 24h，制作出了透明金刚石薄膜。

武汉工程大学陈义等采用了与前面相似的 MPCVD 装置研究了金刚石薄膜的合

成，微波最大功率为 2kW。以 $H_2/CH_4/CO_2$ 为主要气源，研究了不同 C/O 比对生长金刚石膜的影响[24]。实验中晶体生长时微波功率为 1.8kW，C/O 比分别 3.5、2.0、1.5；CH_4/H_2 比约为 3%（体积比），CO_2 流量在 0.5 ～ 1.5mL/min 范围变化，工作气压为 5.5kPa，时间 12h，基片温度 860℃。结果表明，适量引入 CO_2 可以提高金刚石膜的质量。图 6-14 是 C/O 比降为 1.5 时金刚石膜的 SEM 形貌，表面金字塔形状更加明显，孪晶数量明显减少，说明 O 原子含量的增加，不但抑制了金刚石二次形核，同时也促进了金刚石（1 1 1）晶面的形成。

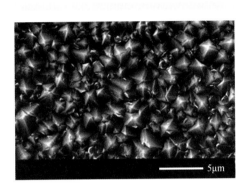

▶ 图 6-14　C/O 比降为 1.5 时金刚石膜的 SEM 形貌图

2.微波等离子体开发海底甲烷水合物的研究及应用

甲烷水合物（MH）将成为极有希望的新能源之一。甲烷水合物作为固体存在于稳定的海床和永久冻土里，其中在海下的甲烷水合物资源是地球上现有化石能源的两倍多。甲烷水合物可能在地下直接转化为天然气，应用前景非常诱人。若考虑其中的 C/H 比，采用以生产氢的模式来加以处理也是非常有利的。甲烷水合物经过蒸发重整所得的氢能源产品，有希望占据全球商业供应份额的 80% ～ 85%。

甲烷水合物具有立方结构，其基本的化学式为 $CH_4 \cdot nH_2O$，这里 n 是水合指数或形成一个水合物需要的水分子数目，它描述了基于 1.9 ～ 9.7MPa 的压力和 253 ～ 283K 的温度下形成的水合物晶格中水分子的范围[25]。

研究新的开采技术是甲烷水合物利用的热点之一。传统热激发是将热水、蒸汽或热卤注射进入水合物地域来实现甲烷水合物的蒸发，但这种方法投资和能耗都很高。目前射频波（RF）等离子体和微波（MW）等离子体技术，已可用于分解废油或碳氢化合物，所产生的氢气纯度可达到 66% ～ 85%。与相同产能的水电解产氢过程相比，微波等离子生产氢的能耗仅有 56%。因此这一方法用于开采甲烷水合物将具有较好的经济性和可用性。在海底使用等离子体方法开采甲烷水合物及制氢过程可参见图 6-15。

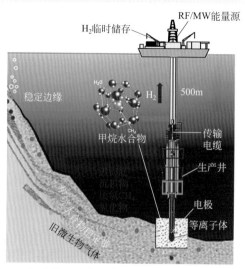

图 6-15　在海底使用等离子体方法开采甲烷水合物及制氢过程 [26]

　　Rahim 等分别在射频等离子体和微波等离子体的装置中进行了甲烷水合物的分解实验 [26]。其中，射频等离子体频率 27.12MHz，在电极端注入氩气排斥空气，电极由 2mm 的钨棒做成，从陶瓷管中伸出。陶瓷管插入反应器底部。一只铜管插到反应器顶部，其功能既作为电极，又是气体排出口。取 10g 甲烷水合物放在反应器中，射频功率设置范围 300～350W，在常压下进行操作，如图 6-16 所示。

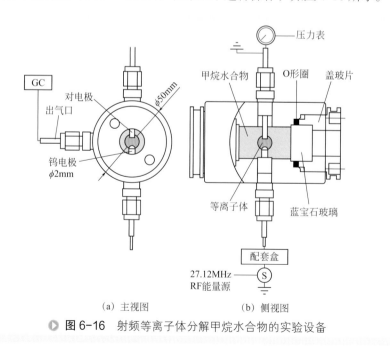

(a) 主视图　　　　　　(b) 侧视图

图 6-16　射频等离子体分解甲烷水合物的实验设备

Rahim 等所采用的微波等离子体反应器类似于传统的微波炉，反应器设于多模腔炉内（图6-17）。反应器中天线阵列面向下，10g 的甲烷水合物放于天线的端部位置。微波由 700W 频率 2.54GHz 的磁控管提供，通过空间辐射由反应器中的天线接收，同时在尖端放电，产生等离子体。

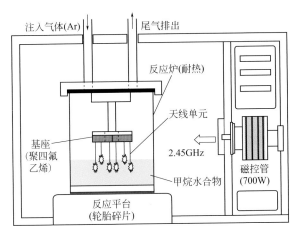

● **图 6-17　使用微波等离子体分解甲烷水合物实验设备**

为了防止微波能被内部单元如反应器的壁腔吸收，反应平台和相关管道均由耐热的玻璃和硅橡胶制成。天线阵列安置于氟塑料基座上，天线端插入甲烷水合物中。等离子体作用时产生的气相使用注射筒收集，并通过水封进入管道排出。氩气被泵入反应器，并带走尾气，温度 60 ~ 160℃，由气相色谱仪检测。表6-3 所示为甲烷水合物分解的基本反应、反应类型和焓变 ΔH。

表6-3　甲烷水合物分解的基本反应、类型和焓变

基本反应	反应类型	$\Delta H/(kJ/mol)$
$CH_4 \cdot 6H_2O \rightarrow CH_4 + 6H_2O$	甲烷水合物分解	53.5
$CH_4 + H_2O \rightarrow 3H_2 + CO$	蒸汽甲烷重整	206.16
$CO + H_2O \rightarrow H_2 + CO_2$	蒸汽甲烷重整	−41.2
$CH_4 \rightarrow 2H_2 + C$	甲烷裂解	74.87
$2CH_4 \rightarrow 3H_2 + C_2H_2$	甲烷裂解	376.47
$2CH_4 \rightarrow 2H_2 + C_2H_4$	甲烷裂解	202.21

在实验中，射频等离子体方法的功率消耗是 327.5W，处理 60s，产生 54mL 气体。而微波等离子体功率消耗是 700W，处理 48s，产生 550mL 气体。如果以单位

体积气体的耗能计，则射频等离子体是 401.5kJ/L，微波等离子体是 65.8kJ/L。显然使用微波等离子体更为节能。若以 H_2 作为产品基准，产生 1mol 的 H_2 时对能量的消耗分别是：对于射频为 12.7MJ/mol，对于微波为 4.1MJ/mol。

结果表明，采用 2450MHz 微波等离子体法处理甲烷水合物可以分解产氢，含 H_2 为 42.1%，CH_4 转化率 85.8%。然而用 27.12MHz 射频等离子体法时 H_2 含量为 63.1%，CH_4 转化率 99.1%。但微波法耗能较低，生产效率较高。

当然，在实际应用时，还需要模拟海底实际条件，对高压和低温下采用等离子喷流开展进一步的优化研究。

三、微波等离子体对气液两相系统的处理及应用

1. 液相中微波等离子体的特点

微波在水中激发等离子体具有新的潜在应用，如新材料合成、快速灭菌、有机物分解等。如果要在水和油类这样的液体中产生等离子体，通常需要高压电场实现电击穿，但是由于金属电极电弧溅射可引起金属污染，难以实现大面积辐射等问题，给这一技术的实际生产应用带来了困难。

人们在探索中发现，虽然通过微波放电直接击穿水相产生等离子体非常困难，但是在水体气泡中却可激发等离子体。一般来说，水中等离子体的产生和维持按下列规律进行：第一步，由微波加热水而形成气泡，例如水在约 5kPa 压力的真空容器中易于蒸发，几乎在室温下就可进行；第二步，充满水蒸气的泡内发生微波击穿现象而激发等离子体；第三步，因浮力使含有等离子体的气泡提升，新的液相补充原有空间。

近年来 Hattori 等[27]发现液体中气泡荷电比气体中荷电更为复杂。因液体中荷电不稳定，并且涉及相转移。微波加入时还会产生热效应、流体波动和气泡等现象。他们所采用的微波激发水中等离子体研究装置如图 6-18 所示。

该系统中同轴电极由紫铜内电极、氟塑料包裹介电层和黄铜外电极共同组成。将 100mL 纯水（pH 值为 5.9，0.87mS/cm）装入室温下的聚碳酸酯圆筒反应器。反应器压力用真空泵维持在 1～30kPa。输入的微波功率大小由仪表测定的反射前后功率差值确定。

采用高速摄像机观察等离子体在 7～20kPa 下水中的激发情况。随着微波功率的启动，同轴电极顶端的水被加热。气泡产生于内电极顶端的边缘，气泡初期呈半球形，然后因浮力而上升，并以同样的方式重复产生。当气泡中的电场增加足够时会出现崩溃并出现闪光，等离子体产生在气泡中的内电极上。

图 6-19 所示为等离子体在 7kPa 和 20kPa 时点火前后瞬时拍下的气泡图像。

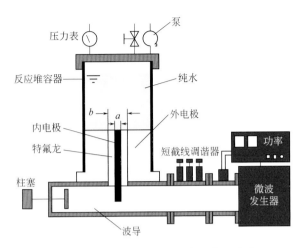

▶ **图6-18** 微波激发水中等离子体研究装置

a—内电极直径；*b*—氟塑料包裹介电层直径

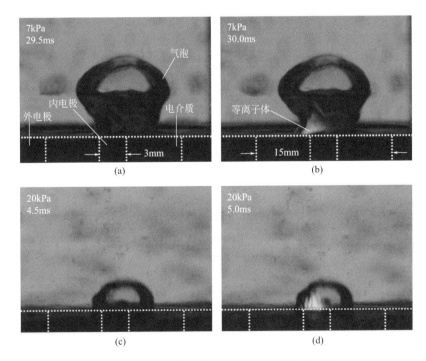

▶ **图6-19** 等离子体在不同条件下的气泡图像

注：在 7kPa 和 20kPa 点火前 [（a），（c）] 和点火后 [（b），（d）] 分别拍下的
同轴电极（*a*=3mm，*b*=15mm）的顶端，用白色的点线表示

图 6-19 中气泡上带黑色部分是气泡边界，注明的时间为气泡产生后的时间，电场崩溃时气泡的尺寸随着压力增加而减小。等离子体分别产生于内电极顶端的 6 ~ 10mm 直径的气泡中。

计算表明，气泡中的电场击穿依赖于同轴电极尺寸，在此设备中压力为 6kPa 时，电场击穿大约为 $0.5 \times 10^5 V/m$。当 149W 点火功率时微波作用于内电极的表面上最大电场是 $0.215 \times 10^6 V/m$。实验中观察到等离子体在气泡中产生的基本机制是当压力为 20kPa 时，气泡直径约 3mm；当压力为 7kPa 时，气泡直径约 5mm。经过气泡的生长发展，液膜区域被干燥，蒸气将直接接触到热表面。因此可推测等离子体在泡内的干燥热表面产生，并且液膜对于电击穿有阻碍作用，表明等离子体的行为特点有可能受电极及加热过程的控制。

2.微波等离子体液相过程及在环境领域中的应用

采用微波在水中放电对有机质的分解很有发展潜力。Saito 和 Ishijima 等 [28,29] 的研究工作为微波诱导等离子体处理污水提出了一个有意义的思路，即采用本章前述的狭缝天线耦合微波，为大面积微波馈送液相提供了方便。研究中采用一种有机染料亚甲蓝（MB）作为有机污水，以便于通过光分析获取处理结果。

实验设备参见图 6-20。

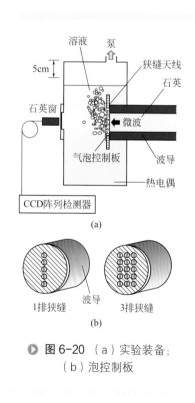

图 6-20 （a）实验装备；（b）泡控制板

频率 2450MHz 微波脉冲（峰值功率 <3kW，脉冲重复频率 10kHz）通过内填石英的矩形波导和狭缝天线注入溶液；石英制作的气泡控制板被安装在狭缝天线前面；该石英板宽 40mm，长 66mm，厚 10mm，有 5 个直径为 9mm 的小孔 ［图 6-20（b）］。因小孔中体积较小，进入的水量也少，可以有规律地产生适当尺寸的气泡，同时将气相击穿产生等离子体。此外，狭缝天线也可以多排组成阵列，实验中最多作了 3 排。狭缝天线附近设置了多通道光谱仪，通过安装在狭缝天线前的石英窗和光学纤维，进入 CCD 阵列检测器（波长 200 ~ 1100nm），以便进行在线光谱检测分析。为了研究微波狭缝天线的电场，Saito 和 Ishijima 还采用了电磁波模拟的软件（CST Microwave Studio®）进行模拟计

算以配合实验研究。

采用溶液的透光率来表示微波等离子处理的效果，透光率越高则表示 MB 降解得越多。测试表明（在波长为 670nm 下），在气泡控制板中的 OH⁻ 强度高于没有气泡控制板时的强度，从而说明使用气泡控制板对于微波等离子体具有更高的能量效率（见图 6-21）。

他们还用了多排狭缝天线阵列，发现多排的污水处理效率明显高于单排的效率，并且可以用多排阵列的方式来扩展处理面积[28,29]。图 6-22 所示为具有三排狭缝天线的典型微波等离子体照片。

由图 6-22 可知，各个狭缝天线被控制板覆盖，各列的辐射强度几乎相同，微波辐射功率分布非常均匀。因此，这种在溶液体系中产生的微波等离子体有望在很多领域发挥很好的作用。

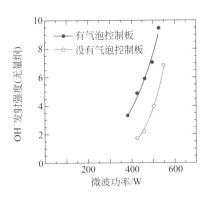

▶ 图 6-21　OH⁻ 发射强度

▶ 图 6-22　具有三排狭缝天线的典型微波等离子体照片

参考文献

[1] Cobine J D，Wilbur D A.The electronic torch and related high frequency phenomena[J]. Journal of Applied Physics，1951，22（6）：835-841.

[2] （波）克日什托夫 J. 扬科夫斯基，爱德华 雷兹克 . 微波诱导等离子体原子光谱分析 . 浙江大学分析仪器中心，译 . 杭州：浙江大学出版社，2015.

[3] 吴长峰 . 中国"人造太阳"革命性突破！稳定运行 101.2 秒 [EB/OL]. 科技日报，2016[2016-7-4] http://tech.sina.com.cn/d/i/2017-07-05/doc-ifyhryex6158940.shtml.

[4] 汤明杰、杨涓、金逸舟，等 . 微型电子回旋共振离子推力器离子源结构优化实验研究 [J]. 物理学报，2015，64（21）：319-325.

[5] 陈杰瑢 . 低温等离子体化学及其应用 . 北京：科学出版社，2001.

[6] 赵化侨 . 等离子体化学与工艺 . 合肥：中国科学技术大学出版社，1993.

[7] 刘繁，汪建华，王秋良，等 . 常压微波等离子体炬装置的模拟与设计 [J]. 强激光与粒子束，2011，23（6）：1504-1508.

[8] 罗利霞 . 低温非平衡甲烷等离子体发射光谱诊断 [D]. 成都：四川大学，2007.

[9] Hong Y C，Han S U.Abatement of CF₄ by atmospheric-pressure microwave plasma torch[J]. Physics of Plasmas，2003，10（8）：3410-3414.

[10] Alshamma'A A I，Wylie S R，Lucas J，et al.Design and construction of a 2450 MHz waveguide-based microwave plasma jet at atmospheric pressure for material processing[J]. Journal of Physics D Applied Physics，2001，34（18）：2734-2741.

[11] Takamura S，Amano S，Kurata T，et al.Formation and decay processes of Ar/He microwave plasma jet at atmospheric gas pressure[J]. Journal of Applied Physics，2011，110（4）：65-74.

[12] Kirjushin V P.Microwave plasmatron：US，3577207 A[P].1971.

[13] Conrads H，Schmidt M.Plasma generation and plasma sources[J]. Plasma Sources Science & Technology，2000，9（9）：441.

[14] 刘亮，张贵新，朱志杰，等 . 微波等离子体设备场分布的仿真和实验 [J]. 清华大学学报（自然科学版），2008，48（1）：28-31.

[15] 苏小保，邬钦崇 . 环形波导狭缝天线产生的氩等离子体特性研究 [J]. 核聚变与等离子体物理，1999（1）：16-20.

[16] 蓝朝晖，胡希伟，刘明淘 . 大面积表面波等离子体源微波功率吸收的数值模拟研究 [J]. 物理学报，2011，60（2）：439-444.

[17]（法）帕斯卡 夏伯特，（英）尼古拉斯 布雷斯韦特 . 射频等离子体物理学 [M]. 王友年，徐军，宁远红，译 . 北京：科学出版社，2015.

[18] 马志斌，付秋明，郑志荣 . 等离子体技术与应用实验教程 [M]. 北京：化学工业出版社，2014.

[19] 马志斌，沈武林，吴俊，等 . 圆筒电极对离子磁电加热的影响 [J]. 物理学报，2013，62（1）：15202-015202.

[20] 张继成，唐永建 . 电子回旋共振微波等离子体技术及应用 [J]. 强激光与粒子束，2002，14（4）：566-570.

[21] 李义 . 等离子体基低能离子注入内表面鞘层特性的数值研究 [D]. 大连：大连理工大学，2013.

[22] 解宏端 . 常压下微波等离子体处理四氟化碳的研究 [D]. 大连：大连海事大学，2009.

[23] 周健，傅文斌，袁润章，等 . 微波等离子体化学气相沉积金刚石膜 [M]. 北京：中国建材工业出版社，2002.

[24] 陈义，汪建华，翁俊，等 . 碳氧比对金刚石薄膜生长的影响 [J]. 真空与低温，2016，22（4）：237-240.

[25] Ismail R，Shinfuku N，Shinobu M，et al. Decomposition of methane hydrate for hydrogen production using microwave and radio frequency in-liquid plasma methods，Applied Thermal Engineering，2015，90：120-126.

[26] Rahim I，Nomura S，Mukasa S，et al. Decomposition of methane hydrate for hydrogen production using microwave and radio frequency in-liquid plasma methods[J]. Applied Thermal Engineering，2015，90：120-126.

[27] Hattori Y，Mukasa S，Toyota H，et al.Electrical breakdown of microwave plasma in water[J]. Current Applied Physics，2013，13（6）：1050-1054.

[28] Saito R，Sugiura H，Ishijima T，et al.Influence of temperature and pressure on solute decomposition efficiency by microwave-excited plasma[J]. Current Applied Physics，2011，11（5）：s195-s198.

[29] Ishijima T，Sugiura H，Saito R，et al.Efficient production of microwave bubble plasma in water for plasma processing in liquid[J]. Plasma Sources Science & Technology，2010，19（19）：015010.

索　引